高职高专机械设计与制造专业规划教材

机械制图
(第2版)

张　荣　主　编
毛　银　副主编

清华大学出版社
北　京

内容简介

本书以培养学生的综合职业能力为中心，以职业岗位所需的知识、能力、素质结构为依据，以专业课程和岗位中常用的工程图样为载体，以工程图样绘制和工程图样识读为主线，设置工作项目，通过完成工作任务的方式学习相关知识。全书共设置 7 个工作项目，分别为画机用吊钩平面图形、画机用楔铁三视图、画轴承座三视图、画支承座视图、机械常用标准件的画法、画球阀阀体零件图、画球阀装配图。

本书可作为高职高专院校机械类专业的教材，也可供从事机电技术等近机类的专业人员参考。

图书在版编目(CIP)数据

机械制图/张荣主编. —2 版. —北京：清华大学出版社，2018（2022.7重印）
(高职高专机械设计与制造专业规划教材)
ISBN 978-7-302-50618-8

Ⅰ. ①机…　Ⅱ. ①张…　Ⅲ. ①机械制图—高等职业教育—教材　Ⅳ. ①TH126

中国版本图书馆 CIP 数据核字(2018)第 151317 号

责任编辑：陈冬梅　杨作梅
封面设计：王红强
责任校对：王明明
责任印制：刘海龙
出版发行：清华大学出版社
　　网　　址：http://www.tup.com.cn, http://www.wqbook.com
　　地　　址：北京清华大学学研大厦 A 座　　　邮　　编：100084
　　社 总 机：010-83470000　　　邮　　购：010-62786544
　　投稿与读者服务：010-62776969, c-service@tup.tsinghua.edu.cn
　　质量反馈：010-62772015, zhiliang@tup.tsinghua.edu.cn
　　课件下载：http://www.tup.com.cn, 010-62791865
印 装 者：三河市金元印装有限公司
经　　销：全国新华书店
开　　本：185mm×260mm　　印　张：12.75　　字　数：295 千字
版　　次：2013 年 8 月第 1 版　2018 年 9 月第 2 版　　印　次：2022 年 7 月第 4 次印刷
印　　数：3201～4200
定　　价：40.00 元

产品编号：078053-02

前　言

本书是基于“全面提升机械制图课程教学质量工程建设”项目来完成的，根据机械设计与制造等机械大类专业岗位能力和专业课程需求，以工作任务为中心组织课程内容，让学生在完成具体项目的过程中学会完成相应的工作任务，并构建相关理论知识，发展职业能力。

本书内容突出对学生职业能力的训练，理论知识的选取紧紧围绕工作任务完成，并注重教学内容的针对性、应用性、实用性和技能性，实现了知识内容与技能目标的相对统一和完善。

本书融合了相关职业资格证书对知识、技能的要求，突出了高职高专教育特色。具有以下特点：

(1) 采用了最新的《机械制图》和《技术制图》国家标准，并在教材中贯彻执行。

(2) 整体结构与内容以培养职业能力为目标，着重提高学生的岗位技能。

(3) 与本书配套使用的习题集，内容较为充实，题型多、角度新、知识面涵盖广，且技能训练方面有一定的余量，为教师教学及学生训练提供了方便。

本书由大连职业技术学院的张荣任主编并负责全书统稿，毛银任副主编。全书共设置7个工作项目，其中，张荣编写项目1，毛银编写项目3、6、7，杨力、魏文杲编写绪论和项目4，孟庆云、蒋真真编写项目2、5，附表由蒋真真编写。

在本书编写过程中，得到了大连职业技术学院机械工程学院全体老师的大力支持，在此一并表示感谢。

由于编者水平有限，书中难免存在不足，望广大读者批评指正。

编　者

目　录

绪 论

1. 本课程的研究对象

“机械制图”是研究用投影法绘制和阅读机械图样及解决空间几何问题的理论和方法的课程。在工程技术上，为了准确表达工程对象的形状、大小、相对位置及技术要求，通常需要将其按一定的投影方法和有关技术规定表达在图纸上，这样就得到了工程图样，简称图样。图样是工程界的一种技术语言，在机械制造、维修及装备生产的其他领域，设计者需要用图样来表达设计对象，制造者通过图样来了解设计要求，按照工程图样来实施设计者的意图，制造设计的对象，而维修及使用人员则是通过图样来了解设计、制造对象的结构性能，以便及时维修及合理地使用。

机械图样是工程图样中应用最多的一种。机械制造行业的工程技术人员、维修人员，必须掌握这种技术语言，具备绘制和识读机械图样的能力。随着计算机技术的普及和发展，计算机绘图也广泛地应用于机械制造行业，工程技术人员也应该具备计算机绘图的初步能力。

2. 本课程的任务和要求

本书将传统的机械制图的基本理论、基本知识分成七个工作项目进行讲解，通过这 7 个工作项目的基本教学过程使学生达到以下目的和要求。

(1) 掌握正投影法的基本理论。

(2) 具有阅读和绘制图样的能力。

(3) 培养和发展空间想象能力。

(4) 具有计算机绘制工程图样的初步能力。

(5) 养成认真、细致、严谨的工作作风。

3. 本课程的学习方法

(1) 本课程的特点是实践性很强。通过七个项目的学习，除了要掌握正投影的基本理论和机械制图的基本知识外，关键是要能够用这些知识来指导绘图和识图实践。作图时应以投影理论为指导，首先弄懂书上的内容，然后再作图。按照“依物画图”和“由图想物”的方法，多看多做，培养和发展自己的空间想象能力。

(2) 在每个项目的教学过程中，均配有一定数量的作业。在做作业的过程中，应正确掌握绘图仪器和工具的使用方法，重视绘图技巧的训练，不断提高绘图能力，掌握并灵活运用形体分析法、线面分析法，以不断地提高画图和识图能力。

项目 1　画机用吊钩平面图形

【项目目标】

- 掌握国家标准《技术制图》《机械制图》中的有关基本规定，并能够在训练中严格遵守执行。
- 掌握绘图工具和仪器的使用方法，能够正确使用绘图工具和仪器完成绘图训练。
- 掌握几何作图的原理，能够完成圆弧连接作图。
- 掌握平面图形的尺寸和线段分析，正确拟定平面图形的作图步骤。
- 初步养成良好的绘图习惯和一丝不苟的工作作风。

【基本知识】

- 国家标准《技术制图》和《机械制图》的基本规定。
- 绘图工具及使用方法。
- 几何作图。
- 平面图形的分析与作图。

【任务引入】

图样是工程技术界的共同语言，为了便于指导生产和对外进行技术交流，国家标准对图样上的有关内容作出了统一的规定，每个从事技术工作的人员都必须掌握并遵守。国家标准(简称国标)的代号为 GB。

任务 1.1　国家标准《技术制图》和《机械制图》的基本规定

1.1.1　图纸幅面及格式

图纸幅面及格式依据国家标准《技术制图　图纸幅面和格式》(GB/T 14689—2008)。其中：

GB —— 国家标准

T —— 推荐

14689 —— 国家标准编号

2008 —— 制定年份

1. 图纸幅面

图纸的基本幅面分为五种：A0、A1、A2、A3、A4，后一种图幅为前一种图幅的一半

(以图纸长边对折裁开)，幅面尺寸如表 1-1 所示，其中的 B、L、a、c、e 参见图 1-1。

绘制图样时，应优先选用基本幅面，必要时允许加长图幅，加长的图幅尺寸是由基本幅面的短边成倍数增加后得出的。

表1-1　基本幅面

<table>
<tr><th>幅面代号</th><th>B×L/(mm×mm)</th><th>a/mm</th><th>c/mm</th><th>e/mm</th></tr>
<tr><td>A0</td><td>841×1189</td><td rowspan="5">25</td><td rowspan="3">10</td><td rowspan="2">20</td></tr>
<tr><td>A1</td><td>594×841</td></tr>
<tr><td>A2</td><td>420×594</td><td rowspan="3">10</td></tr>
<tr><td>A3</td><td>297×420</td><td rowspan="2">5</td></tr>
<tr><td>A4</td><td>210×297</td></tr>
</table>

2. 图框格式

图框线用粗实线绘制，其格式分为留装订边和不留装订边两种。同一种产品的图样只能采用一种格式，如图 1-1 所示。

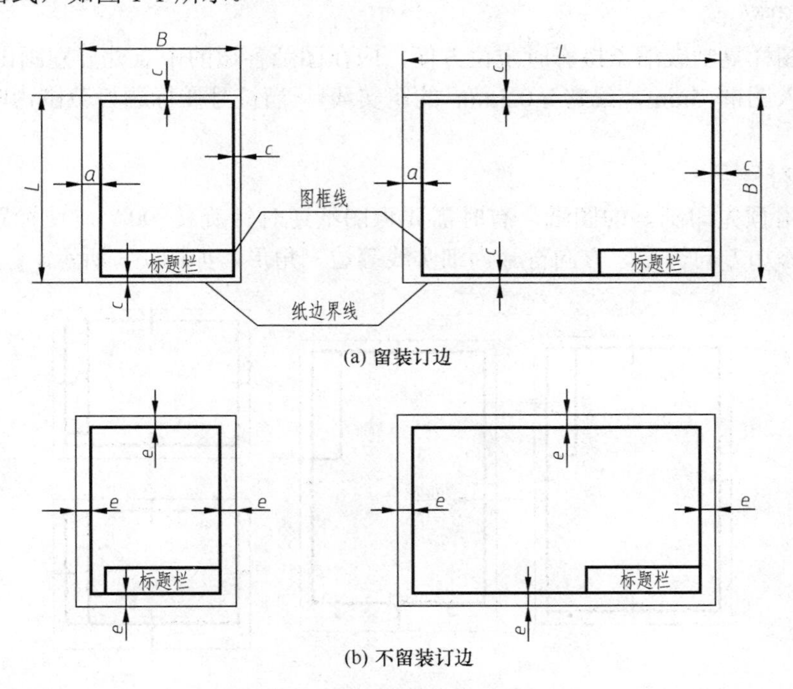

(a) 留装订边

(b) 不留装订边

图1-1　图框格式

3. 标题栏及方位

(1) 每张图纸都必须画出标题栏。

(2) 标题栏位于图纸的右下角，分为 X 型和 Y 型两种。

X 型 —— 长边水平并与图纸长边平行。

Y 型 —— 长边与图纸长边垂直。

看图方向与标题栏中的文字方向一致。在学校的制图训练中，为了简化制图，推荐使用如图 1-2 所示的简化标题栏。

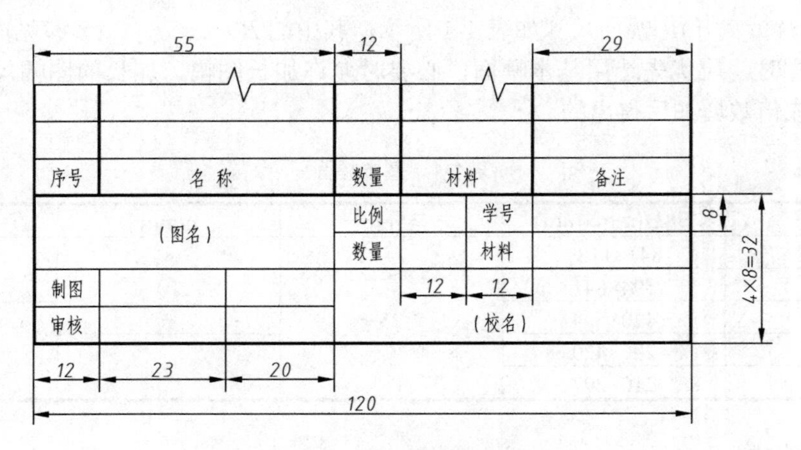

图1-2 简化标题栏的格式

4. 附加符号

1) 对中符号

为了使图样复制或缩微摄影时定位方便，应在图纸各边的中点处分别画出对中符号(从边界开始伸入图框 5mm，线宽≥0.5mm 的粗实线)，当符号在标题栏范围内时，伸入部分不画。

2) 方向符号

为了利用预先印制好的图纸，有时需要将图纸逆时针旋转 90°，使标题栏处于右上角，此时需添加方向符号。方向符号为细实线等边三角形，如图 1-3 所示。

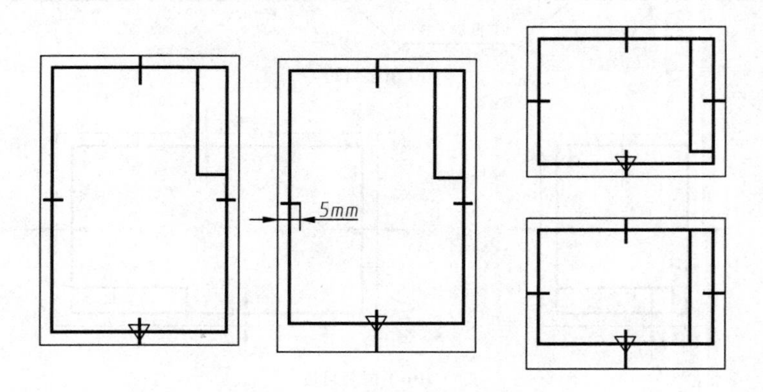

图1-3 对中符号和方向符号

1.1.2 比例

图样的比例参照国家标准《技术制图 比例》(GB/T 14690—1993)来设置。

图中图形与其实物相应要素的线性尺寸之比称为图样的比例。需要按比例绘制图样时，应从表 1-2 所规定的系列中选取适当的比例。一般标注在标题栏中，必要时可在视图名称的下方或右侧标注。

表1-2　比例系列

种　类	比　例	
原值比例	1∶1	
放大比例	5∶1 5×10^n∶1	2∶1 2×10^n∶1
缩小比例	1∶2 1∶2×10^n	1∶5 1∶5×10^n

图样不论放大或缩小，图形上所标注的尺寸必须是实物的实际大小，与绘制图形时所采用的比例无关，如图 1-4 所示。不论图形放大或缩小，图形中的角度均按物体实际角度绘制和标注。

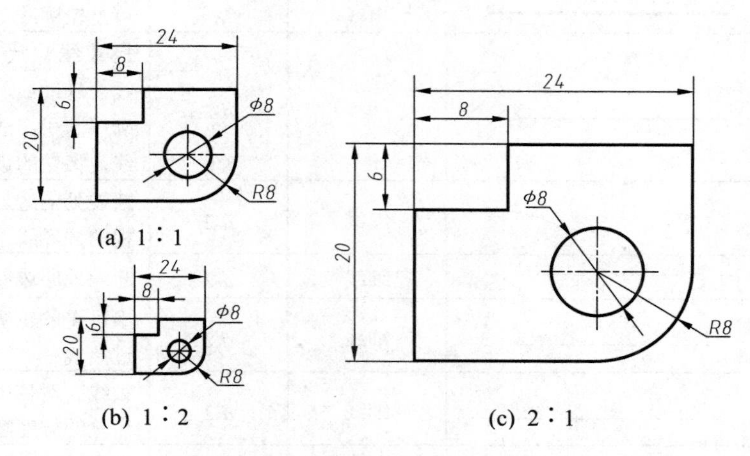

图1-4　采用不同比例绘制的同一图形

1.1.3　字体

字体设置参见国家标准《技术制图　字体》(GB/T 14691—1993)。

图样上和技术文件中书写的字体必须做到：字体工整、笔画清晰、间隔均匀、排列整齐。

字体高度公称尺寸系列为：1.8、2.5、3.5、5、7、10、14、20。如需书写更大的字，其高度按 $\sqrt{2}$ 的比率递增。

1. 汉字

汉字应写成长仿宋体，高度 h 不应小于 3.5mm，字宽一般为 $h/\sqrt{2}$ 。

2. 字母和数字

字母和数字分 A 型和 B 型。A 型笔画宽度 $d=\frac{1}{14}h$，B 型笔画宽度 $d=\frac{1}{10}h$ 。字母和数字可写成斜体或直体。斜体字字头向右倾斜，与水平基准线成 75° 。字母和数字通常写成斜体，举例如下：

A B C D E F G H I J K L M N O P Q R S T U V W X Y Z

1 2 3 4 5 6 7 8 9 0

1.1.4 图线

图线的标准参见国家标准《机械制图　图样画法　图线》(GB/T 4457.4—2002)。图线的种类及其应用如表 1-3 所示。图线及其应用示例如图 1-5 所示。

表1-3　图线及其应用

图线名称	图线型式	图线宽度	线　宽	主要用途
粗实线	————	粗线	d	可见轮廓线
细实线	————	细线	$d/2$	尺寸线、尺寸界线、剖面线、辅助线、重合断面的轮廓线、引出线、螺纹的牙底线及齿轮的齿根线
波浪线	～～～	细线	$d/2$	断裂处的边界线、视图和剖视的分界线
双折线	—∕∖—∕∖—	细线	$d/2$	断裂处的边界线
虚　线	- - - - - -	细线	$d/2$	不可见的轮廓线、不可见的过渡线
细点画线	——·——·——	细线	$d/2$	轴线、对称中心线、轨迹线齿轮的分度圆及分度线
粗点画线	——·——·——	粗线	d	有特殊要求的线或表面的表示线
细双点画线	——··——··——	细线	$d/2$	相邻辅助零件的轮廓线、中断线极限位置的轮廓线、假想投影轮廓线

注：表中的 d 为粗实线宽度，通常取 0.7～1mm。

图线的宽度 d 应按图样的类型和大小在 0.13、0.18、0.25、0.35、0.5、0.7、1.0、1.4、2 中选取。

图线的画法要点如下。

(1) 同一图样中同类图线的宽度应基本一致，虚线、点画线及双点画线的线段长度和间隔应大致相等。

(2) 绘制圆的中心线时，圆心是线段的交点。点画线和双点画线的首尾两端应是线段而不是短画。当图形比较小用点画线绘制有困难时，可用细实线代替。

(3) 虚线、点画线及双点画线与其他图线相交时应在线段处相交，不应在空隙处相交。

(4) 当虚线圆弧与虚线直线相切时，虚线圆弧应画到切点，而虚线直线在切点处应留有空隙。

(5) 当虚线处于粗实线的延长线上时，虚线与粗实线之间应留有空隙，而粗实线应画到交点。图线的画法如图 1-6 所示。

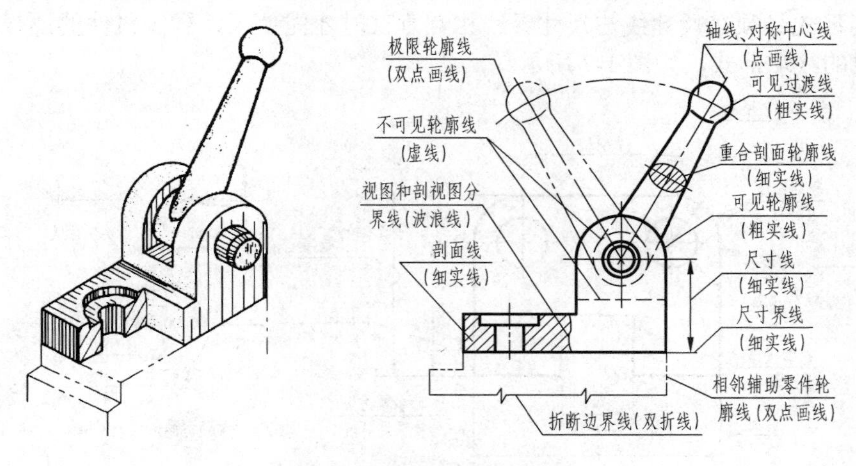

图1-5　图线及其应用示例

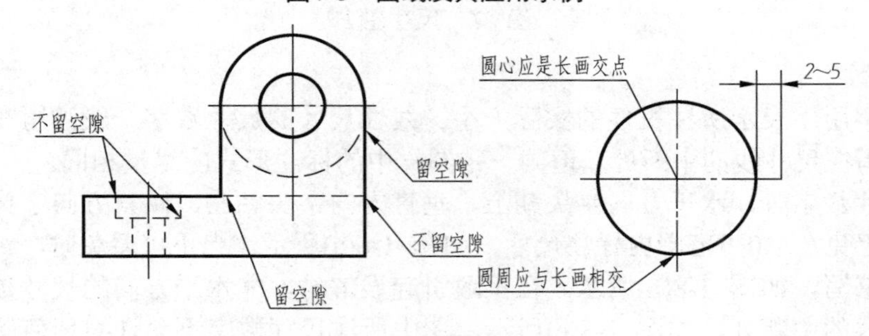

图1-6　图线的画法

1.1.5　尺寸注法

1. 尺寸标注规则

尺寸标注的基本规则参见国家标准《机械制图 尺寸注法》(GB/T 4458.4—2003)。

(1) 机件的真实大小应以图样所注的尺寸数字为依据，与图形比例及绘图的准确度无关。

(2) 图样的尺寸以毫米为单位时不需注写计量单位的代号和名称，若采用其他单位，则必须注明相应的单位符号。

(3) 机件上的每一个尺寸，一般只标注一次，并应标注在反映该结构最清晰的图上。

2. 尺寸组成

完整的尺寸应由尺寸界线、尺寸线和尺寸数字三要素组成。

1) 尺寸界线

尺寸界线用于表示所注尺寸的范围，用细实线绘制，并由图形中的轮廓线、轴线、对称中心线引出，也可利用这些图线作尺寸界线。

2) 尺寸线

尺寸线用于表示尺寸量度方向，用细实线绘制，标注线性尺寸时，尺寸线必须与所标注的线段平行。尺寸线不能用图中的其他图线代替，也不能与其他图线重合或画在其他图线的延长线上。尺寸线的终端有箭头和斜线两种形式。箭头的形式适用于各种类型的图样，斜线的形式必须在尺寸线与尺寸界线相互垂直时才能使用，同一机件的图样只能采用一种尺寸线的终端形式，如图 1-7 所示。

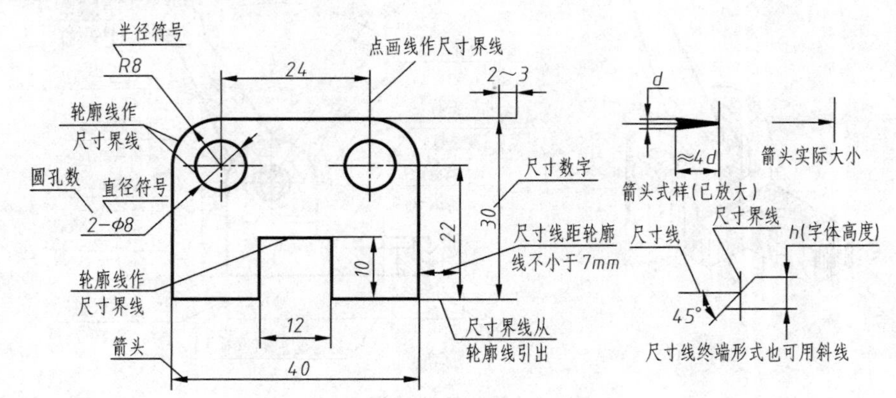

图1-7 尺寸注法

3) 尺寸数字

尺寸数字用于表示所注机件的实际大小。线性尺寸的尺寸数字一般注写在尺寸线的上方，也可注写在尺寸线的中断处，但同一张图样中的标注形式应尽量相同。

书写尺寸数字时，水平方向字头朝上，垂直方向字头朝左，倾斜方向字头保持朝上趋势，应尽量避免在 30° 范围内标注尺寸，如图 1-8(a)所示。当不可避免时，可用引出线引出水平方向书写，如图 1-8(b)所示。在不致引起误解时，非水平方向的尺寸数字可水平地注写在尺寸线的中断处，如图 1-8(c)所示。图中所注尺寸数字不允许被任何图线通过，当不可避免时，必须把图线断开，如图 1-8(d)所示。

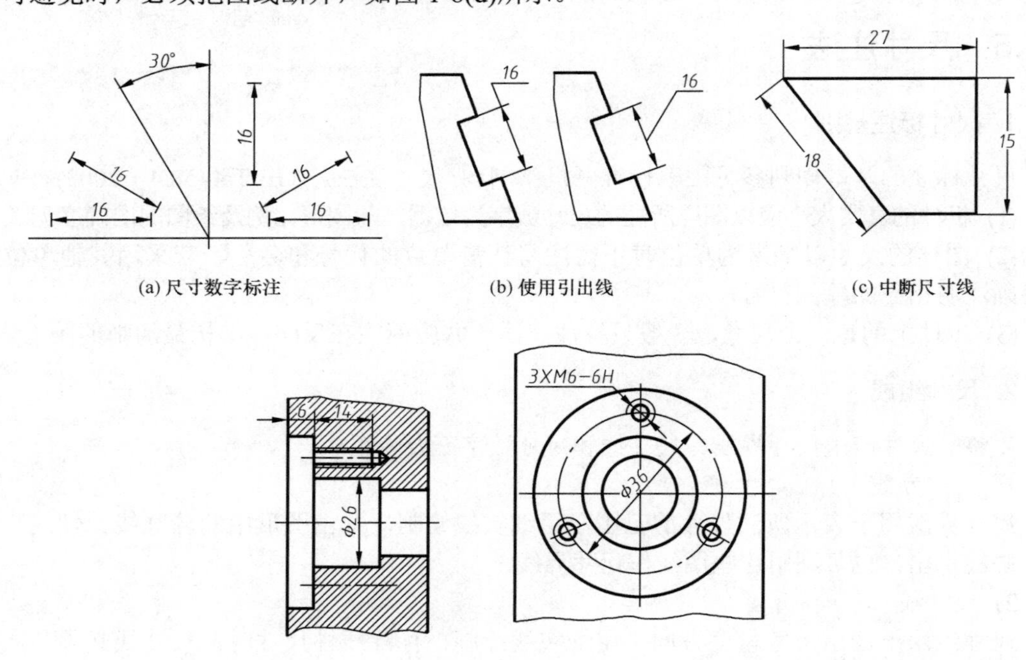

图1-8 线性尺寸的注写方向

3. 常用尺寸的注法

1) 直线尺寸的标注

串联尺寸应注在同一直线上；并联尺寸应小的在内、大的在外，尺寸线间隔不应小于 7 mm，如图 1-9 所示。

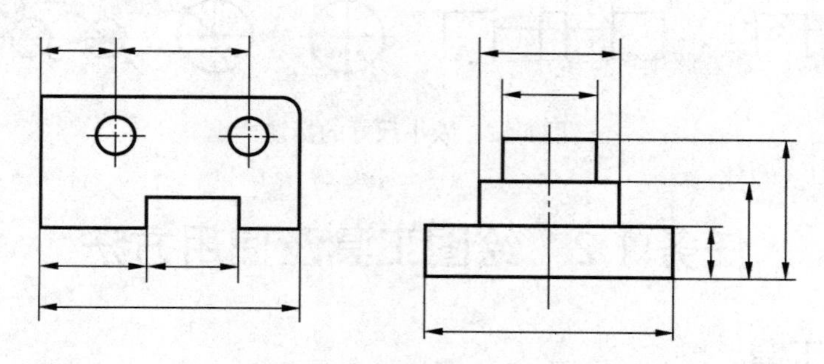

图1-9　直线尺寸的标注

2) 圆及圆弧的标注

(1) 标注直径尺寸时，应在尺寸数字前加注符号“ϕ”。

(2) 标注半径尺寸时，应在尺寸数字前加注符号“R”。

(3) 小于或等于半圆的圆弧一般应注半径，圆和大于半圆的圆弧应注直径，跨于两边的同心圆弧也应注直径。

(4) 半径过大、圆心不在图面上或圆心距离太远时，可采用如图 1-10 所示的标注形式。

3) 角度的标注

(1) 角度的尺寸界线应沿径向引出，尺寸线应以角的顶点为圆心画弧。

(2) 角度的数字一律写成水平方向，一般写在尺寸线的中断处，必要时，也可注写在尺寸线的上方、外面或引出标注，如图 1-11 所示。

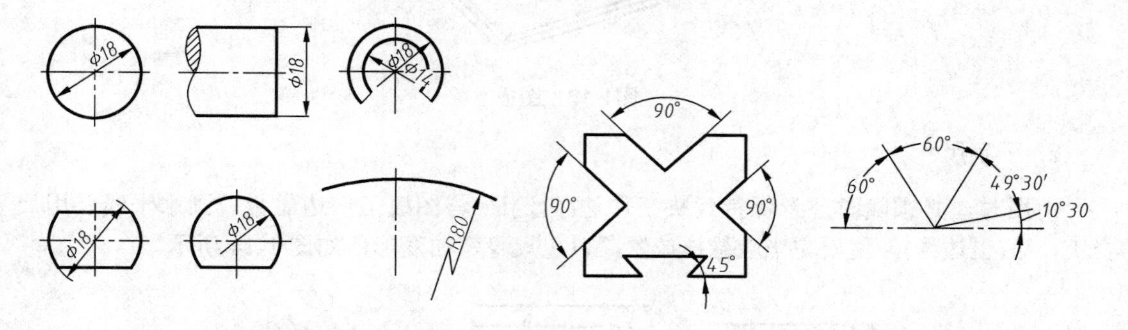

图1-10　圆及圆弧的标注　　图1-11　角度尺寸的标注

4) 狭小尺寸的标注

当没有足够位置注写数字或画箭头时，可把箭头或数字布置在图形外面，也可把箭头和数字都布置在图形外面。标注串联小尺寸时，可用小圆点或斜线代替箭头，但两端的箭头要保留，如图 1-12 所示。

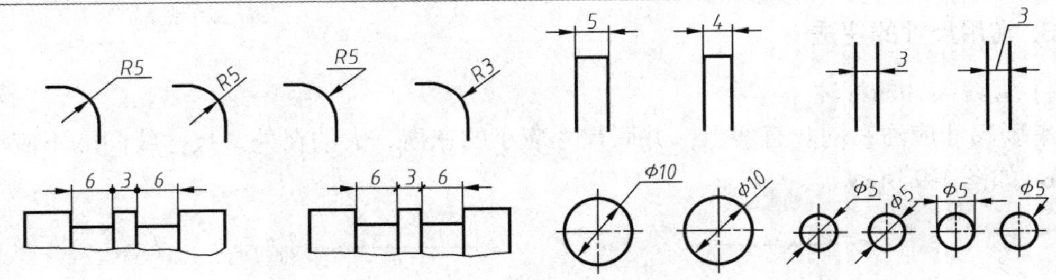

图1-12　狭小尺寸的标注

任务 1.2　绘图工具及使用方法

1.2.1　绘图工具

常用的绘图工具有图板、丁字尺、三角板等。

1. 图板

图板用来固定图纸，一般用胶合板制作，四周镶硬质木条，如图 1-13 所示。图板的规格尺寸有 0 号(900mm×1200mm)、1 号(600mm×900mm)、2 号(450mm×600mm)。

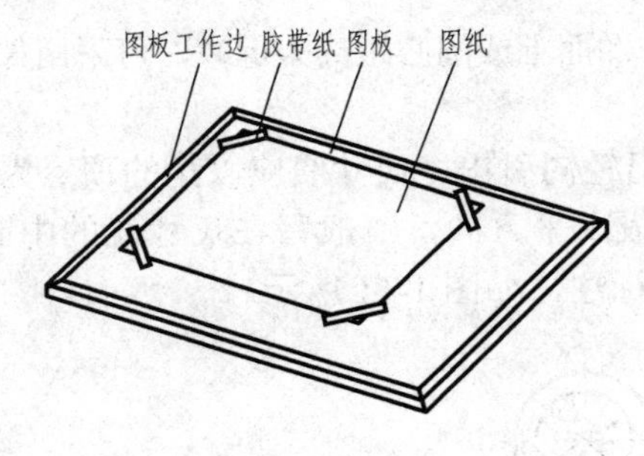

图1-13　图板

2. 丁字尺

使用时，必须随时注意保持尺头工作边(内侧面)与图板工作边靠紧。画水平线要用尺身工作边(上边缘)，使用完毕应悬挂放置，以免尺身弯曲变形，如图 1-14 所示。

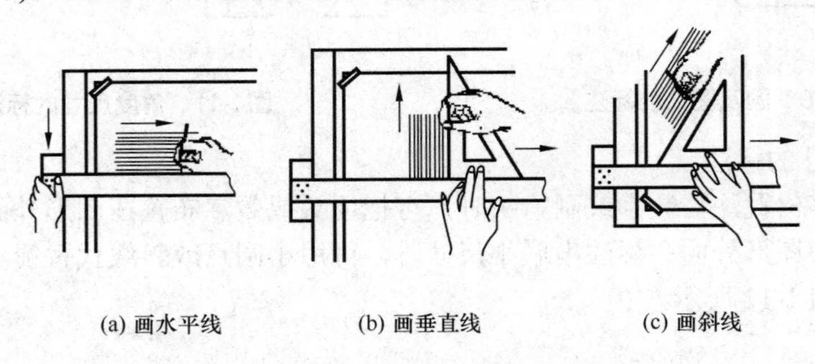

(a) 画水平线　　(b) 画垂直线　　(c) 画斜线

图1-14　丁字尺和三角板

3. 三角板

一副三角板中有两块，其中一块是两个锐角为 45° 的等腰直角三角形，另一块是两个锐角分别为 30° 和 60° 的直角三角形。将三角板与丁字尺配合使用，可以画平行线、垂直线及倾斜线，如图 1-14 所示。

1.2.2　绘图用品

绘图用品包括铅笔、绘图纸、橡皮、胶带纸、擦线板、软笔刷等。

绘图铅笔分软与硬两种型号，字母“B”表示软铅芯，字母“H”表示硬铅芯。“B”之前的数值越大，表示铅芯越软；“H”之前的数值越大，表示铅芯越硬。

字母“HB”表示软硬适中的铅芯。绘制机械图样时，常用 2H 或 H 铅笔画底稿线和加深细线；用 HB 或 H 铅笔写字和画箭头；用 HB 或 B 铅笔画粗线；加深粗线的圆或圆弧时，要比加深直线用的 HB 或 B 铅笔软一级。

1.2.3　绘图仪器

绘图仪器有圆规和分规，如图 1-15 所示。

1. 圆规

圆规是绘图仪器中的主要部件，用来画圆及圆弧。

2. 分规

分规主要用来量取尺寸、截取线段和等分线段。

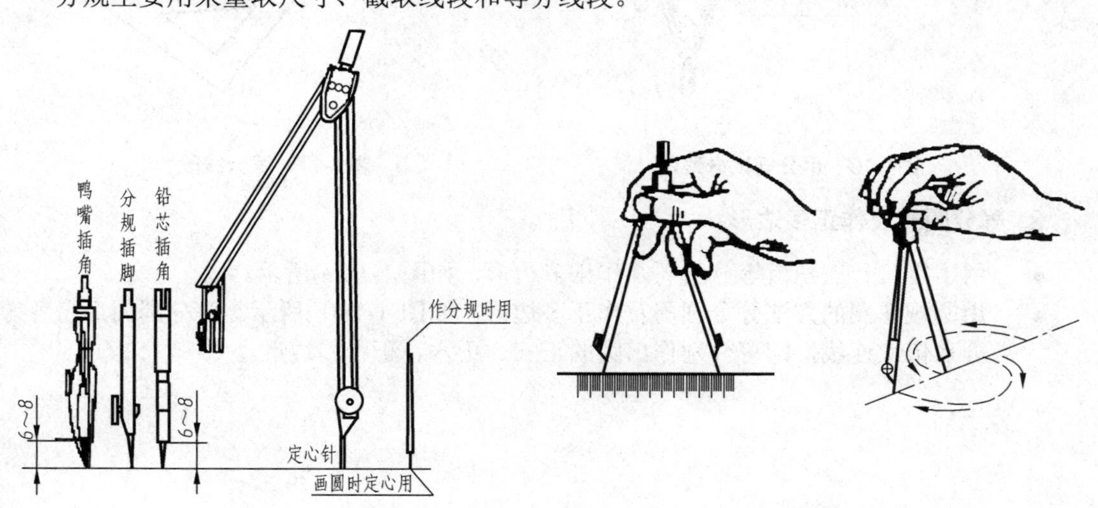

图1-15　圆规和分规

任务1.3 几 何 作 图

1.3.1 等分圆周及作正多边形

1. 等分线段

1) 试分法

用分规试分线段如图1-16所示。试分时，先凭目测估计出分段长度，用分规自线段的一端进行试分。如果不能恰好将线段分尽，可视其“不足”或“剩余”部分的长度调整分规的开度。再度试分直到分尽为止。

2) 平行线法

如图1-17所示，过点*A*作任意直线*A*5，并用分规将其等分，其等分点为1、2、3、4、5。连接5*B*，过点4、3、2、1作5*B*的平行线。与*AB*线段相交的各点即为*AB*线段的等分点。

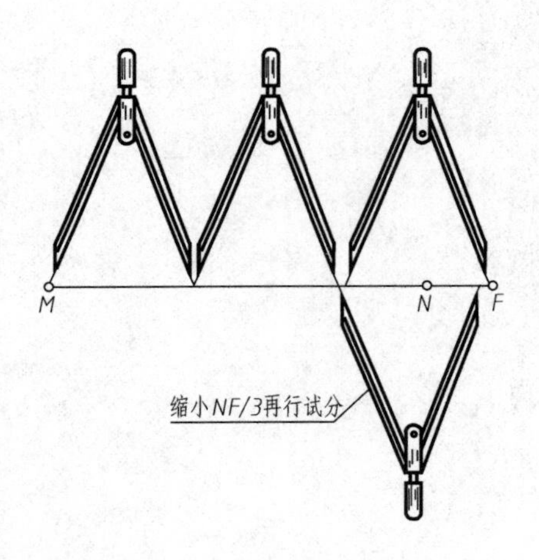

图1-16 用分规试分线段

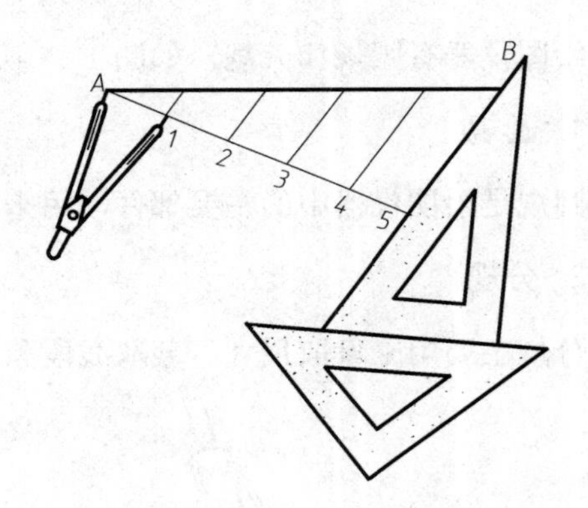

图1-17 等分线段

2. 等分圆周及作正多边形

- 用丁字尺和三角板等分圆周及作正多边形，如图1-18(a)所示。
- 用圆规作图的方法等分圆周及作正多边形，如图1-18(b)所示。等分圆周后将各等分点依次连线，即可分别作出圆的正三、正六、正十二边形。

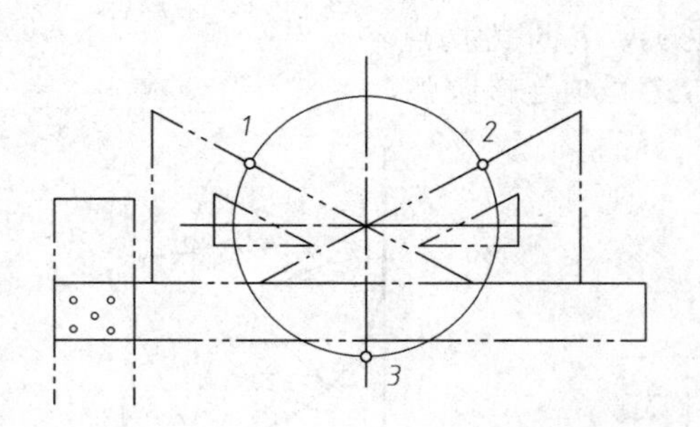

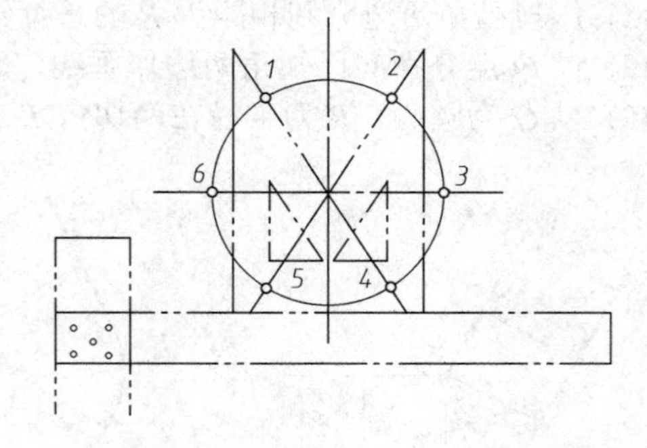

(a) 圆周的三、六等分及作正三、正六边形

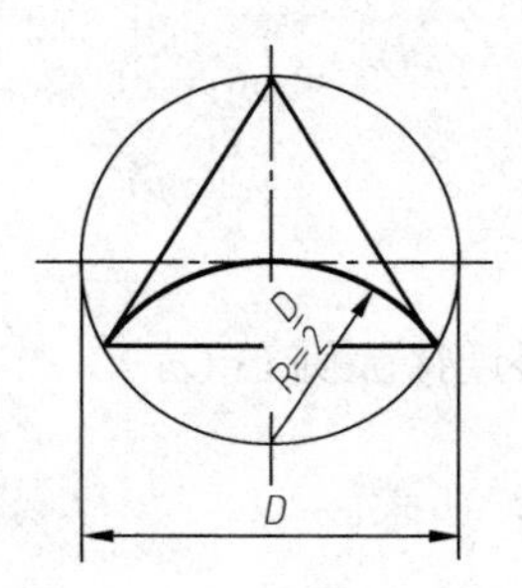

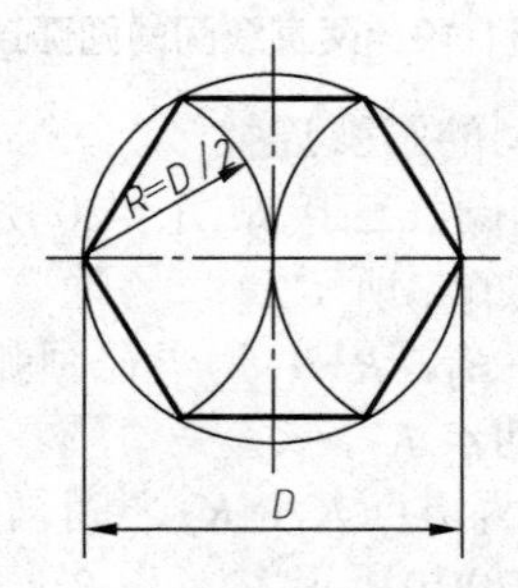

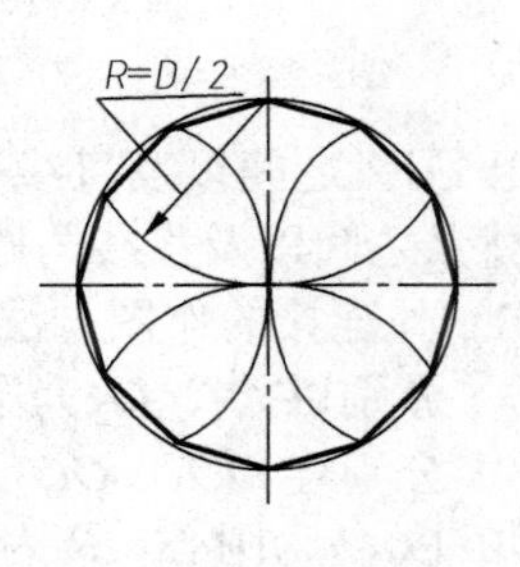

(b) 圆周的三、六、十二等分及作正三、正六、正十二边形

图1-18　等分圆周及作正多边形

1.3.2　圆弧连接

所谓圆弧连接就是用一段圆弧光滑地连接已知线段或圆弧。关键是准确地找出连接弧的圆心及切点。

1. 圆弧连接的作图原理

1) 圆弧与直线相切

连接弧圆心轨迹：平行于定直线且相距为圆弧半径的直线。

切点：从弧圆心向已知直线作垂线，其垂足即为切点。

2) 圆弧外连接圆弧(外切)

连接弧圆心轨迹：已知圆弧的同心圆，其半径为连接圆弧与已知圆弧半径之和。

切点：两圆心连线与已知圆弧的交点。

3) 圆弧内连接圆弧(内切)

连接弧圆心轨迹：已知圆弧的同心圆，其半径为连接圆弧与已知圆弧半径之差。

切点：两圆心连线的延长线与已知圆弧的交点。

2. 圆弧连接的作图步骤

1) 两直线间的圆弧连接

两直线间的圆弧连接如图 1-19 所示。

(1) 作与已知两边分别相距为 R 的平行线，交点 O 即为连接弧的圆心。

(2) 过 O 点分别向已知角两边作垂线，垂足 T_1、T_2 即为切点。

(3) 以 O 为圆心，R 为半径在两切点 T_1、T_2 之间画连接圆弧。

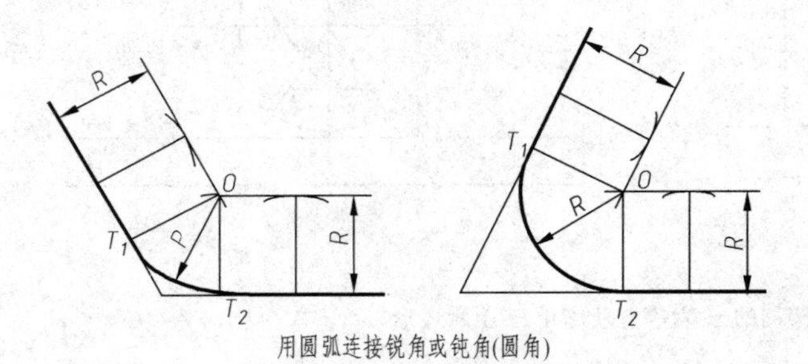

图1-19　两直线间的圆弧连接

2) 圆弧之间以及直线与圆弧间的圆弧连接

圆弧之间以及直线与圆弧间的圆弧连接如图 1-20 所示。

(1) 外连接的作图方法如图 1-20(a)所示。

① 分别以 O_1、O_2 为圆心，$R+R_1$、$R+R_2$ 为半径画弧，交得连接弧圆心 O。

② 分别连 OO_1、OO_2，交得切点 K_1、K_2。

③ 以 O 为圆心，R 为半径在两切点 K_1、K_2 之间画弧，即得所求。

(2) 内连接的作图方法如图 1-20(b)所示。

① 分别以 O_1、O_2 为圆心，$R-R_1$、$R-R_2$ 为半径画弧，交得连接弧圆心 O。

② 分别连 OO_1、OO_2，并延长交得切点 K_1、K_2。

③ 以 O 为圆心，R 为半径在两切点 K_1、K_2 之间画弧，即得所求。

(3) 混合连接的作图方法如图 1-20(c)所示。

① 分别以 O_1、O_2 为圆心，R_1-R、$R+R_2$ 为半径画弧，交得连接弧圆心 O。

② 分别连 OO_1、OO_2，并延长交得切点 K_1、K_2。

③ 以 O 为圆心，R 为半径在两切点 K_1、K_2 之间画弧，即得所求。

(4) 圆弧连接直线与圆弧的作图方法如图 1-20(d)所示。

① 作与已知直线相距为 R 的平行线，以 O_1 为圆心，R_1+R 或 R_1-R 为半径画弧，与平行线的交点即为连接弧圆心。

② 过 O 点向已知直线作垂线，连 OO_1，得切点 K_1、K_2。

③ 以 O 为圆心，R 为半径在两切点 K_1、K_2 之间画连接圆弧。

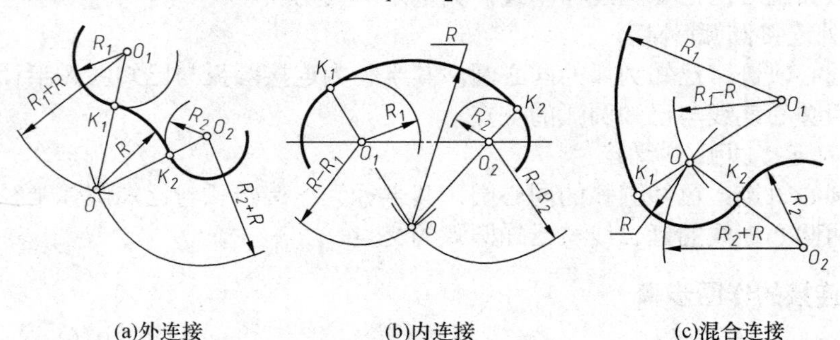

图1-20　圆弧之间的圆弧连接

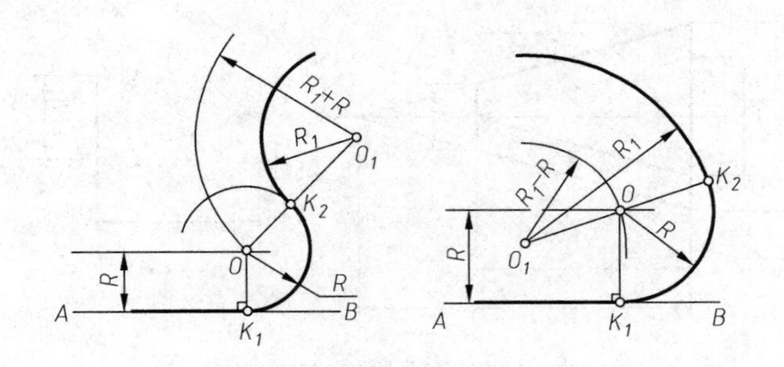

(d)圆弧连接直线与圆弧

图1-20　圆弧之间的圆弧连接(续)

1.3.3　斜度和锥度

1. 斜度

斜度是指一直线(或平面)对另一直线(或平面)的倾斜程度。其大小用它们之间夹角的正切值表示，并将此值转换为 1∶n 的形式。斜度符号“∠”及标注方向应与图形中的倾斜方向一致，如图 1-21(a)所示；斜度的画法如图 1-21(b)所示。

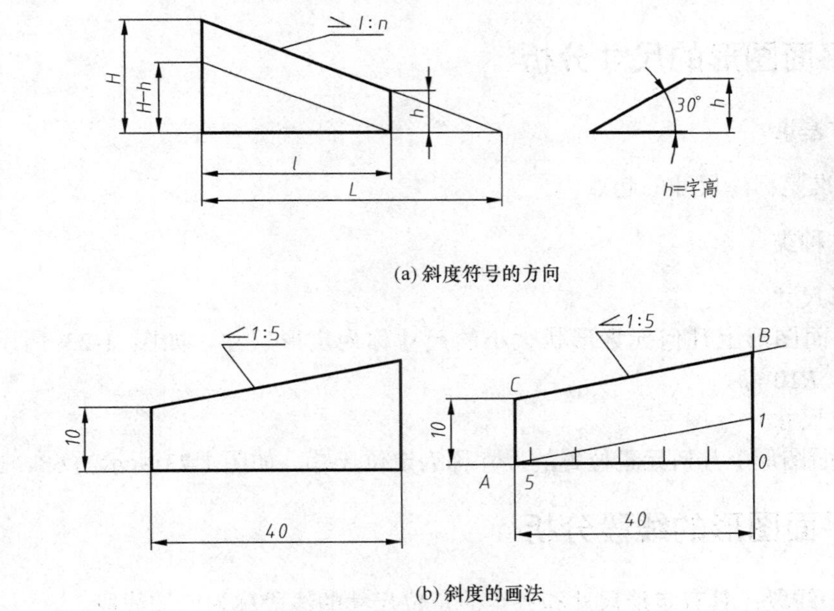

(a) 斜度符号的方向

(b) 斜度的画法

图1-21　斜度

2. 锥度

锥度是指正圆锥底圆直径与锥高的比值；若为圆锥台，锥度则是上、下两底圆直径之差与锥台高之比。标注时要加注锥度的图形符号，符号及标注方向应与锥度方向一致，如图 1-22(a)所示；锥度的画法如图 1-22(b)所示。

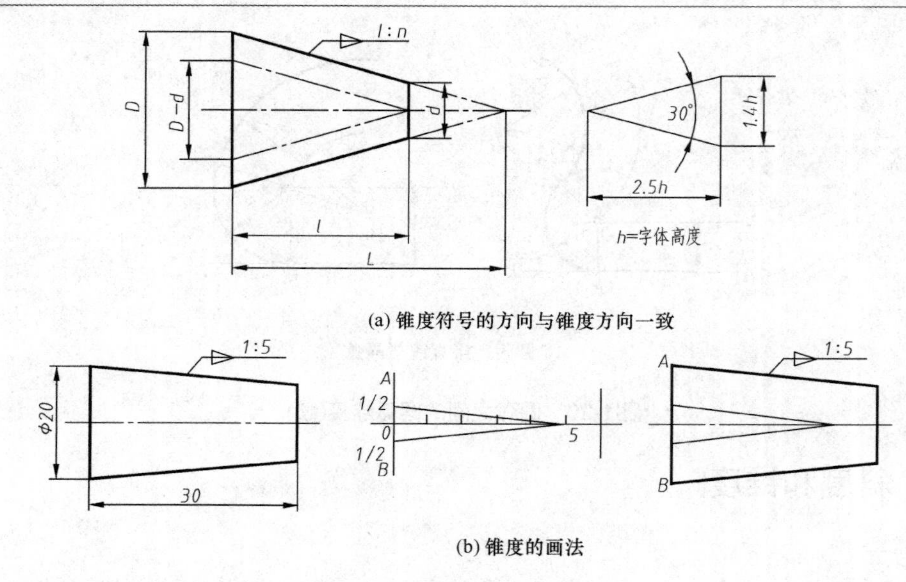

(a) 锥度符号的方向与锥度方向一致

(b) 锥度的画法

图1-22　锥度

任务 1.4　平面图形的分析与作图

1.4.1　平面图形的尺寸分析

1. 尺寸基准

尺寸基准是标注尺寸的起点。

2. 尺寸种类

1) 定形尺寸

确定平面图形上几何元素形状大小的尺寸称为定形尺寸，如图 1-23 所示的 ϕ32、ϕ16、*R*20、*R*10 等。

2) 定位尺寸

确定平面图形上几何元素位置的尺寸称为定位尺寸，如图 1-23 所示的 68、10 等。

1.4.2　平面图形的线段分析

(1) 已知线段：具有定形尺寸和齐全的定位尺寸的线段称为已知线段。

(2) 中间线段：具有定形尺寸和不齐全定位尺寸的线段称为中间线段。

(3) 连接线段：只有定形尺寸没有定位尺寸的线段称为连接线段。

1.4.3　平面图形的作图步骤

在平面图形中，当有几个圆弧连接时，在两个已知圆弧之间可以有任意个中间圆弧(也可以没有)，但是必须有且只能有一个连接圆弧。掌握这一规律，通过线段分析，即可知道该平面图形能否画出，其尺寸是否标注完全、合理。下面以图 1-23 为例说明平面图形的作图步骤。

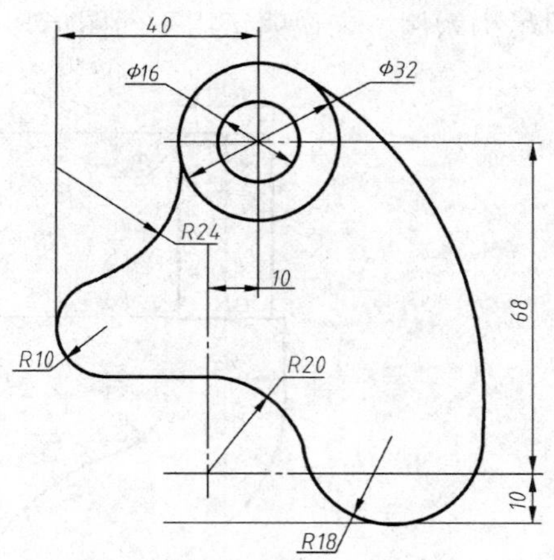

图1-23　平面图形

(1) 画平面图形时，应先画横竖两个方向的作图基准线，如图 1-24(a)所示。

(2) 画已知圆弧，如图 1-24(b)所示。

(3) 画中间圆弧，如图 1-24(c)所示。

(4) 最后画连接圆弧，如图 1-24(d)所示。

(5) 标注尺寸，为提高绘图速度，可一次完成，如图 1-24(e)所示。

(6) 修饰并校核作图过程，擦去多余的作图线，描深图形，如图 1-24(f)所示。

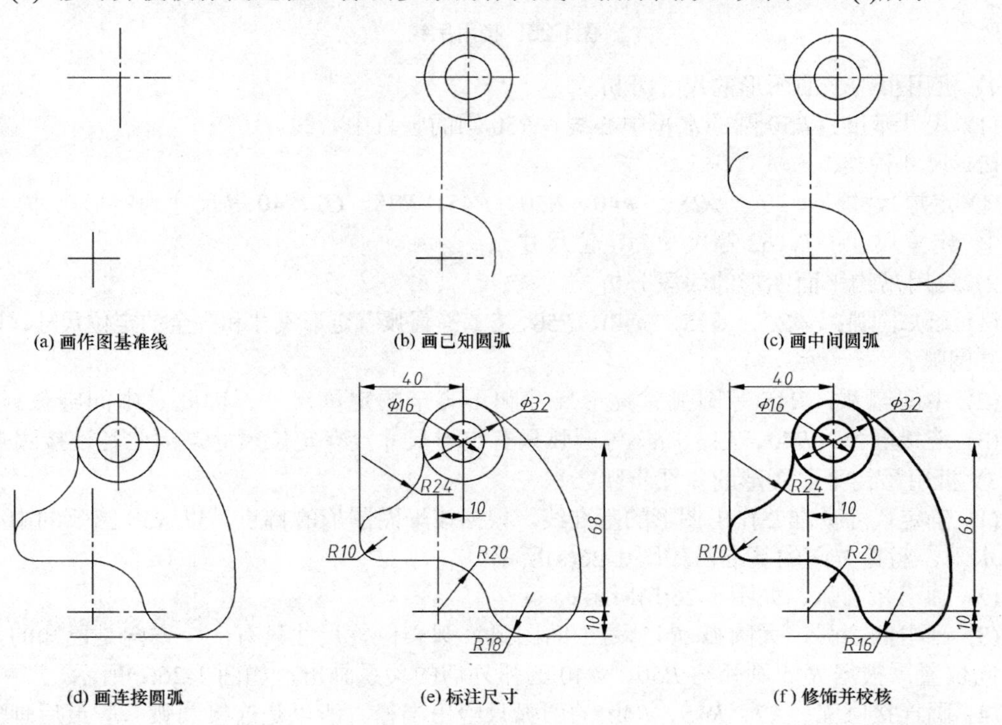

图1-24　平面图形的作图步骤

【项目实施】 画机用吊钩平面图形

下面以图 1-25 所示机用吊钩为例，来说明运用平面图形知识作图的方法和步骤。

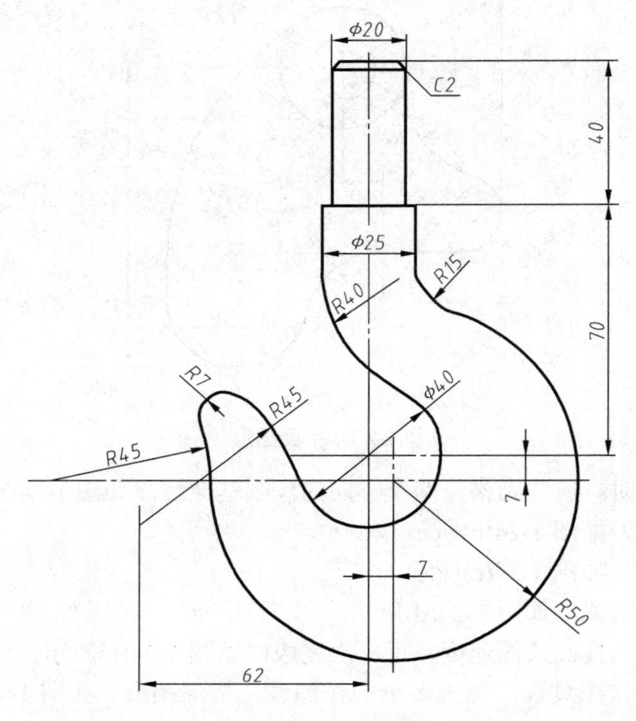

图1-25 机用吊钩

1) 机用吊钩平面图形的尺寸分析

(1) 尺寸基准：*R*50 圆的水平中心线、*R*50 圆的竖直中心线。

(2) 尺寸种类：

① 定形尺寸：ϕ20、ϕ25、ϕ40、*R*50、*R*45、*R*75、*C*2、40 等尺寸为定形尺寸。

② 定位尺寸：7、62 等尺寸为定位尺寸。

2) 机用吊钩平面图形的线段分析

(1) 已知圆弧：ϕ20、ϕ25、ϕ40、*R*50、*C*2 等圆弧有定形尺寸和齐全的定位尺寸，因此是已知圆弧。

(2) 中间圆弧：*R*45 等圆弧有定形尺寸和不齐全的定位尺寸，因此是中间圆弧。

(3) 连接圆弧：*R*40、*R*15、*R*7 等圆弧只有定形尺寸没有定位尺寸，因此是连接圆弧。

3) 机用吊钩平面图形的作图步骤

(1) 确定尺寸基准并作出图形的基准线。根据该平面图形的特点，以 *R*50 圆弧的中心线作为水平、竖直方向的基准，如图 1-26(a)所示。

(2) 画已知圆弧，如图 1-26(b)所示。

(3) 画中间圆弧，大圆弧 *R*45 是中间圆弧，圆心位置尺寸只有一个方向是已知的，另一方向位置需根据 *R*45 圆弧与 *R*50、ϕ40 圆弧外切的关系画出，如图 1-26(c)所示。

(4) 画连接圆弧，*R*7、*R*15、*R*40 的圆弧只给出半径，所以是连接圆弧，应最后画出，如图 1-26(d)所示。

(5) 标注尺寸，如图 1-26(e)所示。

(6) 校核描深。校核作图过程，擦去多余的作图线，描深图形，如图 1-26(f)所示。

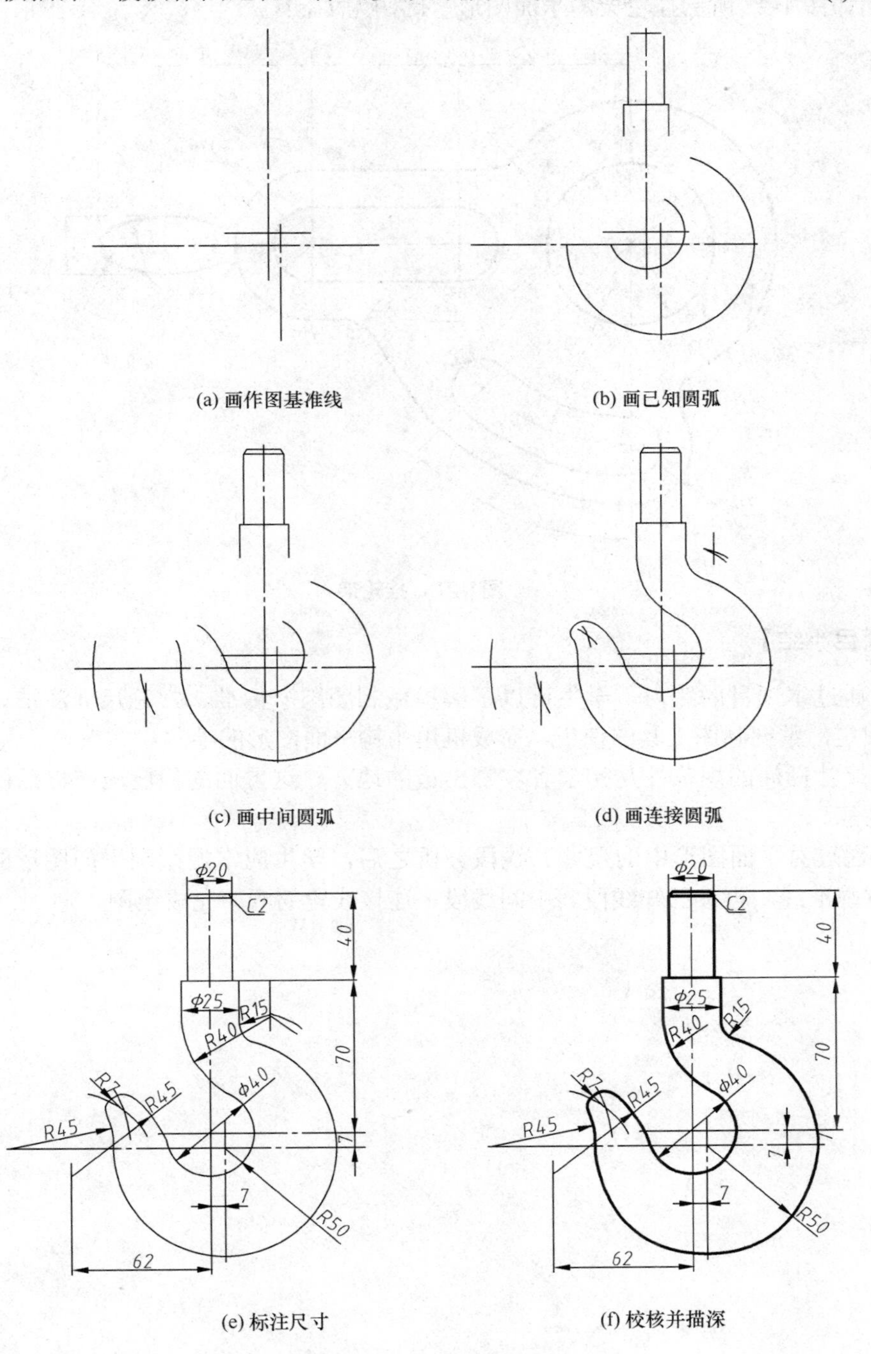

(a) 画作图基准线　(b) 画已知圆弧

(c) 画中间圆弧　(d) 画连接圆弧

(e) 标注尺寸　(f) 校核并描深

图1-26　机用吊钩作图步骤

【技能训练】

画出如图 1-27 所示挂轮架的平面图形，比例为 1∶1。

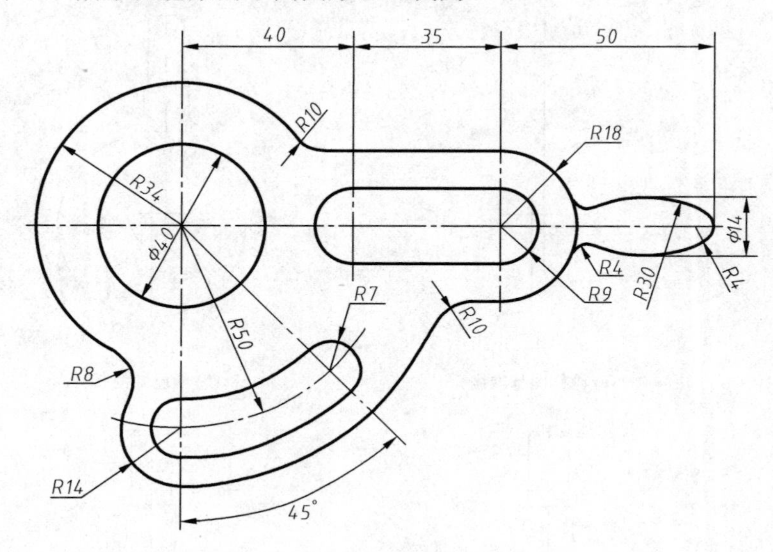

图1-27　挂轮架

【项目小结】

(1) 通过本项目的练习，学生可以了解机械制图国家标准、常见尺寸注法、几何作图等有关规定，掌握制图工具的使用，完成机用吊钩平面图形的绘测。

(2) 尺寸标注的规范性是初学者容易出错的地方。这方面的问题应在以后的学习过程中多加注意。

(3) 通过对平面图形中的尺寸、线段分析之后，学生应掌握绘制平面图形的步骤，先绘制定位基准线，再按已知线段、中间线段、连接线段的顺序完成全图。

项目 2　画机用楔铁三视图

【项目目标】

- 掌握投影法的基本概念和正投影的基本性质。
- 掌握三视图的形成及投影规律关系，能够识读和绘制简单形体的三视图。
- 掌握点的投影规律，各种位置直线和平面的投影特征，能够判断直线、平面的空间位置，完成投影作图。
- 掌握几何体的投影特征，能够画出平面立体、曲面立体三视图及表面取点的投影。
- 掌握尺寸标注的基本要求，能够对基本体和截断体进行尺寸标注。

【基本知识】

- 投影法的基本概念。
- 三视图的形成及其对应关系。
- 点、直线、平面的投影。
- 几何体的投影及尺寸标注。

【任务引入】

点、直线和平面是构成物体的基本几何元素，掌握这些几何元素的正投影规律是学好本课程的基础。

任务 2.1　投影法的基本概念

2.1.1　投影法及投影

在日常生活中，经常可以看到一些投影现象，如照相、电影及太阳光照射物体所产生的影子。人们依据生产活动的自然规律，对上述现象加以抽象和总结，逐渐形成投影法。

所谓投影法即一组投影射线通过物体，向选定的平面投射，而在该平面得到图形的方法。选定平面 *P* 称为投影面，根据投影法在投影面上得到的图形称为投影。

如图 2-1 所示，平面 *P* 为投影面，*S* 为投射中心，*SAa*、*SBb*、*SCc*、*SDd* 为投射线，*abcd* 即为空间平面 *ABCD* 在投影面上的投影。

2.1.2　投影法的种类

工程上常见的投影法有两种：中心投影法和平行投影法。

1. 中心投影法

如图 2-1 所示，投射线汇交于一点 *S* 的投影法称为中心投影法。中心投影法所得到的投影不能反映物体的真实形状和大小。因此，此方法在工程制图上用得较少。

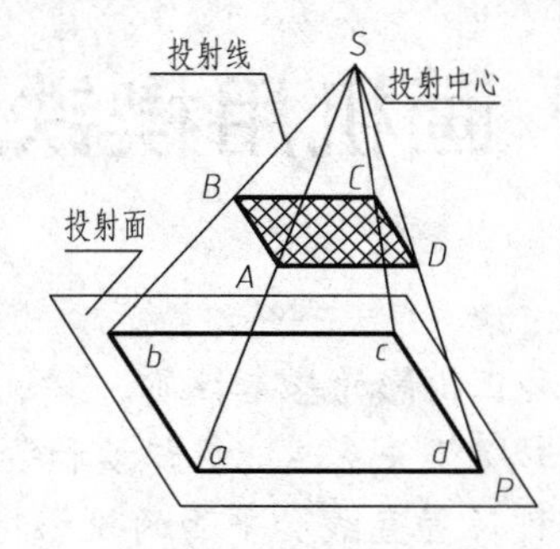

图2-1　中心投影法

2. 平行投影法

设想把图 2-1 中的 S 点移到无穷远时，则投射线平行。像这种投射线互相平行的投影法称为平行投影法。根据投射线与投影面是否垂直，平行投影法又分为斜投影法与正投影法。

(1) 斜投影法：投射线与投影面倾斜的平行投影法，如图 2-2(a)所示。

(2) 正投影法：投射线与投影面垂直的平行投影法，如图 2-2(b)所示。根据正投影法所得到图形称正投影。因为正投影反映了物体的真实形状和大小，度量性好，便于作图，所以工程上应用较广。

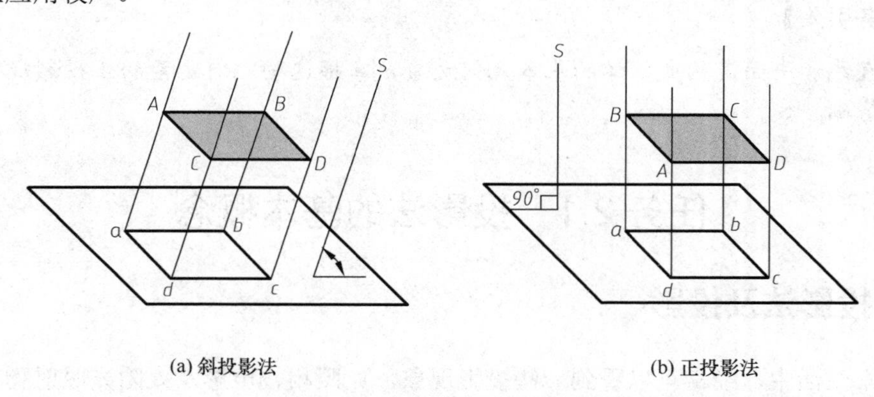

(a) 斜投影法　　(b) 正投影法

图2-2　斜投影法和正投影法

2.1.3　正投影的基本特征

1. 显实性

当直线或平面与投影面平行时，其投影反映实长(或实形)。正投影的这种特性称为显实性，如图 2-3(a)所示。

2. 积聚性

当直线或平面与投影面垂直时，其投影为一个点(或一条直线)，正投影的这种特性称为积聚性，如图 2-3(b)所示。

3. 类似性

当直线或平面与投影面倾斜时，其投影变短(或变小)，但投影的形状仍与原来的形状相似，正投影的这种特性称为类似性，如图 2-3(c)所示。

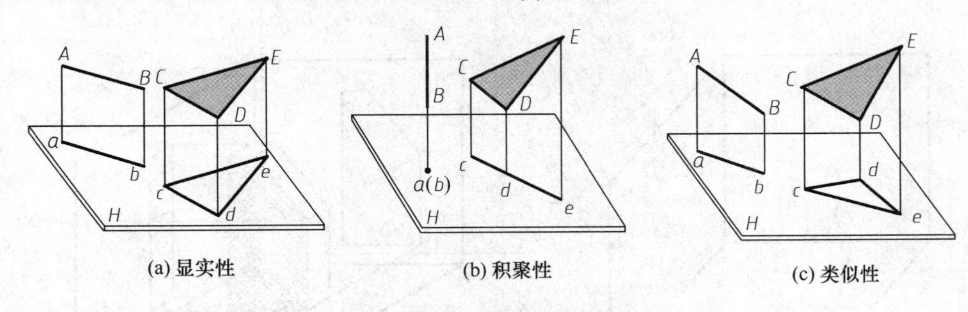

(a) 显实性　(b) 积聚性　(c) 类似性

图2-3　正投影的基本特征

任务 2.2　三视图的形成及其对应关系

2.2.1　三投影面体系

物体的一个视图只能反映出两个方向的尺寸情况，不同形状物体的某一视图可能会相同。所以，一个视图不能准确地表达物体的形状。

1. 投影面与投影轴

1) 三投影面

在投影法中，得到投影的面称为投影面。在三投影面体系中有三个相互垂直的投影面，如图 2-4 所示。

三个投影面分别为正立投影面、水平投影面和侧立投影面。

- 正立投影面：简称正面，用 V 表示。
- 水平投影面：简称水平面，用 H 表示。
- 侧立投影面：简称侧面，用 W 表示。

2) 三根投影轴

在三投影面体系中，相互垂直的投影面之间的交线称为投影轴。

相互垂直的三根轴分别用 OX、OY、OZ 表示，分别简称 X 轴、Y 轴、Z 轴。三根投影轴的交点称为原点，用 O 表示。

2. 三视图

将物体放置在三投影面体系中，按正投影法向各投影面投射，即可得到物体的正面投影、水平投影和侧面投影。

如图 2-5 所示，为了画图方便，我们要将相互垂直的三个投影面摊平在同一平面上，规定 V 面保持不动，H 面绕 OX 轴向下旋转 90°，W 面绕 OZ 轴向右旋转 90°，使 H、V、

W 在同一平面上(这个平面就是图纸)，如图 2-6(a)所示。应注意 H 面和 W 面旋转时，OY 轴分为两处，分别用 OY_H(在 H 面上)和 OY_W(在 W 面上)表示。用正投影法得到的三个投影图称为物体的三视图，分别为主视图、俯视图和左视图，如图 2-6(b)所示。

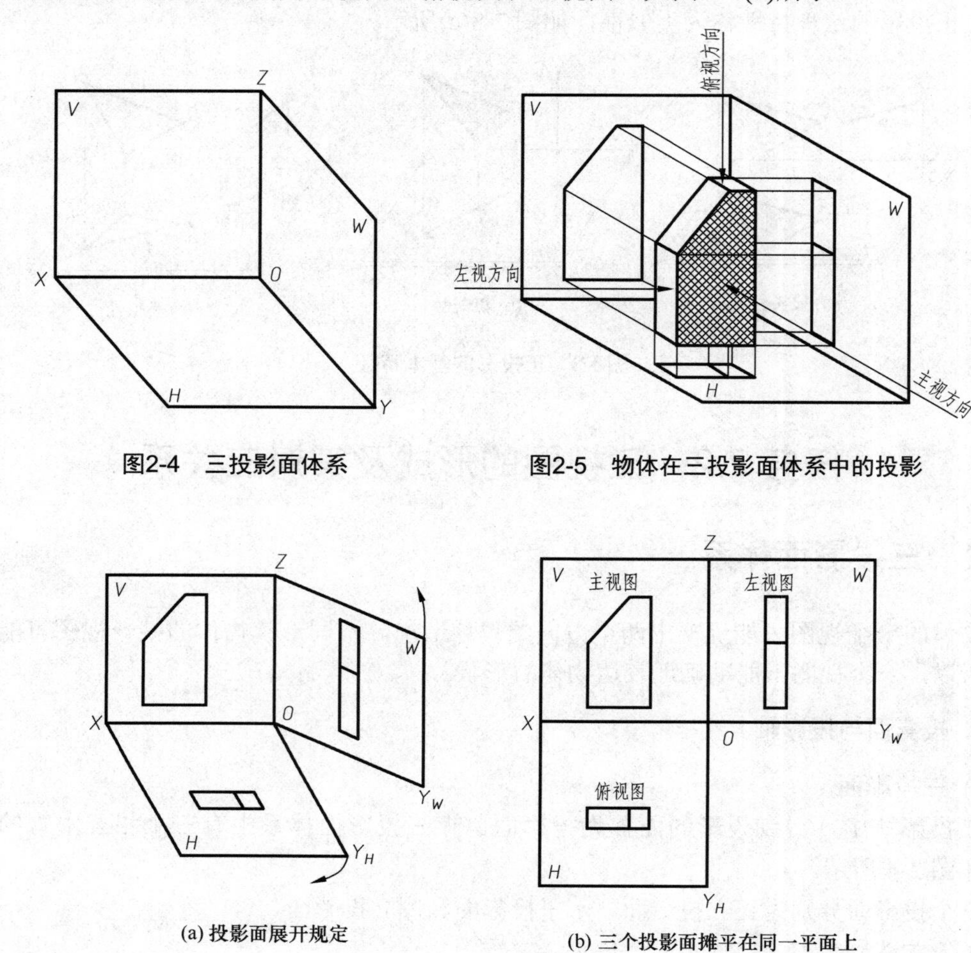

图2-4　三投影面体系

图2-5　物体在三投影面体系中的投影

(a) 投影面展开规定

(b) 三个投影面摊平在同一平面上

图2-6　三投影面的展开

- 主视图：物体在 V 面上的投影，也就是由前向后投射所得到的视图。
- 俯视图：物体在 H 面上的投影，也就是由上向下投射所得到的视图。
- 左视图：物体在 W 面上的投影，也就是由左向右投射所得到的视图。

2.2.2　三视图之间的对应关系

(1) 视图配置关系。以主视图为准，俯视图在它的下面，左视图在它的右面。

(2) 三视图之间的投影规律。从三视图的形成过程可以看出，每个视图只反映物体长、宽、高三个尺度中的两个。即：

- 主视图反映物体的长度(X)和高度(Z)；
- 俯视图反映物体的长度(X)和宽度(Y)；

- 左视图反映物体的高度(Z)和宽度(Y)。

由此可归纳出三视图的投影规律，即“三等”关系，如图 2-7 所示。

- 主、俯视图——长对正(等长)；
- 主、左视图——高平齐(等高)；
- 俯、左视图——宽相等(等宽)。

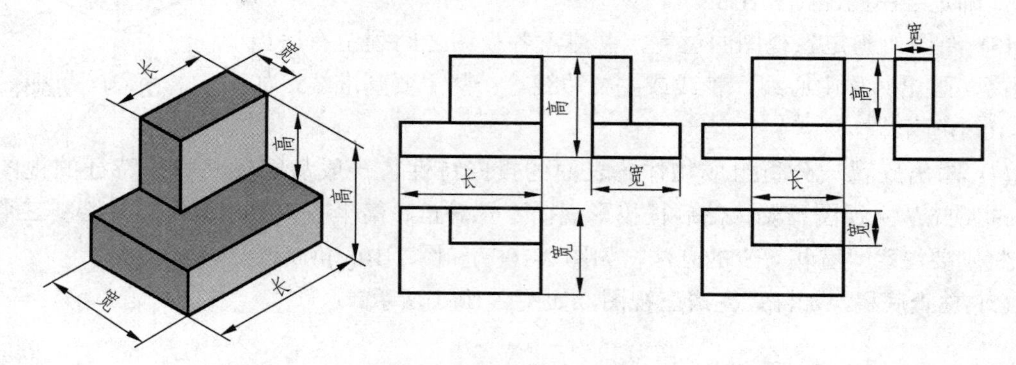

图2-7　三视图中的“三等”关系

(3) 视图与物体的方位关系。物体在三投影面体系内的位置确定后，它的前后、左右和上下的位置关系也在三视图上明确反映出来，如图 2-8 所示。

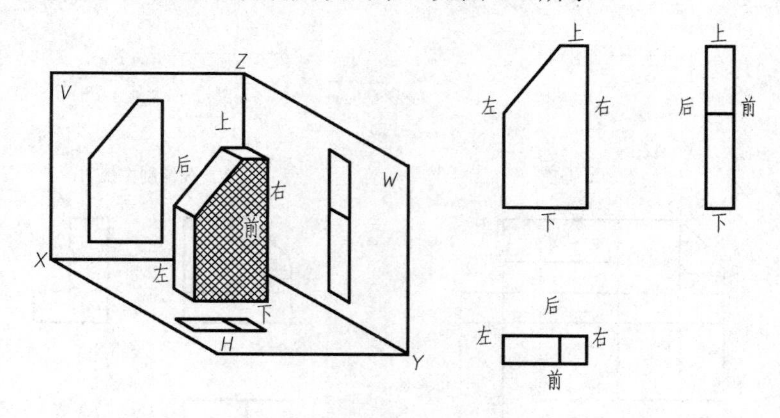

图2-8　三视图中物体的方位关系

- 主视图：反映物体的上下和左右；
- 俯视图：反映物体的左右和前后；
- 左视图：反映物体的上下和前后。

一般只有把三视图中的任意两个视图组合起来看，才能看清物体的上、下、左、右、前、后。俯视图、左视图靠近主视图的一边(里边)，均表示物体的后面；俯视图、左视图远离主视图的一边，均表示物体的前面。

2.2.3　三视图的作图方法和步骤

下面以图 2-9 所示切割体为例来说明三视图之间的投影关系，画物体三视图的方法和步骤如下。

(1) 分析物体。把物体位置放正，确定投影方向。选择主视图方向时，应选最能反映物体形状特征和位置特征的方向，并使各视图虚线尽量少，如图2-9中的A方向。

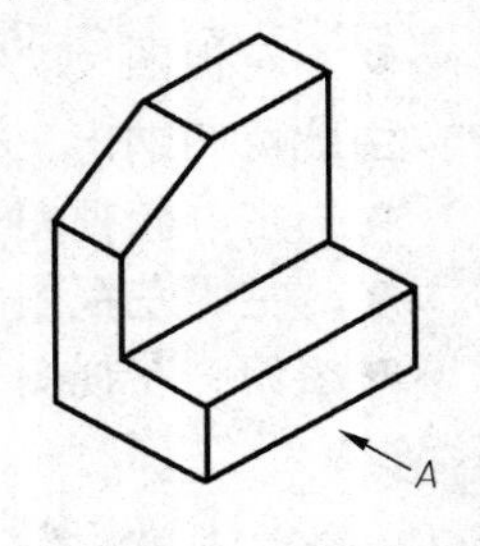

图2-9　切割体

(2) 确定图幅和比例。根据物体的长、宽、高三个方向的最大尺寸，确定绘图的图幅和比例。

(3) 布图。确定各视图的位置，并注意各视图之间须留有适当的距离，画出对称中心线、轴线或主要边线等一些主要基准线，如图2-10(a)所示。

(4) 画出底稿。分析组成物体各表面的投影特性，一般从能反映物体特征的视图画起。通常先从主视图开始，然后按投影规律“长对正、高平齐、宽相等”同时绘制三个视图，特别要注意“宽相等”的画法，如图2-10(b)和图2-10(c)所示。

(5) 检查底稿，加深，完成三视图，如图2-10(d)所示。

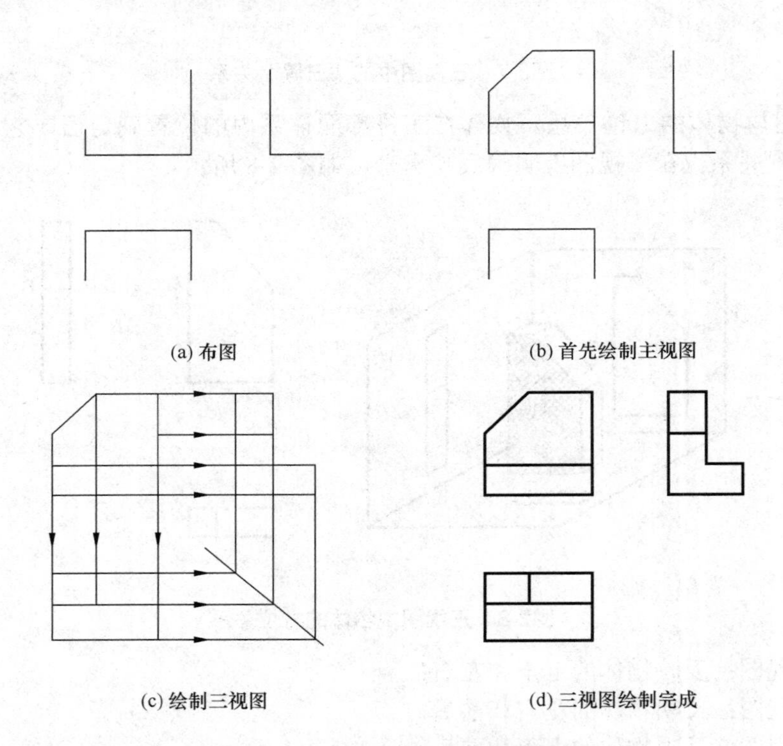

图2-10　三视图的作图方法和步骤

任务2.3　点、直线、平面的投影

点、线、面是组成物体的基本元素，而线、面又可看成是点的集合，因此点是最基本的几何元素，所以首先应掌握点的投影规律。

2.3.1　点的投影

1. 点在三投影面体系中的投影及其规律

空间点 A 位于 V 面、H 面和 W 面构成的三投影面体系中。如图 2-11(a)所示，由点 A 分别向 V、H、W 面作垂线，依次得点 A 的正面投影 a'，水平投影 a，侧面投影 a''。为使三个投影面展开到同一平面上，V 面保持不动，H 面绕 OX 轴向下旋转 90°，W 面绕 OZ 轴向右后方向旋转 90°，如图 2-11(b)所示。投影图上若省略投影面的边框与投影面的标记 H、V 和 W，展开后的投影图如图 2-11(c)所示。

规定大写拉丁字母表示空间点，如 A、B、C…；小写字母表示其在 H 面的投影如 a、b、c…；小写字母加一撇表示其在 V 面的投影，如 a'、b'、c'…；小写字母加两撇表示其在 W 面的投影，如 a''、b''、c''…。由此概括出点在三投影面体系的投影规律。

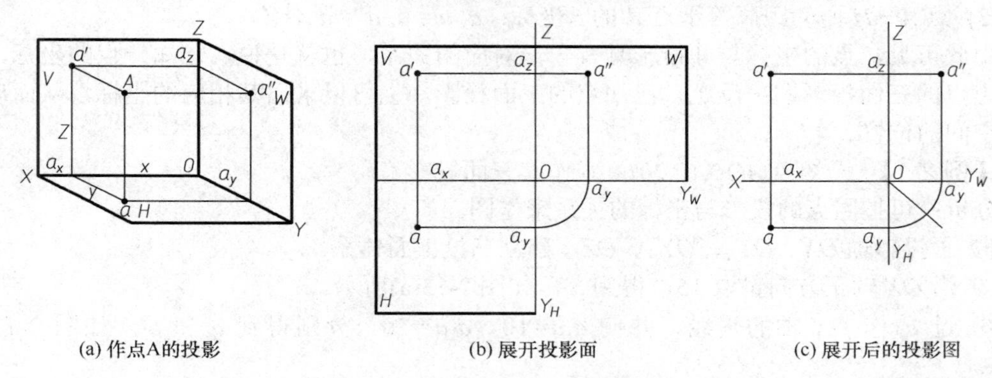

(a) 作点A的投影　　(b) 展开投影面　　(c) 展开后的投影图

图2-11　点的三面投影

(1) 点的两面投影的连线，必定垂直于相应的投影轴，即：

点的正面投影和水平投影的连线垂直于 OX 轴，$aa' \perp OX$；

点的正面投影和侧面投影的连线垂直于 OZ 轴，$a'a'' \perp OZ$。

由于水平投影和侧面投影不能直接连线，需借助 45° 斜线或圆弧实现联系，因此 a、a''满足：$aa_y \perp OY_H$、$a''a_y \perp OY_W$。

(2) 点的投影到投影轴的距离，等于空间点到相应的投影面的距离，即：

$$a'a_x = a''a_y = A\text{ 点到 }H\text{ 面的距离}$$

$$aa_x = a''a_z = A\text{ 点到 }V\text{ 面的距离}$$

$$aa_y = a'a_z = A\text{ 点到 }W\text{ 面的距离}$$

2. 点的投影与直角坐标的关系

将三个投影面体系看作一个空间直角坐标系，空间点 A 的位置可以用三个坐标值 x、y、z 表示，如图 2-12 所示。因为每个投影面都可看作坐标面，而每个坐标面都是由两个坐标轴决定的，所以空间点在任意一个投影面上的投影，只能反映其两个坐标，即 V 面投影反映点的 X、Z 坐标；H 面投影反映点的 X、Y 坐标；W 面投影反映点的 Y、Z 坐标，则点的投影与坐标之间的关系为。

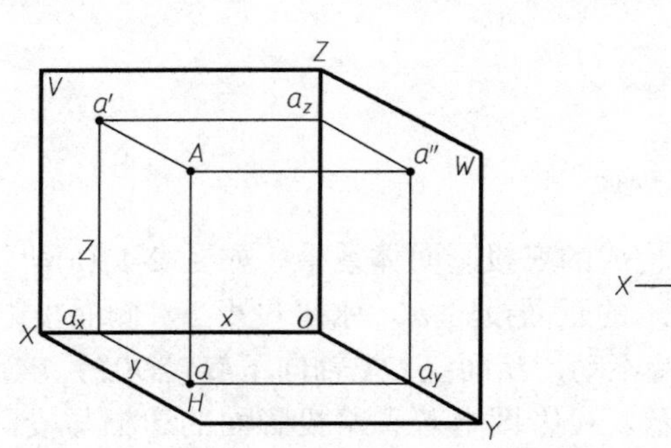

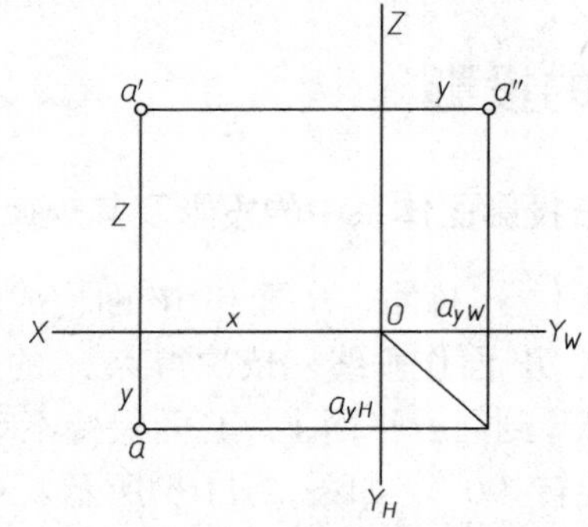

图2-12　点的投影与直角坐标的关系

(1) 点 $A\to W$ 面的距离等于点 A 的 x 坐标：$a_z a'=a_y a= a''A=X$;

(2) 点 $A\to V$ 面的距离等于点 A 的 y 坐标：$a_x a= a_z a''= a'A=Y$;

(3) 点 $A\to H$ 面的距离等于点 A 的 z 坐标：$a_x a'= a_y a''= a A=Z$。

由此可见，点的坐标与其投影具有一一对应的关系，也就是说，已知一点的坐标，可以作出点的三面投影图；反之，已知点的三面投影，也可以求出其相应的坐标，从而确定点在空间的位置。

【例 2-1】 已知点 $A(15,10,20)$，求作其三面投影。

分析：可按照点的投影与坐标的关系来作图。

① 画投影轴 OX、OY_H、OY_W、OZ，建立三投影面体系。

② 沿 OX 轴正方向量取 15，得到 a_x，如图 2-13(a)所示。

③ 过 a_x 作 OX 轴的垂线，并使 $a_xa=10$，$a_xa'=20$，分别得到 a 和 a'，如图 2-13(b)所示。

④ 过 a'点作 OZ 轴的垂线，并使 $a_za''=10$，得到 a''，如图 2-13(c)所示。还可利用 45°斜线，求得 a''，如图 2-13(d)所示。a、a'、a''即为点 A 的三面投影。

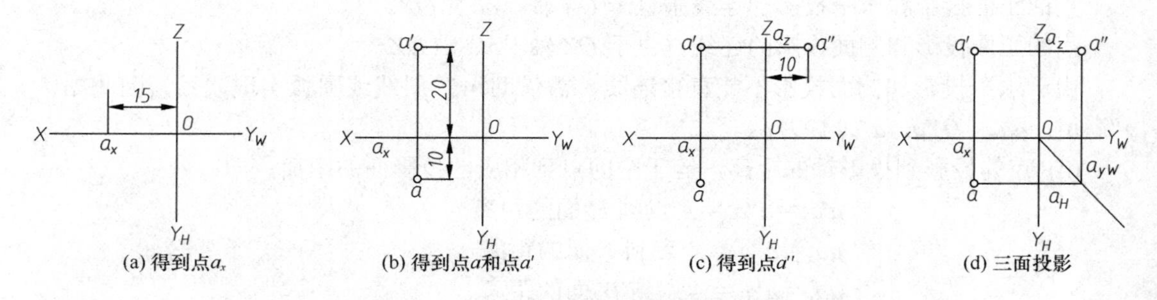

图2-13　已知点的坐标求作点的三面投影

3. 两点的相对位置与重影点

(1) 两点的相对位置。两点的相对位置是指空间两点的上下、左右、前后的位置关系。位置关系可以通过投影图上各组同面投影的坐标差来确定。

判断方法如下：

- 两点间的左、右位置关系，由 x 坐标值来确定，x 坐标大者在左边；
- 两点间的前、后位置关系，由 y 坐标值来确定，y 坐标大者在前边；

- 两点间的上、下位置关系，由 z 坐标值来确定，z 坐标大者在上边。

如图 2-14 所示，A、B 两点的相对位置可以这样来判断：以 B 点为基准点，已知 $x_A>x_B$、$y_A<y_B$、$z_A<z_B$，所以，可以得出 A 点在 B 点的左、后、下方。

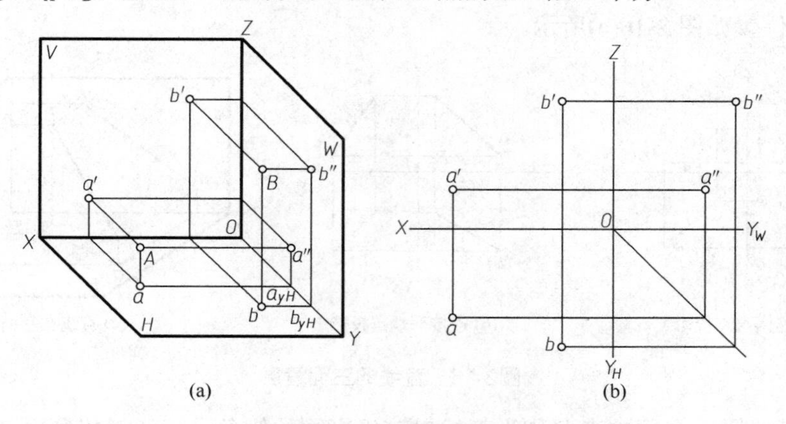

图2-14　两点的相对位置

(2) 重影点及其可见性。若两点位于同一条垂直于某投影面的投射线上，则这两点在该投影面上的投影重合，这两点称为该投影面的重影点。重影点的可见性可根据两点不重影的投影的坐标来判别。即：

- 当两点在 V 面的投影重合时，则 y 坐标大者在前(可见)；
- 当两点在 H 面的投影重合时，则 z 坐标大者在上(可见)；
- 当两点在 W 面的投影重合时，则 x 坐标大者在左(可见)。

如图 2-15(a)所示，E、F 两点 $x_e= x_f$、$z_e= z_f$，位于垂直于 V 面的同一条投射线上，e'和 f'重合，由于 $y_e>y_f$，这表示点 E 位于点 F 的前方。根据“前遮后”的原则，可判断 e'可见，f'不可见，用(f')表示，如图 2-15(b)所示。

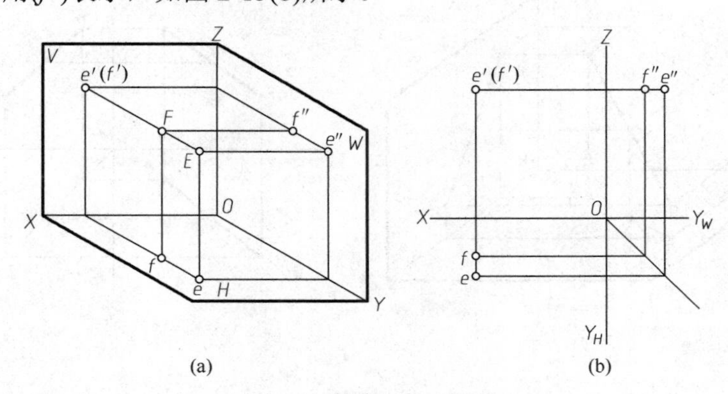

图2-15　重影点可见性的判断

2.3.2　直线的投影

1. 直线在三投影面体系中的投影

直线的投影一般仍为直线。求作直线的三面投影时，可分别作出直线两端点的三面投

影，然后将同一投影面上的两个投影用直线连接起来，即得直线的三面投影。如图 2-16(a)所示，首先作出直线上两端点 *A*、*B* 的三面投影，然后连接直线上两端点的同面投影(即同一投影面上的投影)，ab、$a'b'$、$a''b''$ 即为直线 *A*、*B* 的三面投影，如图 2-16(b)所示，直线 *AB* 在空间的位置如图 2-16(c)所示。

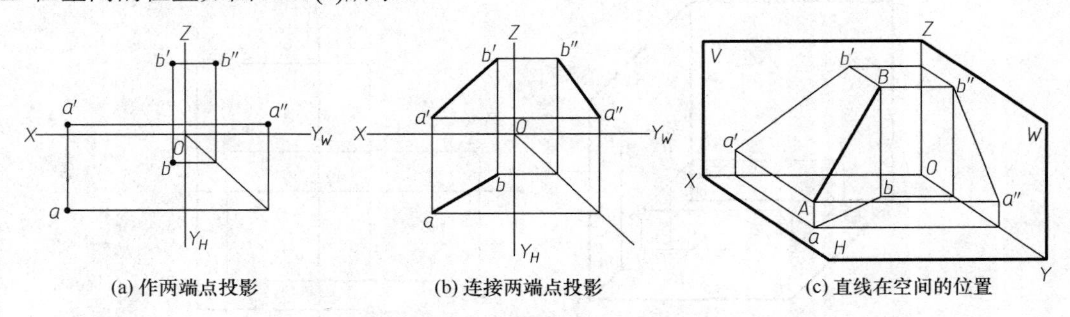

(a) 作两端点投影　(b) 连接两端点投影　(c) 直线在空间的位置

图2-16　直线的三面投影

直线与其投影面之间的夹角称为直线对该投影面的倾角。直线对投影面 *H*、*V* 和 *W* 的倾角分别为α、β、γ。

2. 直线上的点

根据投影的基本性质，直线上的点具有如下投影特性。

(1) 从属性。直线上的点的投影必然在该直线的同面投影上，且符合点的投影规律；反之，如果点的投影都在直线的同面投影上，且符合点的投影规律，那么这个点一定在该直线上。注：若点的一个投影不在直线的同面投影上，则可判定该点不在直线上。

如图 2-17 所示，m、m'、m''分别在 ab、$a'b'$、$a''b''$上，符合点的投影规律，因此，*M* 点在直线 *AB* 上。

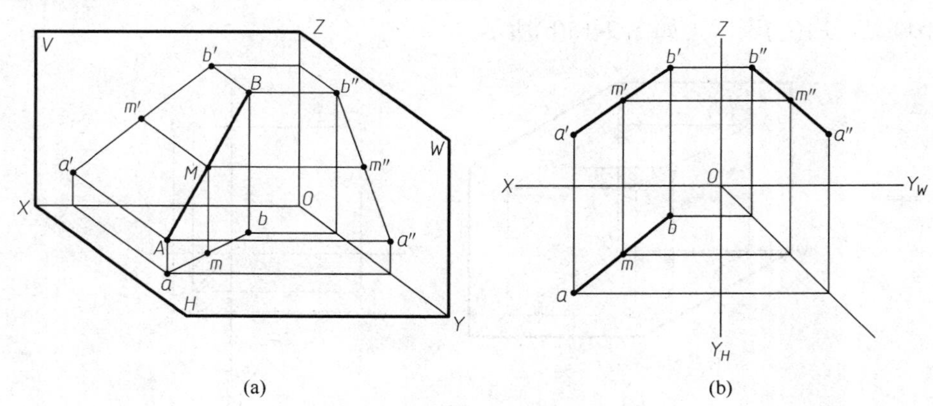

(a)　(b)

图2-17　直线上的点

(2) 定比性。点分线段成定比，其投影也成同样的比例。

如图 2-17 所示，点 *M* 在直线 *AB* 上，满足 $AM:MB=am:mb=a'm':m'b'=a''m'':m''b''$。

3. 各种位置直线的投影及特性

直线相对投影面的位置有三种情况：投影面垂直线、投影面平行线和一般位置直线。前两种直线又称为特殊位置直线。

1) 投影面垂直线

垂直于一个投影面而同时平行于其他两个投影面的直线，称为投影面垂直线。直线垂直于 *V* 面，称为正垂线；直线垂直于 *H* 面，称为铅垂线；直线垂直于 *W* 面，称为侧垂线。各种投影面垂直线的三面投影图例及投影特性如表 2-1 所示。

表2-1 投影面垂直线的投影图例及其投影特性

名 称	投影图例	投影特性
铅垂线	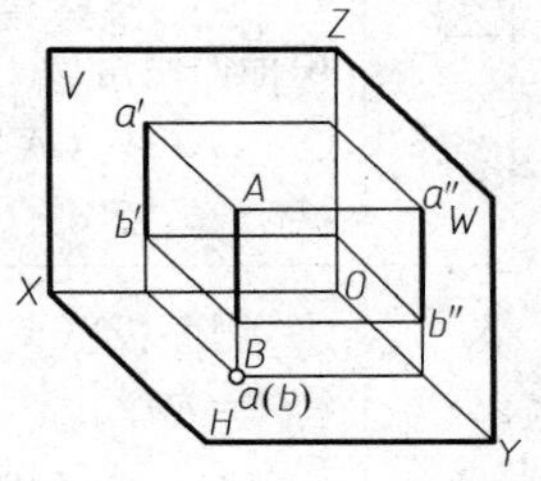 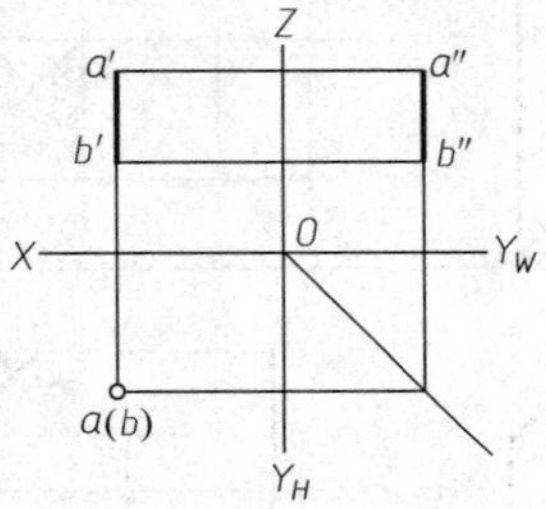	① 水平投影 $a(b)$积聚成一点； ② 正面投影和侧面投影反映实长，即 $a'b'=a''b''=AB$； ③ $a'b'$、$a''b''$ // OZ
正垂线	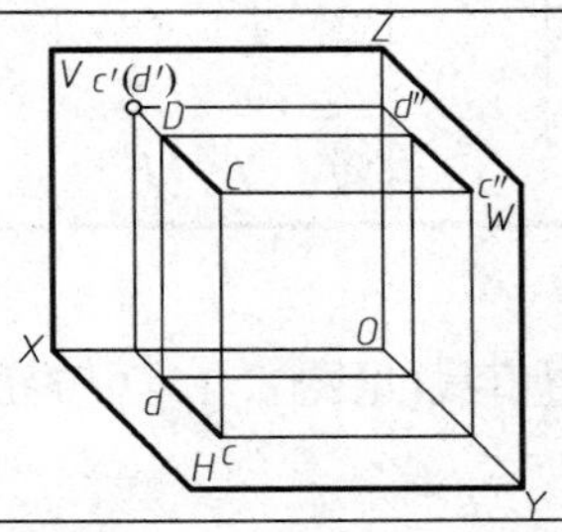 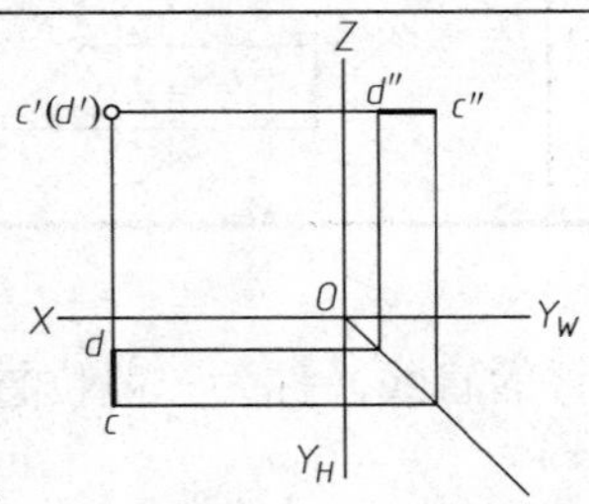	① 正面投影 $c'(d')$积聚成一点； ② 水平投影和侧面投影反映实长，即 $cd=c''d''=CD$； ③ cd // OY_H $c''d''$ // OY_W
侧垂线	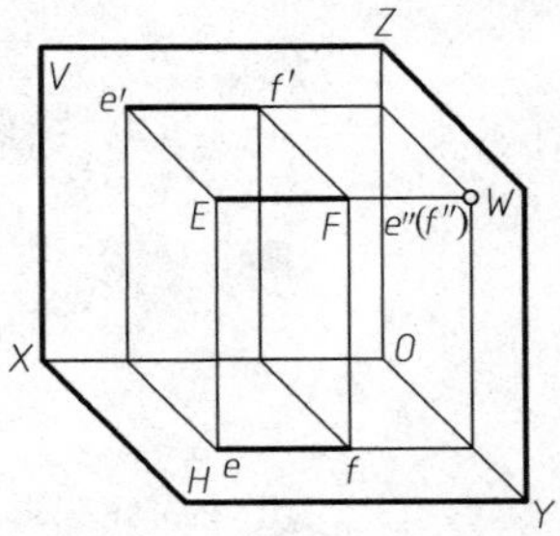 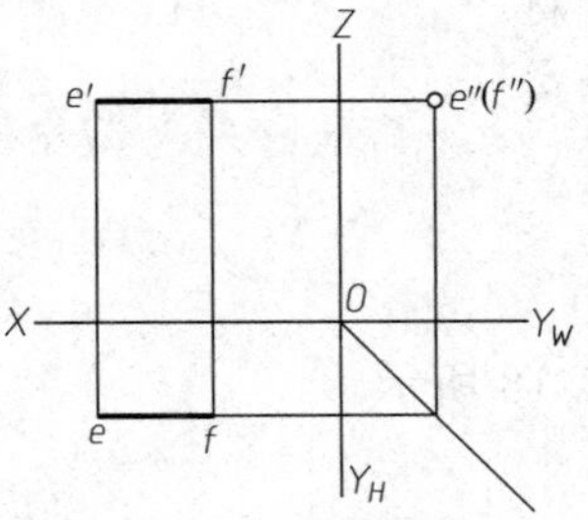	① 侧面投影 $e''(f'')$ 积聚成一点； ② 水平投影和正面投影反映实长，即 $ef=e'f'=EF$； ③ ef、$e'f'$ // OX

2) 投影面平行线

平行于一个投影面而倾斜于其他两个投影面的直线，称为投影面平行线。直线只平行于 *V* 面，称为正平线；直线只平行于 *H* 面，称为水平线；直线只平行于 *W* 面，称为侧平线。各种投影面平行线的三面投影图例及投影特性如表 2-2 所示。

表2-2　投影面平行线的投影图例及其投影特性

名　称	投影图例	投影特性
水平线		① 水平投影反映实长，即 $ab=AB$； ② β、γ反映直线对 V 面、W 面的倾角； ③ $a'b'$ // OX，$a''b''$ // OY_W $a'b'$、$a''b''<AB$
正平线		① 正面投影反映实长，即 $c'd'=CD$； ② α、γ反映直线对 H 面、W 面的倾角； ③ cd // OX，$c''d''$ // OZ，cd、$c''d''<CD$
侧平线		① 侧面投影反映实长，即 $e''f''=EF$； ② α、β反映直线对 H 面、V 面的倾角； ③ ef // OY_H，$e'f'$ // OZ，ef、$e'f'<EF$

3) 一般位置直线

对三个投影面都处于倾斜位置的直线，称为一般位置直线(见图 2-17 中的直线 AB)。一般位置直线的投影特性如下。

(1) 三面投影都与投影轴倾斜。

(2) 三面投影的长度均小于实长。

2.3.3　平面的投影

平面投影的基本性质如图 2-18 所示。

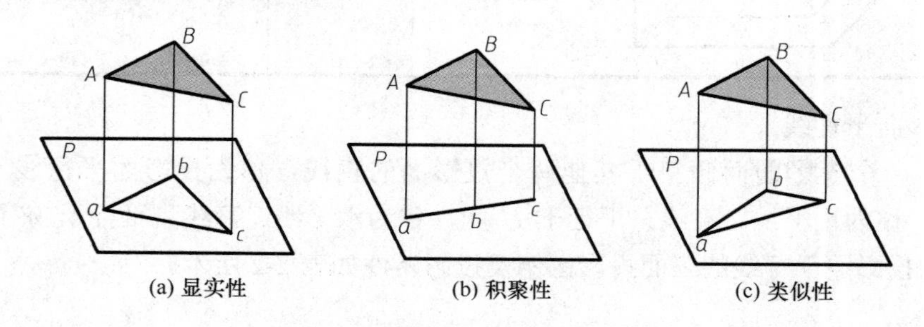

(a) 显实性　　(b) 积聚性　　(c) 类似性

图2-18　平面投影的基本性质

1. 各种位置平面的投影及特性

平面在三投影面体系中有三种位置：

空间平面对于三个投影面都处于倾斜位置时，称为一般位置平面。

空间平面垂直于某一投影面时，称为投影面垂直面。

空间平面平行于某一投影面时，称为投影面平行面。

其中，后两种又称为特殊位置平面。由于位置不同，平面的投影就各有不同的特性，下面分别叙述它们的投影特性。

1) 投影面平行面

平行于一个投影面的平面，统称为投影面平行面。平面平行于 V 面，称为正平面；平面平行于 H 面，称为水平面；平面平行于 W 面，称为侧平面。表 2-3 列举了三种投影面平行面的投影及其投影特性。

表2-3　投影面平行面的投影及其投影特性

名　称	直观图	投影图	投影特性
水平面	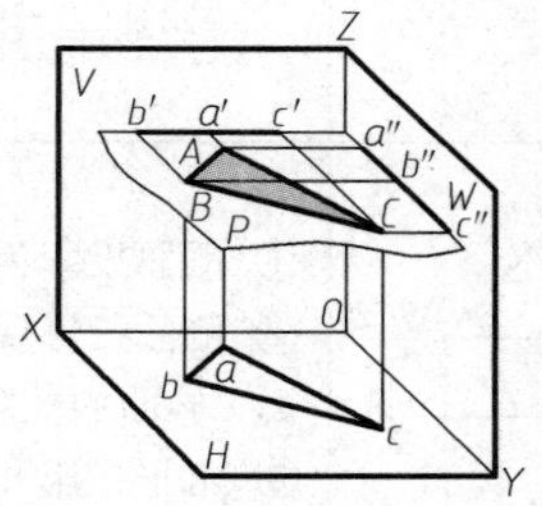	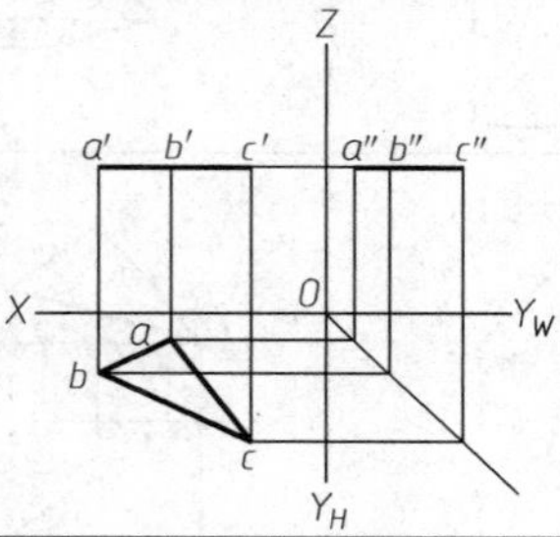	① 水平投影反映实形； ② 正面投影积聚成直线，且平行于 OX 轴； ③ 侧面投影积聚成线，且平行于 OY 轴
正平面	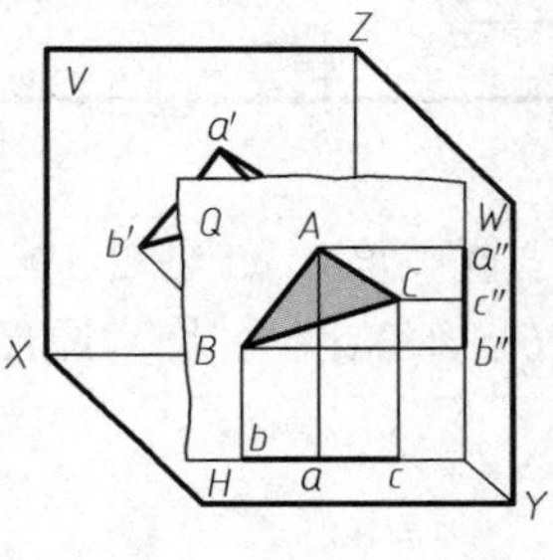	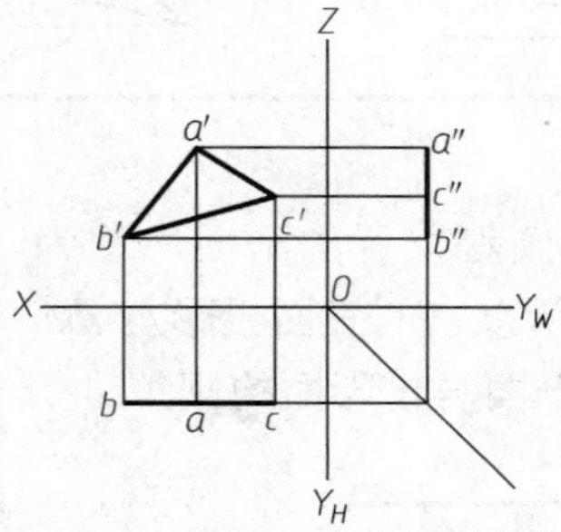	① 正面投影反映实形； ② 水平投影积聚成直线，且平行于 OX 轴； ③ 侧面投影积聚成直线，且平行于 OZ 轴
侧平面	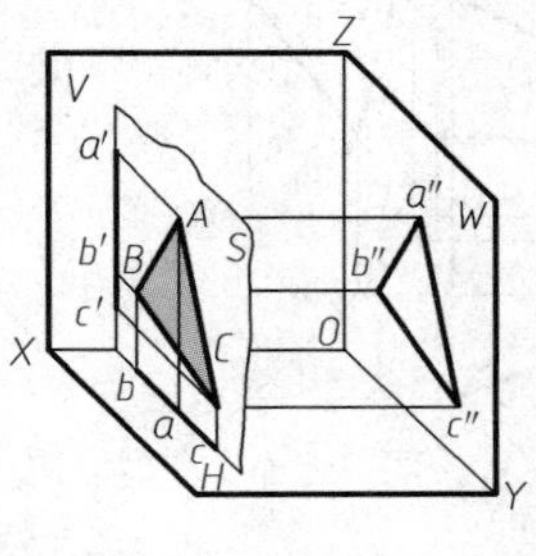	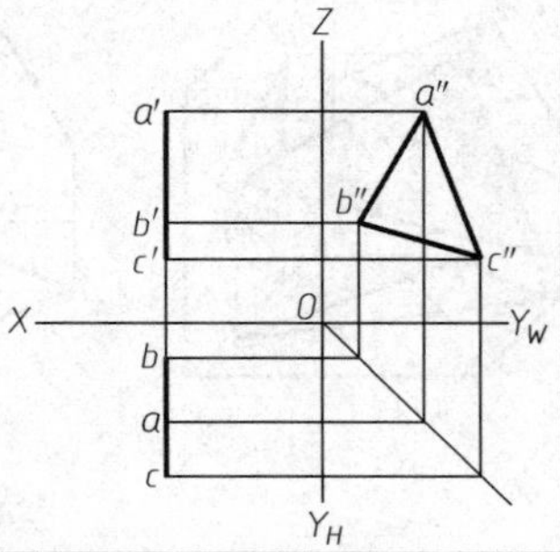	① 侧面投影反映实形； ② 水平投影积聚成直线，且平行于 OY 轴； ③ 正面投影积聚成直线，且平行于 OZ 轴

2) 投影面垂直面

垂直于一个投影面而倾斜于其他两个投影面的平面，称为投影面垂直面。平面垂直于

V 面，称为正垂面；平面垂直于 H 面，称为铅垂面；平面垂直于 W 面，称为侧垂面。表 2-4 列举了三种投影面垂直面的投影及其投影特性。

表2-4　投影面垂直面的投影及其投影特性

名　称	直观图	投影图	投影特性
铅垂面			① 水平投影积聚成直线； ② 水平投影反映直线对 V 面、W 面的倾角 β、γ； ③ 正面投影和侧面投影均为原形的类似形
正垂面			① 正面投影积聚成直线； ② 正面投影反映直线对 H 面、W 面的倾角 α、γ； ③ 水平投影和侧面投影均为原形的类似形
侧垂面			① 侧面投影积聚成直线； ② 侧面投影反映平面对 H 面、V 面的倾角 α、β； ③ 水平投影和正面投影均为原形的类似形

3) 一般位置平面

对三个投影面都处于倾斜位置的平面，称为一般位置平面。如图 2-19 所示，斜面 $\triangle ABC$ 为一般位置平面。所以它的三面投影 $\triangle abc$、$\triangle a'b'c'$、$\triangle a''b''c''$ 均为原形的类似形，不反映实形，也不反映该平面与投影面的倾角。

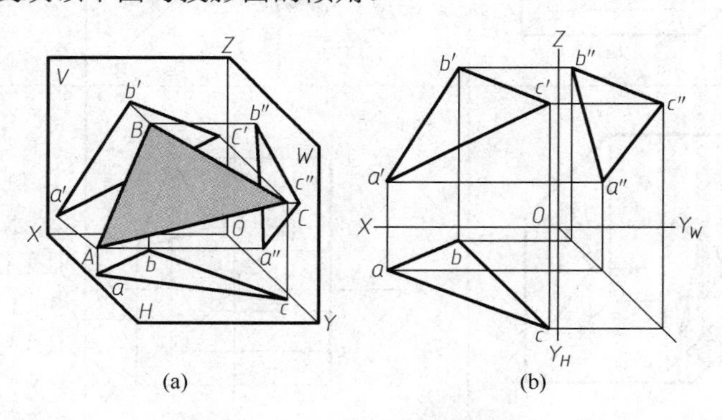

图2-19　一般位置平面的投影

2. 平面上点的投影

由于一般位置平面的投影都不是直线，所以在求平面上点的投影时，需要在平面上作一条辅助线。

【例 2-2】 如图 2-20(a)所示，已知平面△*ABC* 上的一点 *K* 的正面投影 *k*′，求其水平投影 *k*。

分析：若过点 *K* 在平面上作直线，则 *K* 点的水平投影必在此直线的投影上。

作图步骤如下：

(1) 在正面投影上连接 *a*′*k*′，并将其延长交 *b*′*c*′于 *e*′，得到直线 *AE* 的正面投影 *a*′*e*′。

(2) 作 *a*′*e*′的水平投影 *ae*，根据点的投影规律，在 *ae* 上作出 *k*，如图 2-20(b)所示。

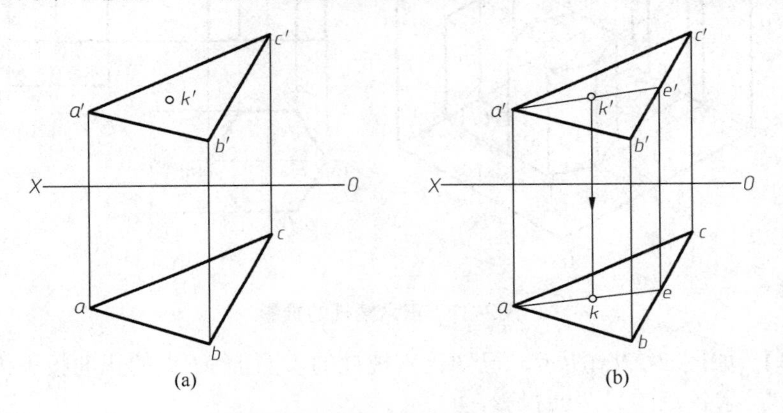

图2-20　平面上点的投影

任务 2.4　几何体的投影

任何物体都可以看成是由柱、锥、台、球、环等基本几何形体(简称基本体)按一定的方式组合而成的。按其表面性质不同，常见基本体通常分为平面立体和曲面立体两类。

2.4.1　平面立体的投影

表面由若干个平面所围成的几何形体，称为平面立体。平面立体主要分为棱柱体和棱锥体两种。要作出平面立体的投影，只要作出其各个表面的平面投影，就可以描绘出该立体的基本视图。

1. 棱柱体

1) 棱柱体的三视图

图 2-21(a)所示为一个正六棱柱的投影情况。它的顶面和底面为水平面，6 个侧面中，前、后面为正平面，另外 4 个为铅垂面，6 条棱线均为铅垂线。俯视图反映了正六边形顶面和底面的实形，其中每条边又都是侧面的积聚投影；主视图反映了前、后正面的实形；主视图的两侧和左视图反映了 4 个铅垂面的类似形；左视图上、下两条直线分别是六棱柱的顶面和底面的积聚投影，其余则是棱线的投影(反映实长)。

如图 2-21(b)所示，画棱柱三视图的步骤如下。

(1) 画顶面和底面的各面投影，从反映顶面和底面实形的视图画起。

(2) 画侧棱线的各面投影，不可见轮廓的投影画成虚线。

2) 棱柱表面上的点的投影

一般情况下，棱柱的表面均为特殊位置平面，所以求棱柱表面上点的投影均可利用平面投影的积聚性作图，并判断可见性。

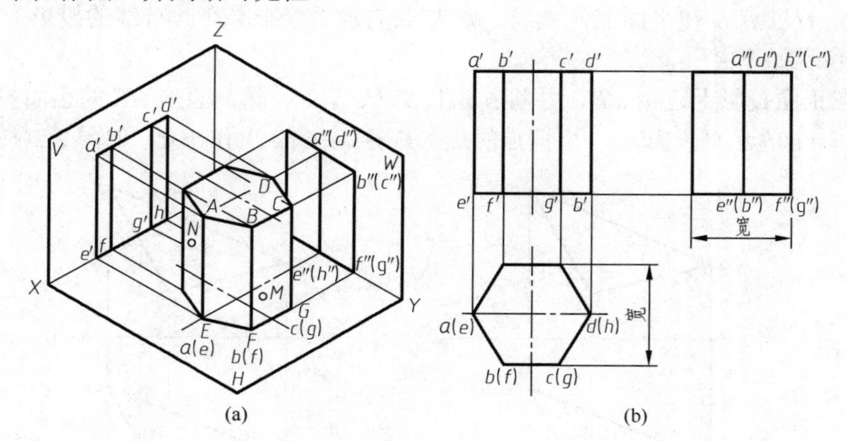

图2-21　正六棱柱的投影

【例 2-3】 如图 2-22(a)所示，已知正六棱柱的表面上 M 点的正面投影为 m'，N 点的侧面投影为 n''，求各点的另两面投影。

由于 M 点在 $BCGF$ 棱面上，为正平面，水平投影有积聚性，因此 M 点的水平投影 m 必在该侧面的水平投影 $bcgf$ 上，直接求出 m，再根据 m'和 m 求出 m''，m''可见。同理，根据 N 点的侧面投影 n''，量取 y 坐标差Δy，首先确定水平投影 n，最后求出正面投影 n'，n'不可见，如图 2-22(b)所示。

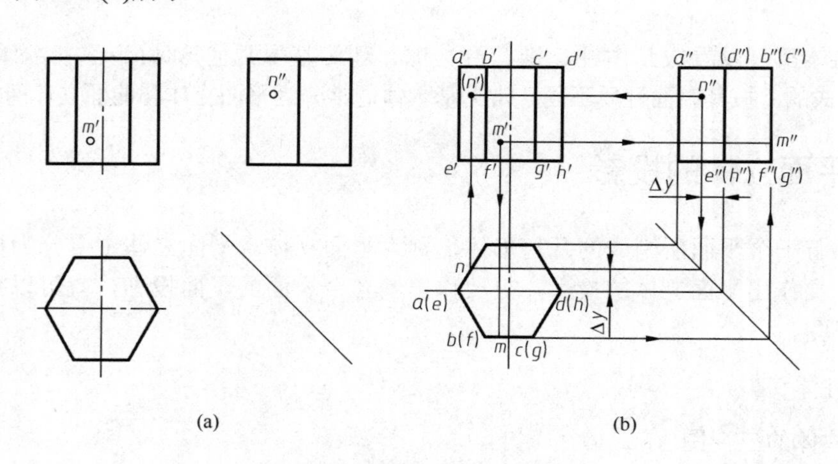

图2-22　棱柱表面上点的投影

2. 棱锥体

1) 棱锥的三视图

图 2-23(a)所示为一正三棱锥的直视图，它由底面和三个棱面所组成，底面为水平面，

其水平投影反映实形，正面和侧面投影积聚为一直线。△*SAC* 为侧垂面，侧面投影积聚为一直线，水平投影和正面投影都是类似形。△*SAB* 和△*SBC* 为一般位置平面，其三面投影都是类似形。棱线 *SB* 为侧平线，*SA*、*SC* 为一般位置直线，*AC* 为侧垂线，*AB*、*BC* 为水平线。

如图 2-23(b)所示，画棱锥三视图的步骤如下。

(1) 画底面的各面投影。

(2) 作锥顶的各面投影，并将它与底面各顶点的同面投影相连，不可见轮廓画成虚线。

2) 棱锥表面上点的投影

对于特殊位置平面，可直接利用平面投影的积聚性来作图。对于一般位置平面，则应利用在平面上取点的方法来作图。

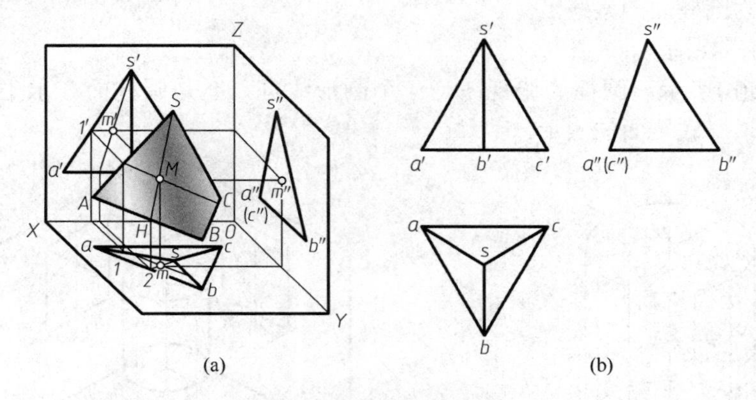

图2-23　棱锥的三视图

【例 2-4】 如图 2-24(a)所示，已知棱锥表面上 *M*、*N* 点的正面投影 *m*′、*n*′，求 *M*、*N* 点的另两面投影。

由于 *N* 点所在平面 *SAC* 为侧垂面，可利用其 *W* 面投影的积聚性先求出 *n*″，再由 *n*″和 *n*′求出 *n*，*n*、*n*″均可见。*M* 点所在平面△*SAB* 为一般位置平面，过 *m*′点作辅助线 *e*′*f*′(*EF*//*AB*)，找到 EF 的水平投影 *ef*，按点的投影规律在 *ef* 上作出 *M* 点的水平面投影 *m*。最后根据 *m*′和 *m* 求出 *m*″，三个视图上 *M* 点的投影均可见，如图 2-24(b)所示。

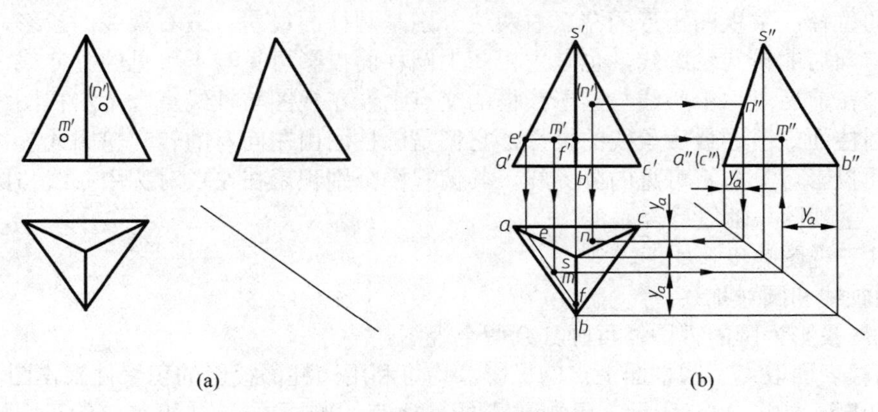

图2-24　棱锥表面点的投影

2.4.2 回转体的投影

由一条母线(直线或曲线)围绕轴线回转而形成的表面，称为回转面；由回转面或回转面与平面所围成的立体，称为回转体。最常见的回转体有圆柱、圆锥、圆球等。

1. 圆柱体

圆柱由圆柱面和顶、底平面组成。

1) 圆柱面的形成

圆柱面可看成是由一条直母线围绕与它平行的轴线回转而成，如图 2-25(a)所示。任一位置的母线称为圆柱面的素线。

2) 圆柱的三视图

如图 2-25(b)所示，圆柱的俯视图是一个圆形线框，它是圆柱面在水平面上的积聚投影，也反映了顶、底平面的实形。

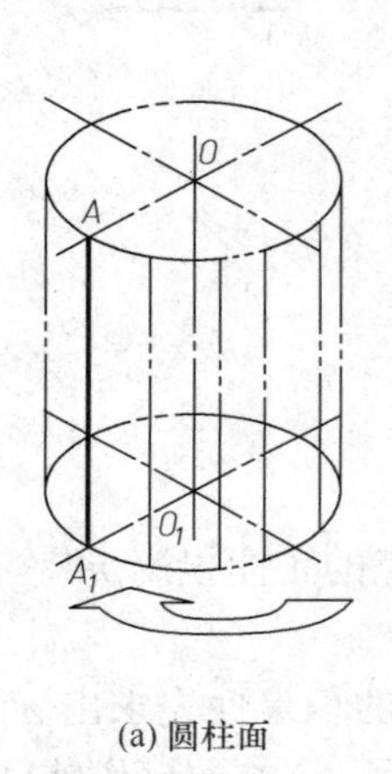

(a) 圆柱面

(b) 圆柱的三视图

图2-25 圆柱面的形成

圆柱在主、左视图上的投影为相同的矩形线框，上、下两边是顶、底面的积聚投影，长为圆柱的直径；主视图矩形的左、右两边分别是圆柱面最左、最右素线的投影，它们是圆柱面由前向后的转向轮廓线，也是主视图上圆柱面投影可见与不可见的分界线，其俯视图分别积聚在前后对称中心线与圆形线框的交点上，左视图与轴线重合；左视图矩形的两边分别是圆柱面最前、最后素线的投影，它们是圆柱面由左向右的转向轮廓线，也是左视图上圆柱面投影可见与不可见的分界线，其俯视图分别积聚在左右对称中心线与圆形线框的交点上，主视图与轴线重合。

画圆柱三视图的步骤如下。

(1) 画轴线和圆对称线。

(2) 先画投影为圆的视图，再画其余两个视图。

(3) 圆柱表面取点。圆柱面上点的投影，均可利用圆柱面投影的积聚性来作图。

【例 2-5】 如图 2-26 所示，已知圆柱面上 M 点的侧面投影 m'' 和 N 点的正面投影 n'，求 M、N 点的其他两面投影。

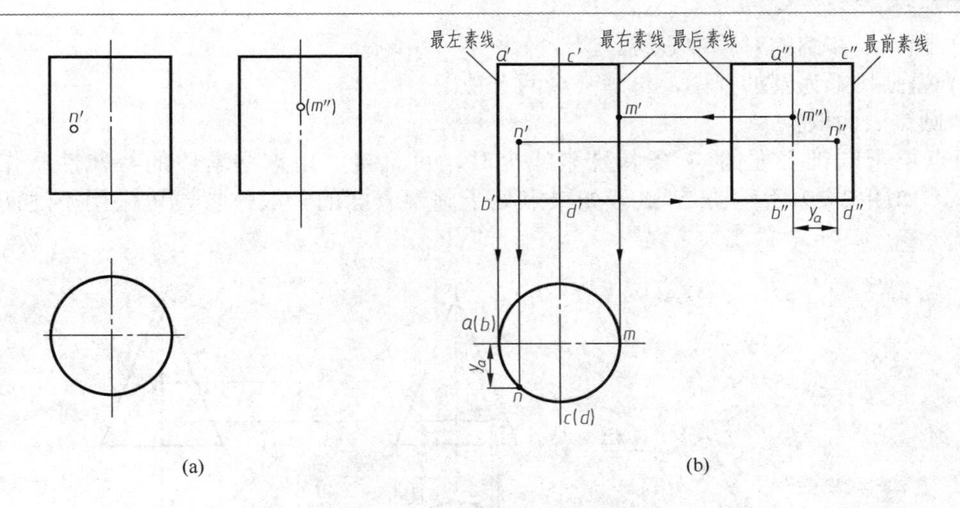

图2-26　圆柱及圆柱面上点的投影

由于 M 点的侧面投影 m''不可见，且在中心线上，故 M 点必在圆柱面的最右素线上，因此 m'、m 必在最右素线的相应投影上，可直接求出。而 N 点的正面投影 n'可见，故 N 点必在前半个圆柱面上，因此 n 必在俯视图的前半个圆上。

先求出 n，根据 n'、n 求出 n''，n''可见。

2. 圆锥体

圆锥体由圆锥面和底平面组成。

1) 圆锥面的形成

圆锥面可看成是由一条直母线围绕与它相交的轴线回转而成的，如图 2-27 所示。任一位置的母线称为圆锥面的素线。

2) 圆锥的三视图

如图 2-28 所示，圆锥的轴线垂直于水平面，圆锥的俯视图是一个圆形线框，它既是圆锥面的水平投影，又是底平面实形的投影。

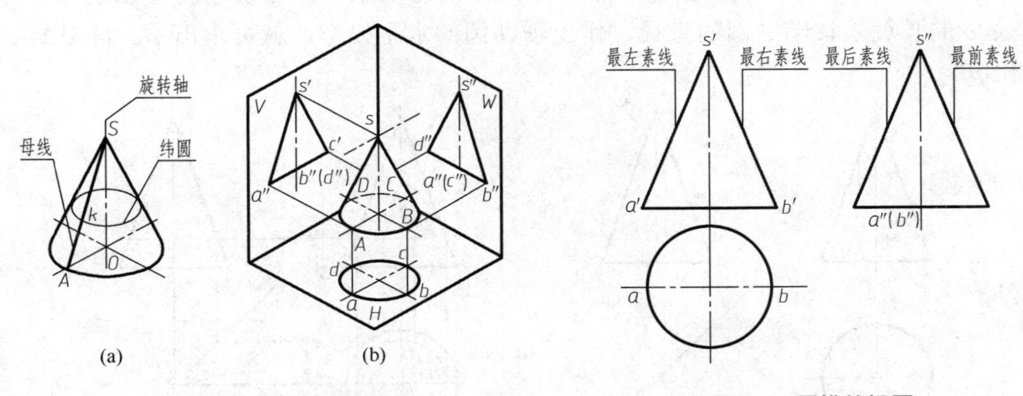

图2-27　圆锥面的形成　　图2-28　圆锥的视图

主、左视图是两个相等的等腰三角形，它表示圆锥面的投影，其底边是底圆的积聚性投影。主、左视图三角形的两腰分别是圆锥最左、最右素线和最前、最后素线的投影。

画圆锥体三视图的步骤如下。

(1) 画轴线和圆的对称中心线。

(2) 先画投影为圆的视图，再画其余两个视图。

3) 圆锥表面取点

当点位于圆锥表面的 4 条特殊素线上时，可直接利用这些素线的特殊性质作出点的投影，如图 2-29 所示的 N 点。如果点处于圆锥表面的一般位置，可采用下述两种方法求解。

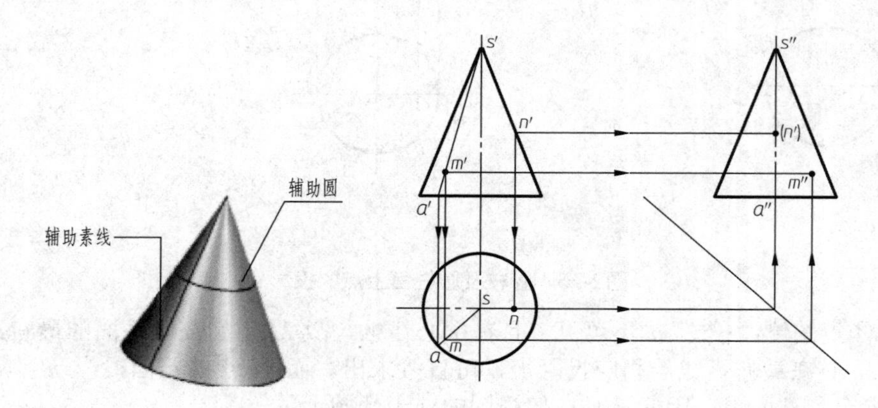

图2-29 辅助素线法求圆锥面上点的投影

(1) 辅助素线法。利用圆锥面素线求点的投影的方法称为辅助素线法。

【例 2-6】 如图 2-29 所示，已知圆锥面上的 M 点投影 m'，求它的其他两面投影。

如图 2-29 所示，可通过过 M 点作辅助素线的方法求点。在主视图上，过锥顶 s'和 m'作一辅助线 $s'm'$，并将其延长，与底平面的正面投影交于 a'，作出其 H 面投影 sa，再由 m'根据点的投影关系求出 m、m''。由于 M 点在左半个圆锥面上，故 m、m''均可见。

(2) 辅助圆法。在圆锥面上可以作出无数个垂直于轴线的圆，利用这些圆来求点的投影的方法称为辅助圆法。

【例 2-7】 如图 2-30(a)所示，已知圆锥面上的 P 点投影 p'，求其他两面投影。

如图 2-30(b)所示，可通过过 P 点作辅助圆的方法求点。过 p'垂直于轴线作一直线 $a'b'$，$a'b'$的长就是该辅助圆的直径，作出辅助圆的水平投影，就可求出 p，再根据 p'、p 求出 p''。

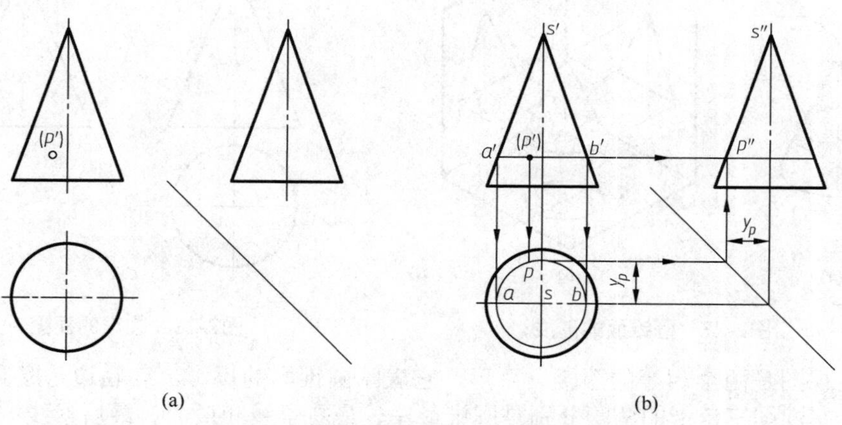

图2-30 辅助圆法求圆锥面上点的投影

3. 圆球

1) 圆球面的形成

圆球的表面可以看成是由一个圆周母线绕其通过圆心且在同一平面上的轴线回转而形成的，如图 2-31(a)所示。

2) 圆球的三视图

图 2-31 所示为圆球的投影。其投影特征是三个投影均为圆，其半径与球的半径相等。正面投影上的圆是球面上平行于 V 面的最大圆投影，它是前半球面和后半球面的分界线投影；水平投影是球面上平行于 H 面的最大圆的投影，它是上半球面和下半球面的分界线投影；侧面投影是球面上平行于 W 面的最大圆的投影，它是左半球面和右半球面的分界线投影，如图 2-31(b)所示。

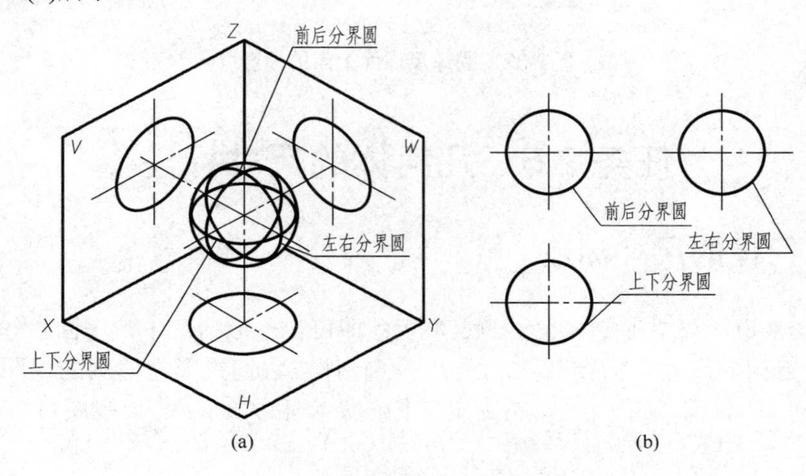

图2-31　圆球的投影

画圆球三视图的步骤如下。

(1) 可先确定球心的 3 个投影。

(2) 再画出 3 个与球等直径的圆，如图 2-32(a)所示。

3) 圆球面上取点

圆球面转向轮廓线上的点的投影均处于特殊位置，可利用点的投影规律直接求出，如图 2-32(a)所示。其余位置点的投影一般要通过作辅助圆来求解。

【例 2-8】 如图 2-32(b)所示，已知圆球面上 M 点的 V 面投影为 m'，求 M 点的其余两面投影。

由于 m'为可见，所以 M 点在球体的前半个球面上。选择在球面上过 M 点作平行于水平面的辅助圆的方法求点。过 m'作辅助圆的 V 面投影 $a'b'$，作出圆的 H 面投影，其直径等于 $a'b'$的长度，按点的投影规律作出 m 和 m''。由 m'的位置可知，M 点在球面的左、上、前部。故 m、m''都可见。

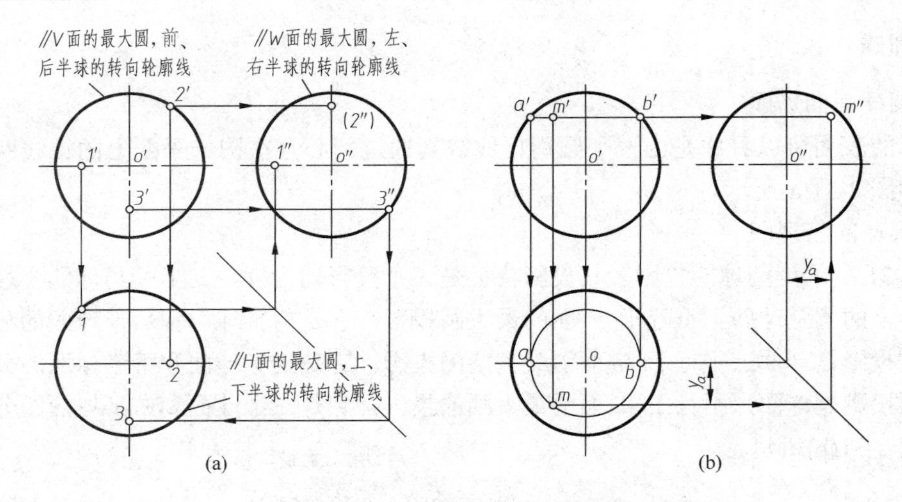

图2-32　圆球及球面上点的投影

任务 2.5　几何体的尺寸标注

2.5.1　几何体的尺寸标注

对基本体来说，只要确定其大小的定形尺寸即可。一般情况下，平面立体应标出长、宽、高 3 个方向的尺寸，如图 2-33 所示。回转体在它们投影为非圆的视图上标注直径“ϕ”或“$S\phi$”和轴向尺寸后，就能确定它们的形状和大小，其余视图可省略不画，如图 2-34 所示。

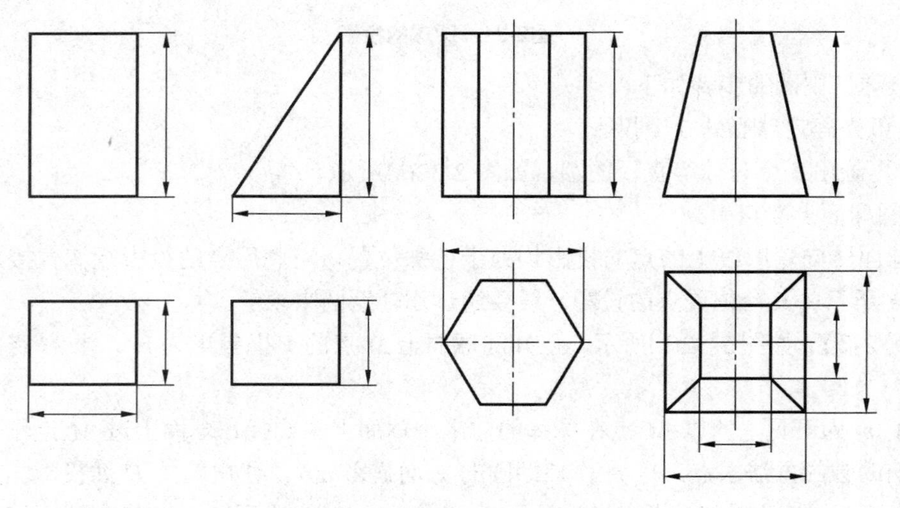

图2-33　平面立体的尺寸标注

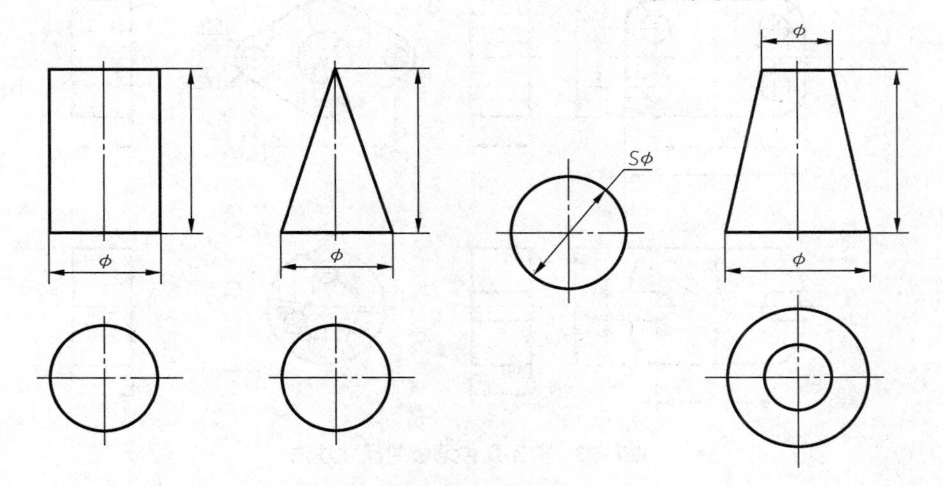

图2-34 曲面立体的尺寸标注

2.5.2 几何体被截切后的尺寸注法

几何体被截切后的尺寸注法和两个基本形体相贯后的尺寸注法如图 2-35 所示。截交线和相贯线上不应直接标注尺寸，只需标注参与截交的基本体的定形尺寸和截平面的定位尺寸。标注相贯部分的尺寸时，只需标注参与相贯的基本体的定形尺寸及其相贯位置的定位尺寸即可。

一些薄板零件，如底板、法兰盘等，通常是由两个以上的基本体组成的，尺寸标注如图 2-36 所示。

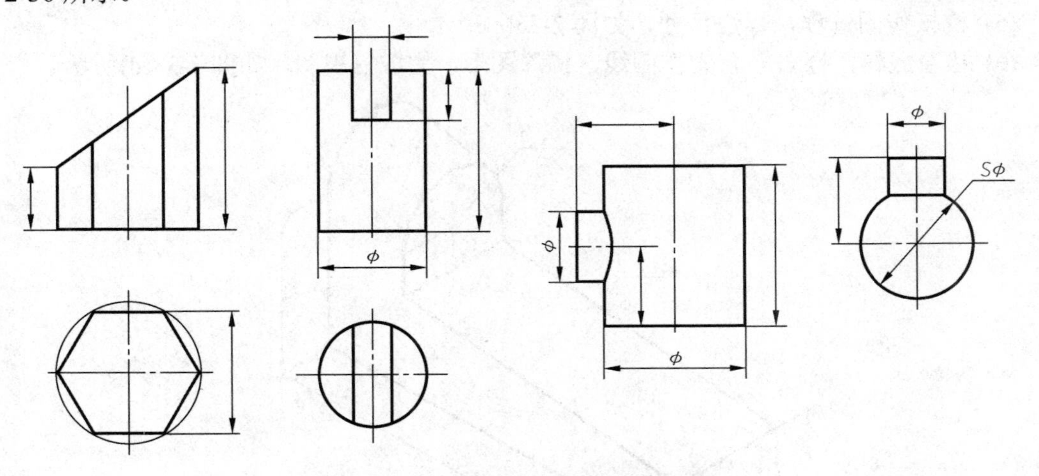

图2-35 截切体和相贯体的尺寸标注

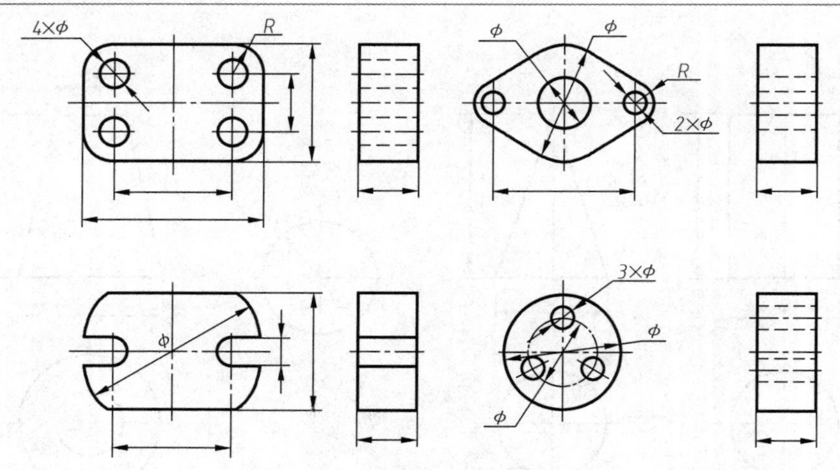

图2-36　常见几种薄板的尺寸注法

【项目实施】画机用楔铁三视图

下面以图 2-37 所示机用楔铁为例来说明运用三视图之间的投影关系画物体三视图的方法和步骤。

(1) 分析物体。把物体位置放正，确定投影方向。选择主视图方向时，根据最能反映物体形状特征和位置特征的方向，并使各视图虚线尽量少的原则，此处应选择 *A* 方向，如图 2-37 所示。

(2) 确定图幅和比例。根据物体长、宽、高三个方向的最大尺寸，确定绘图的图幅和比例。

(3) 布图。确定各视图的位置，作基准线，如图 2-38(a)所示。

(4) 画出底稿。一般从能反映物体特征的视图画起，如图 2-38(b)所示。

(5) 校核作图过程，标注尺寸，如图 2-38(c)所示。

(6) 检查底稿，擦去多余的作图线，描深图形，完成三视图，如图 2-38(d)所示。

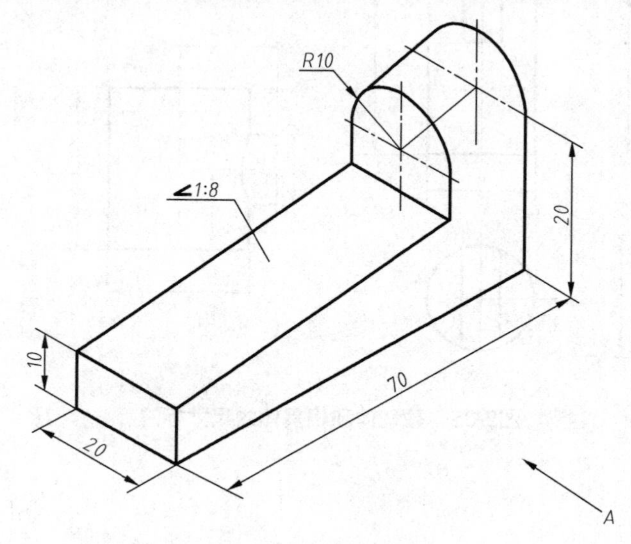

图2-37　机用楔铁

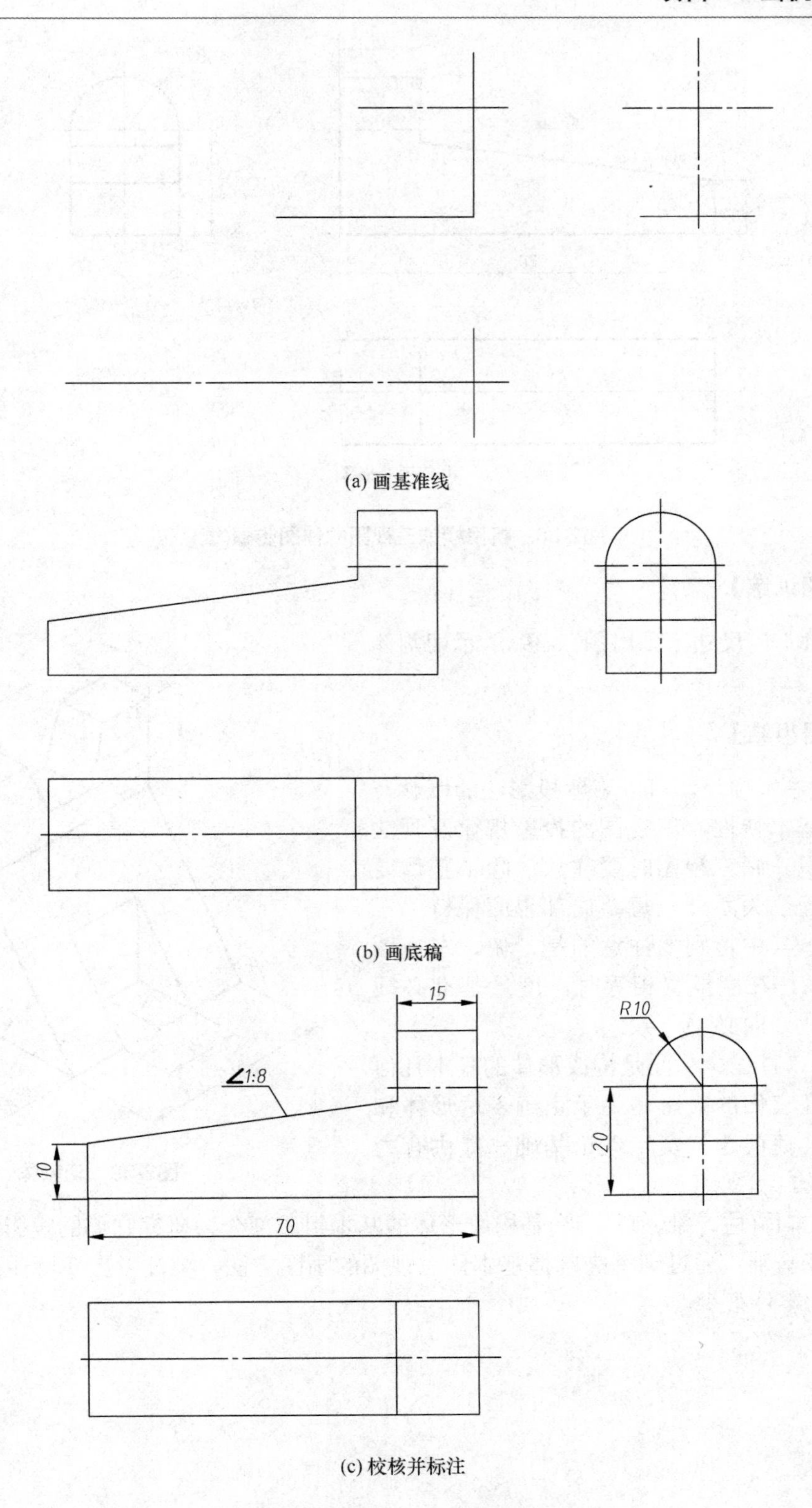

图2-38　机用楔铁三视图的作图步骤

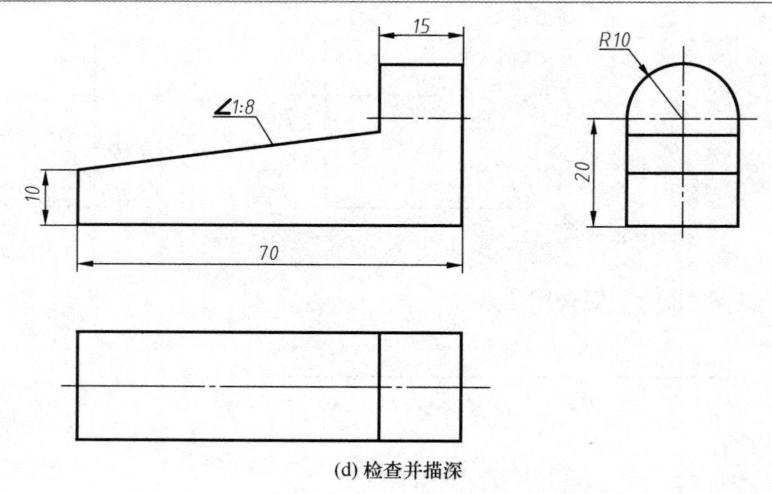

(d) 检查并描深

图2-38　机用楔铁三视图的作图步骤(续)

【技能训练】

按照 1∶1 尺寸，画出图 2-39 所示切割体的三视图。

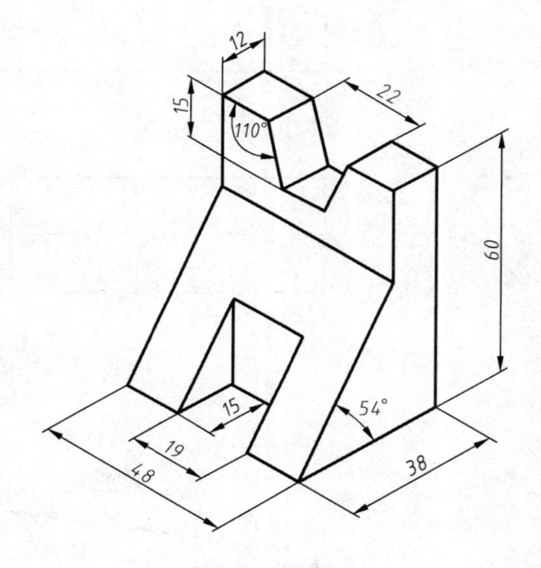

图2-39　切割体

【项目小结】

(1) 通过本项目，可以了解投影法的概念及正投影的基本特性，三视图的投影规律及画法等有关知识。画三视图时要注意，除了整体要保持“三等”关系外，每个局部也应保持“三等”关系，其中特别要注意的是，俯、左视图的对应关系，在度量宽相等时，度量基准必须一致，度量方向必须一致。

(2) 点、直线、平面是构成形体的基本几何元素，研究它们的投影是为了正确表达形体和解决空间几何问题，奠定理论基础和提供有力的分析手段。

(3) 基本体(柱、锥、球、环)是构成形体的基本组成部分，研究它们的投影是为后面学习组合体打基础。通过训练来掌握基本体三视图的画图方法，要注意在实际生产中单个基本体形成的零件很少。

项目3　画轴承座三视图

【项目目标】

- 掌握组合体的组合方式，能够对组合体进行形体分析。
- 掌握截交线、相贯线的概念及性质，能够运用投影规律画出截交线、相贯线的投影。
- 掌握组合体的尺寸注法，能够灵活运用所学知识对组合体进行尺寸标注。
- 掌握阅读组合体视图的方法，具备用形体分析法绘图、识读组合体的三视图的能力；能够看懂三视图，并想象出物体的形状。
- 掌握轴测图的基本知识，能够画出简单物体的正等测和斜二测图。

【基本知识】

- 组合体的形体分析。
- 立体表面的交线(截交线、相贯线的画法)。
- 组合体的尺寸标注。
- 看组合体视图的方法。
- 正等测、斜二测的画法。

【任务引入】

由两个或两个以上的基本形体组合成的形体称为组合体。从几何学观点看，一切机械零件都可抽象成组合体，因此，画、看组合体视图是学习工程制图的基础。在学习制图的基本知识和多面正投影基本理论的基础上，将主要研究组合体视图的分析、画图、看图及尺寸注法等问题。

任务3.1　组　合　体

3.1.1　组合体的组合形式及其表面连接关系

组合体中各基本形体组合时的相对位置关系称为组合形式。基本组合形式可分为叠加和切割两种，常见的是这两种形式的综合，如图3-1所示。

1. 组合形式

1) 叠加

叠加是指形成组合体的各基本体相互堆积、叠加，如图3-1(a)所示。

2) 切割

切割是指从较大的基本形体中挖切或切割出较小的基本形体，如图3-1(b)所示。

3) 综合

综合是指组合体的构成既有叠加，又有切割，如图 3-1(c)所示。

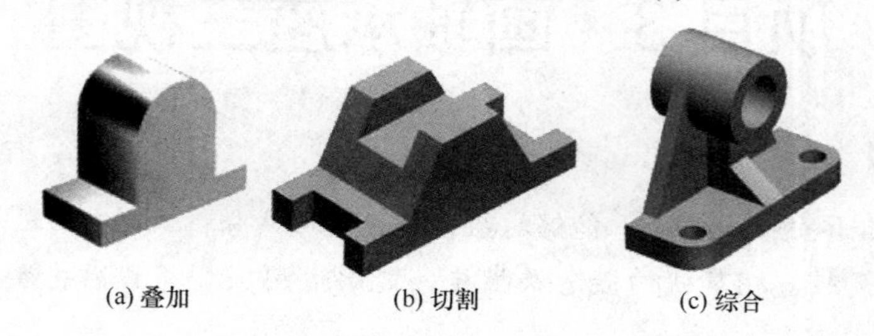

图3-1 组合体的组合形式

2. 组合体表面连接关系

1) 平行

两平行表面有平齐和不平齐两种情况。

当两基本形体相邻表面平齐时，相应视图中间应无分界线，如图 3-2(a)所示。

当两基本形体相邻表面不平齐时，相应视图中间应有线隔开，如图 3-2(b)所示。

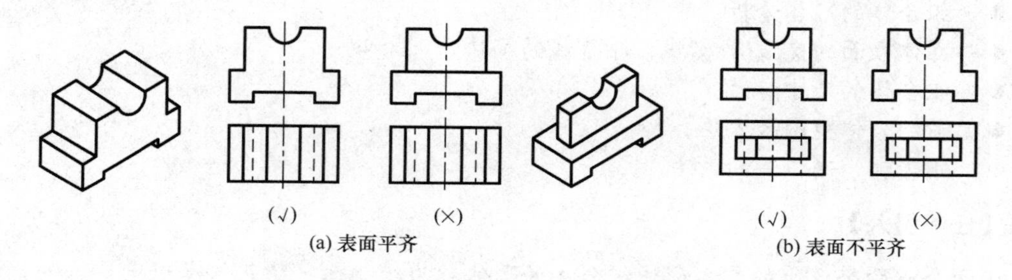

图3-2 组合体表面平齐和不平齐的画法

2) 相交

当相邻两基本形体表面相交时，在相交处会产生各种形状的交线，应在视图的相应位置画出交线的投影，如图 3-3 所示。

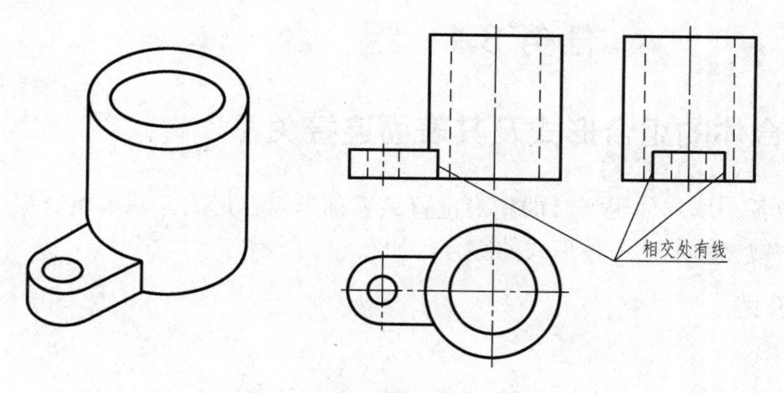

图3-3 表面相交

3) 相切

当相邻两基本形体表面相切时，由于在相切处两表面是光滑过渡的，不存在明显的分界线，故在相切处规定不画分界线的投影，如图 3-4 所示。

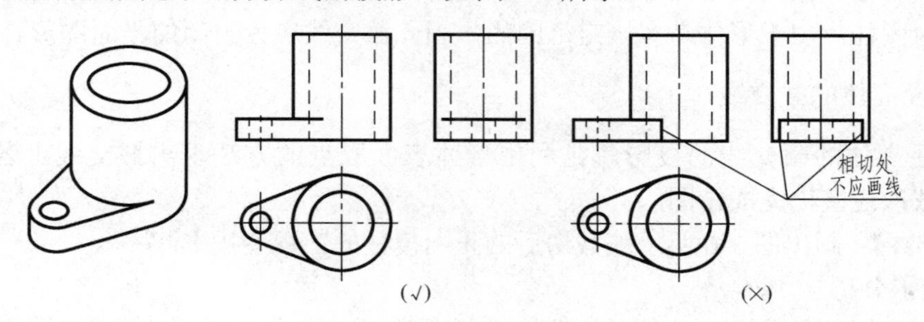

图3-4　表面相切

3.1.2　组合体的形体分析

在组合体的画图、看图和标注尺寸过程中，通常假想将其分解成若干个基本形体，然后分析各基本形体的形状、相对位置、组合形式以及表面连接关系。这种把复杂形体分解成若干个简单基本形体的分析方法，称为形体分析法。

形体分析法是画、看组合体视图以及标注尺寸最基本的方法之一。画图时，利用它可以将复杂的形体简化为若干个基本形体进行绘制；看图时，利用它可以从简单的几何体着手，看懂复杂的形体；标注尺寸时，也是从分析基本形体考虑的。在对组合体进行形体分析时，可根据实际形状分解为比较简单的形体。如图 3-5 所示的组合体，可分解为由底板Ⅰ(四棱柱板)、立板Ⅱ、肋板Ⅲ(三棱柱)组成。它们的组合形式和相互位置关系为，立板Ⅱ与三棱柱Ⅲ叠放在底板Ⅰ的上面，三棱柱Ⅲ分别对称叠放在立板Ⅱ的左右两侧。

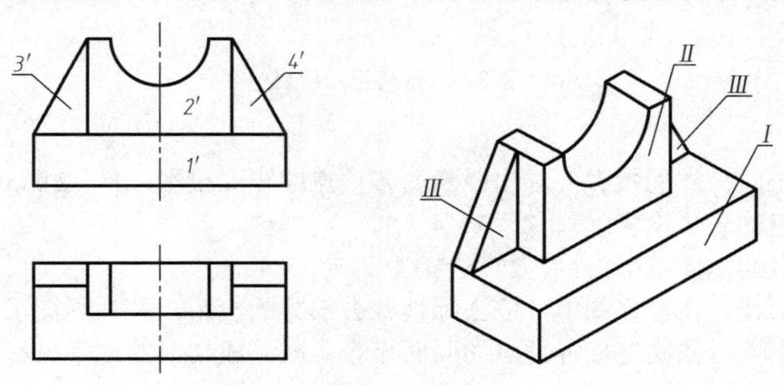

图3-5　组合体形体分析

任务 3.2　立体表面的交线

3.2.1　截交线

截切基本形体的平面称为截平面，基本形体被截平面截断后的部分称为截断体，被截切后的断面称为截断面，截平面与基本形体表面的交线称为截交线，如图 3-6(a)所示。截交线具有下列基本性质：

- 共有性。截交线是截平面与形体表面的共有线。
- 封闭性。由于形体是有一定范围的，因此截交线应为封闭的平面图形。

1. 平面立体的截交线

求平面立体的截交线的投影就是利用形体表面取点的方法求出截交线上各顶点的投影，然后依次连接，完成作图。

【例3-1】 画出图3-6所示被截切后的正四棱柱的三视图投影。

(1) 投影分析。

截平面与棱柱顶面及4个侧棱面相交，故截交线由5条交线组成，截断面为五边形。五边形的各顶点分别是截平面与棱柱表面的五条被截棱线的交点。由于截平面为正垂面，故截断面的正面投影积聚成直线段，水平投影与侧面投影为五边形。

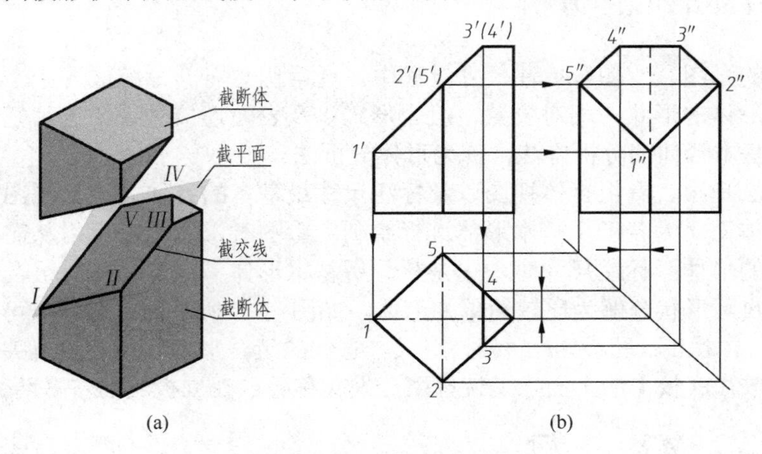

图3-6 截切正四棱柱

(2) 作图。

① 先画出正四棱柱的投影；求出截断面各顶点的正面投影：1′、2′、3′、4′、5′。

② 求出各点的水平投影：1、2、3、4、5。

③ 求出各点的侧面投影：1″、2″、3″、4″、5″。

④ 整理轮廓线：在左视图中，应去除被截去部分的投影，并补画图示虚线。

⑤ 判别可见性，依次连接各顶点的同面投影，即完成切口的水平投影和侧面投影。

【例3-2】 画出如图3-7所示被截切后的正四棱锥的三视图投影。

(1) 投影分析。

截平面与棱锥4个侧棱面相交，故截交线由4条交线组成，截断面为四边形。四边形的各顶点分别是截平面与棱锥表面的四条被截棱线的交点。由于截平面为正垂面，故截断面的正面投影积聚成直线段，水平投影与侧面投影是四边形。

(2) 作图。

① 先画出正四棱锥的投影；求出截断面各顶点的正面投影：1′、2′、3′、4′。

② 求出各点的侧面投影：1″、2″、3″、4″。

③ 求出各点的水平投影：1、2、3、4。

④ 整理轮廓线：在左视图中，应去除被截去部分的投影，并补画图示虚线。

⑤ 判别可见性，依次连接各顶点的同面投影，即完成切口的水平投影和侧面投影。

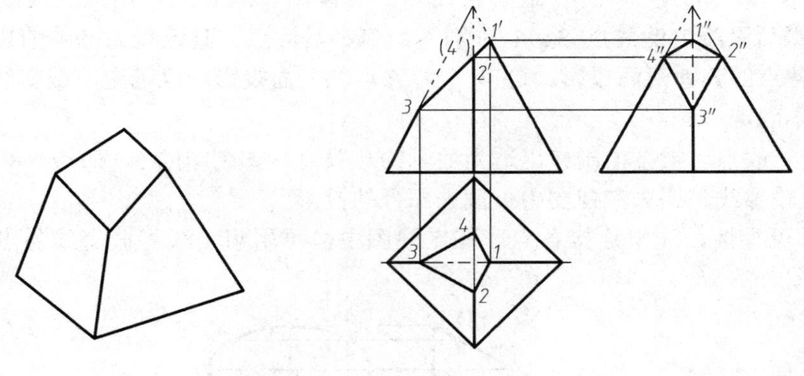

图3-7　截切正四棱锥

2. 曲面立体的截交线

求曲面立体的截交线的投影要先作出截交线的特殊点，然后按需要求出若干一般点，最后判别可视性，依次光滑连接各点的同面投影。

1) 圆柱的截交线

根据截平面与圆柱轴线的相对位置不同，截交线有 3 种形状，如表 3-1 所示。

表3-1　圆柱的截交线

截平面位置	垂直于圆柱轴线	平行于圆柱轴线	倾斜于圆柱轴线
立体图			
圆柱面上的截交线形状	圆	两平行直线 (截断面为矩形)	椭圆
三视图			

【例 3-3】 如图 3-8 所示，完成被正垂面截切后的圆柱的三视图。

(1) 分析。

由于截平面为正垂面，倾斜于圆柱轴线，且完全切在圆柱面上，故截交线应为椭圆。截交线的正面投影积聚成直线；俯视图中圆柱面的投影具有积聚性，故截交线的水平投影与圆柱面的积聚投影重合，侧面投影一般情况下为椭圆，其长短轴要根据截平面与轴线的夹角而定(特殊情况即截平面与轴线的夹角为 45° 时，左视图投影为圆)。

(2) 作图。

① 求特殊点。圆柱的 4 条特殊位置素线与截平面的交点是截交线上的特殊点，利用

主视图上截交线的积聚投影，确定4个特殊点的正面投影1′、2′、3′、4′，其中，1在最左素线上，为最低、最左点，2在最右素线上，为最高、最右点，两点的连线为椭圆的长轴；最前、最后素线上的两点3、4分别为最前、最后点，其连线为椭圆的短轴。根据投影关系求出各点的其他两面投影。这4个特殊点的三面投影一旦确定，截交线的走向和大致范围就基本确定。

② 求作一般点。根据情况作出适当数量的一般点，如图中的5、6、7、8点。

③ 整理轮廓线。擦去左视图中被截去部分的投影。

④ 判断可见性，光滑连接各点。在左视图中，可用粗实线将截交线各点依次连接起来，完成全图。

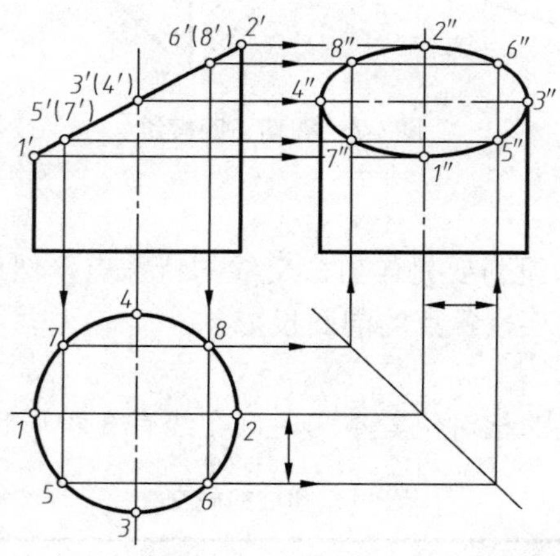

图3-8　斜切圆柱

【例3-4】 如图3-9(a)所示，已知一圆柱体的两端被切，完成它的三视图。

(1) 分析。

如图3-9所示，圆柱体的左端凹槽是用两个水平面和一个侧平面切割而成的。凹槽侧面的截交线为矩形；凹槽底面的截交线由两段圆弧和两条直线组成。右端每个切口都是用一个正平面和一个侧平面切割而成的，其截交线分别为矩形和圆弧。

(2) 作图。

① 在左视图中作凹槽和切口的积聚性投影：两条粗实线和两条虚线($c''d''$、$a''b''$…)。

② 在俯视图中作左边凹槽的投影，矩形的宽 cd 由 $c''d''$确定，槽底不可见部分的投影用虚线绘制。

③ 在主视图中作右边切口的投影，矩形的高 ab 由 $a''b''$确定。

④ 擦去俯视图中被截去部分的投影，完成全图，如图3-9(b)所示。

2) 圆锥的截交线

由于截平面与圆锥体的相对位置不同，因此圆锥面上截交线的形状也不同，可分为如表3-2所示的5种情况。

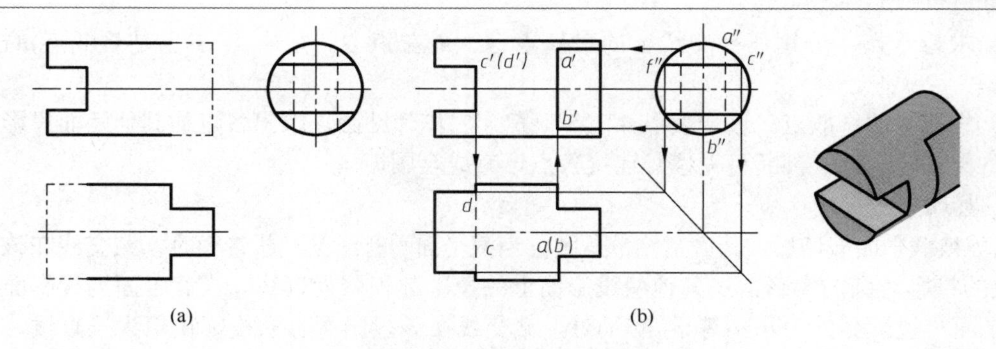

图3-9　圆柱体两端被切的投影

表3-2　圆锥的截交线

截平面位置	过圆锥顶点	垂直于圆锥轴线	倾斜于圆锥轴线	平行于圆锥轴线	平行于任一圆锥表面素线
立体图					
截交线形状	两相交直线	圆	椭圆	双曲线	抛物线
三视图					

【例 3-5】 如图 3-10 所示，已知切口的侧面投影，完成被正平面截切的圆锥的三视图。

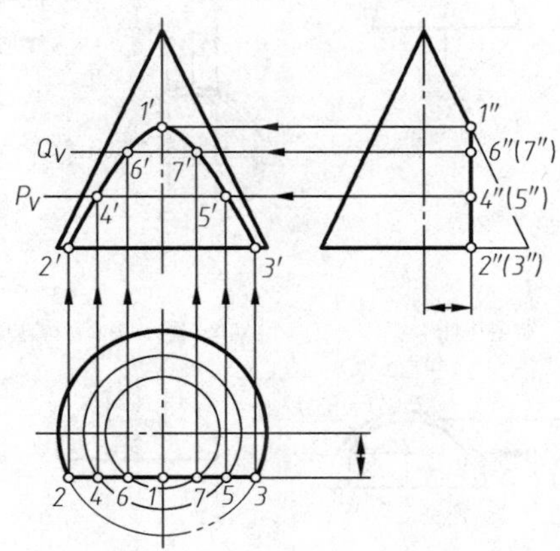

图3-10　被正平面截切的圆锥

(1) 分析。

由于截平面与圆锥的轴线平行，所以截交线为双曲线。切口的水平投影和侧面投影分别积聚成直线段，正面投影反映切口的实形。

(2) 作图。

① 作切口的水平投影。量取左视图所示尺寸，作出俯视图中切口的投影。

② 求特殊点。分别作截交线上的最高点 1、最左点 2、最右点 3(也是最低点)的各面投影。

③ 求适当的一般点。过一般点 4″、5″、6″、7″作辅助圆，求出各点的其他两面投影。

④ 整理轮廓线，判断可见性，连接各点，完成全图。

3) 圆球的截交线

圆球被截平面截切后，其截交线都是圆。当截平面平行于某一投影面时，截交线在该投影面上的投影为圆的实形，在其他两投影面上的投影都积聚为直线。当截平面为投影面垂直面(平面与投影面的夹角不等于 45°)时，截交线在该投影面上的投影积聚为一直线，另两面投影为椭圆。

【例 3-6】 如图 3-11(a)所示，已知主视图，完成开槽半圆球的三视图。

(1) 分析。

开槽半圆球的槽的两侧面是侧平面，它们与半圆球的截交线为两段圆弧，侧面投影反映实形；槽底是水平面，与半圆球的截交线也是两段圆弧，水平投影反映实形。

(2) 作图。

① 求水平面 R 与球面的交线。交线的水平投影为圆弧，侧面投影为直线，如图 3-11(b)所示。

② 求侧平面 P 与球面的交线。交线的侧面投影为圆弧，水平投影为直线，如图 3-11(c)所示。

③ 补全半圆球轮廓线的侧面投影，并作出两截平面的交线的侧面投影(为虚线)，完成全图，如图 3-11(d)所示。

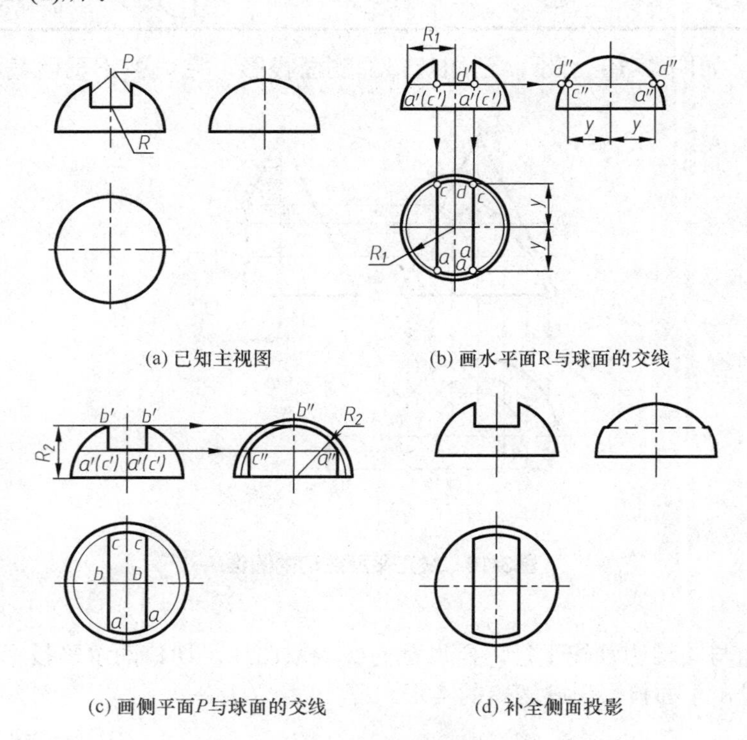

(a) 已知主视图 (b) 画水平面R与球面的交线

(c) 画侧平面P与球面的交线 (d) 补全侧面投影

图3-11 开槽半圆球

3.2.2　相贯线

1. 相贯线

两立体相交，在立体表面上产生的交线称为相贯线。相贯线是两形体表面的共有线，也是相交两形体表面的分界线。相贯线上的所有点都是两形体表面的共有点。

由于形体的表面是封闭的，因此相贯线在一般情况下是封闭的空间曲线。画图时，为了清楚地表达物体的形状，一般要正确地画出交线的投影。

求相贯线的投影实质上就是求两形体表面共有点的投影。

可利用积聚性求相贯线。两圆柱体相交，如果其中有一个是轴线垂直于投影面的圆柱，那么此圆柱在该投影面上的投影具有积聚性，因而相贯线的这一投影必然落在圆柱的积聚投影上，根据这个已知投影，就可利用形体表面上取点的方法作出相贯线的其他投影。

【例 3-7】 如图 3-12 所示，两圆柱异径正交，求作相贯线的投影。

(1) 分析。

从图 3-12(a)中可看出，水平大圆柱侧面投影具有积聚性，直立小圆柱水平投影具有积聚性，小圆柱完全贯入大圆柱，相贯线在小圆柱面上是连续的。所以相贯线的侧面投影积聚在大圆柱的一段圆弧上；相贯线的水平投影则积聚在小圆柱面的积聚投影上。两圆柱的轴线正交，相贯线为前、后和左、右对称的一条空间曲线，此题只需求出相贯线可见部分的正面投影即可。

(2) 作图。

① 求特殊点。先在相贯线的已知投影(水平投影和侧面投影)上确定特殊点 1、2、3、4(依次为相贯线上的最前、最后、最左、最右点)的投影，然后根据特殊点的特殊位置求出正面投影。

② 求适当的一般点。先在相贯线的已知投影中取点(如 5、6)，再根据圆柱表面取点的方法求出正面投影(如 5′、6′)。

③ 判断可见性。相贯线只有同时位于两个立体的可见表面时，其投影才是可见的，否则就都不可见。点 3′、4′是判别相贯线正面投影可见性的分界点，因此，相贯线上 3′1′4′可见，4′2′3′部分不可见，前后对称的交线可见部分和不可见部分重合。

④ 光滑连接各点。在主视图上依次光滑连接各点，完成作图，如图 3-12(b)所示。

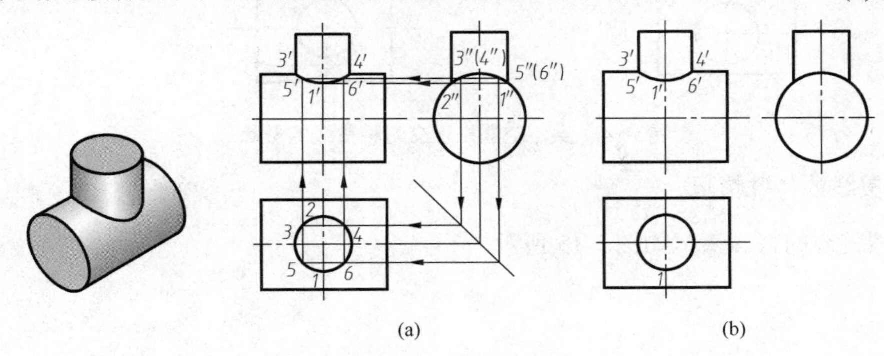

图3-12　两圆柱异径正交的相贯线画法

圆柱体直径变化时相贯线的变化趋势如图 3-13 所示。

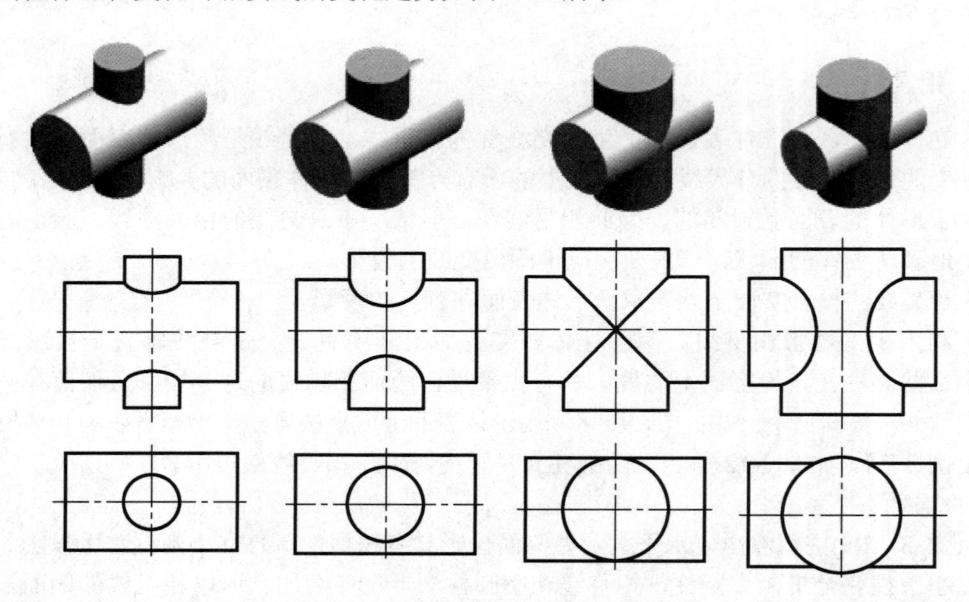

图3-13　圆柱体直径变化时相贯线的变化趋势

实心圆柱与空心圆柱正交时相贯线的形状如图 3-14 所示。

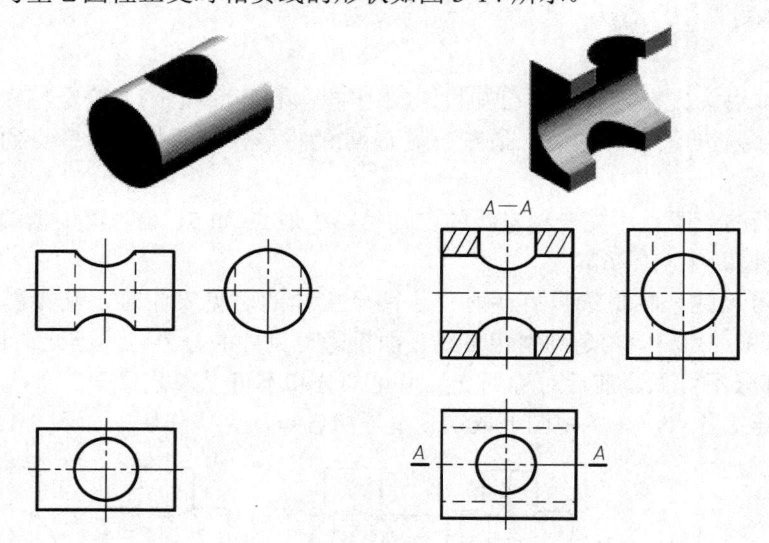

图3-14　实、空圆柱正交时相贯线的形状

2. 相贯线的特殊情况

常见相贯线的特殊情况如图 3-15 所示。

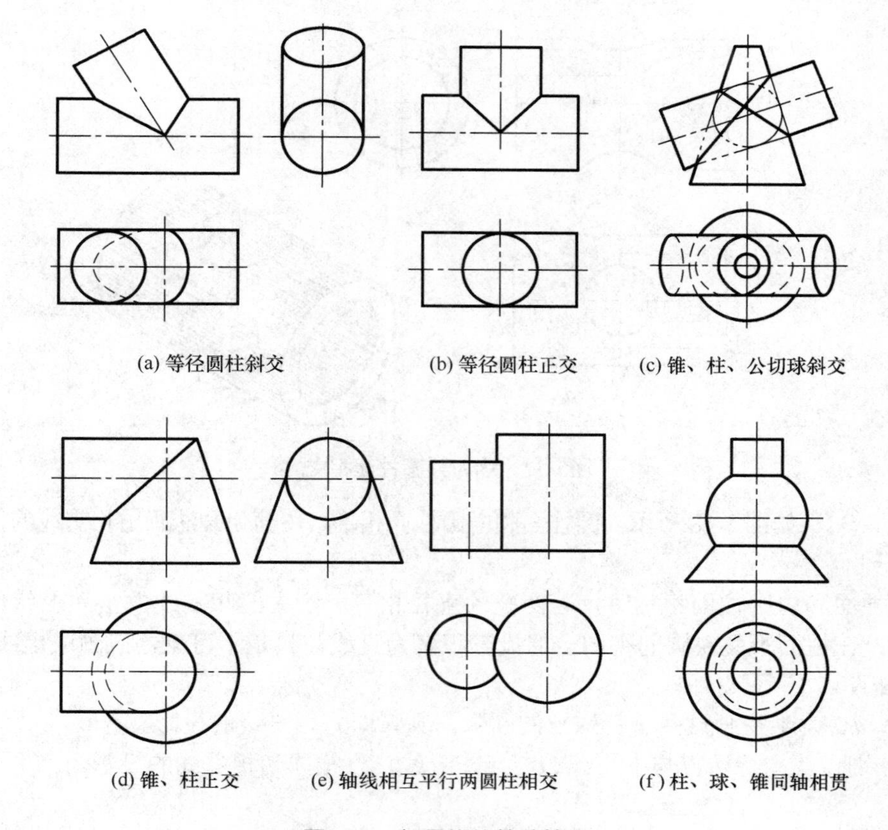

图3-15　相贯线的特殊情况

3. 相贯线的简化画法

两轴线垂直相交的圆柱，在零件上是最常见的，当两圆柱直径相差较大时，为了作图方便常采用近似画法，即用一段圆弧代替相贯线，该圆弧的圆心在小圆柱的轴线上，半径为大圆的半径，如图 3-16 所示。

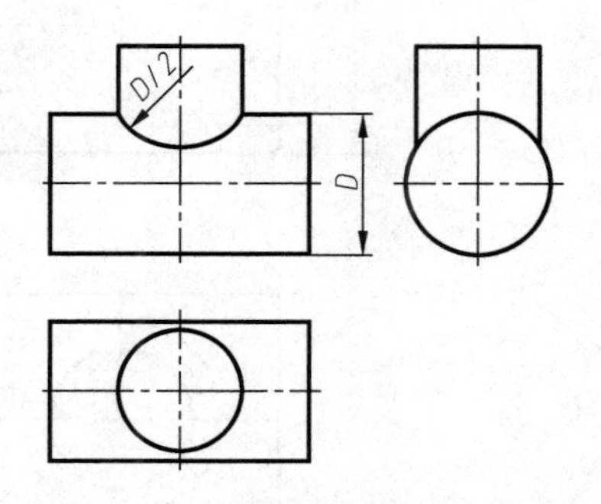

图3-16　相贯线的简化画法

【例 3-8】 如图 3-17 所示，外圆柱面和内圆柱面相交，用简化画法画出相贯线的投影。

(1) 分析。

水平外圆柱面和竖直内圆柱面相交，水平内圆柱面和竖直内圆柱面相交时，相贯线的形状与水平外圆柱面和竖直外圆柱面相交时相贯线的形状相同，画法也一样。当两个柱面的直径相差较大时，可用圆弧代替曲线，圆弧的半径等于大圆柱面的半径。只是要特别注意，当圆柱套筒和一个圆柱孔相贯时，采用简化画法，套筒外圆柱面和孔的相贯线的圆弧半径为外圆柱面的半径，套筒内圆柱面和孔的相贯线的圆弧半径为内圆柱面的半径，把两条相贯线的圆弧半径画成一样是错误的。

(2) 作图。

分别以 $D/2$ 和 $d/2$ 为半径画过两个特殊点的圆弧，圆弧即为相贯线的投影。

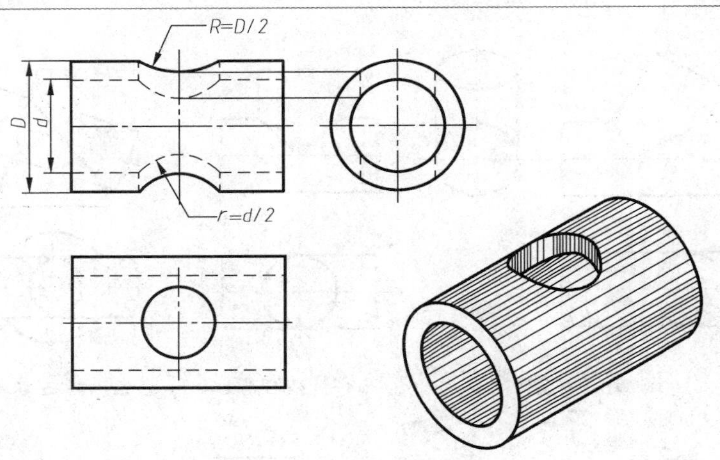

图3-17　内、外圆柱面相交

【例3-9】 如图3-18所示内圆柱面和内圆柱面相贯，用简化画法画出相贯线的投影。

(1) 分析。

内圆柱面和内圆柱面相贯时，若两孔的直径相等，产生的相贯线的空间形状也为椭圆或椭圆弧，在柱面不反映圆的视图上的投影积聚为直线，只是不可见，应画成虚线。

(2) 作图。

① 以 $d/2$ 为半径画过两个特殊点的圆弧，圆弧即为相贯线的投影。

② 分别过两个特殊点与中心线的交点作直线，直线即为相贯线的投影。

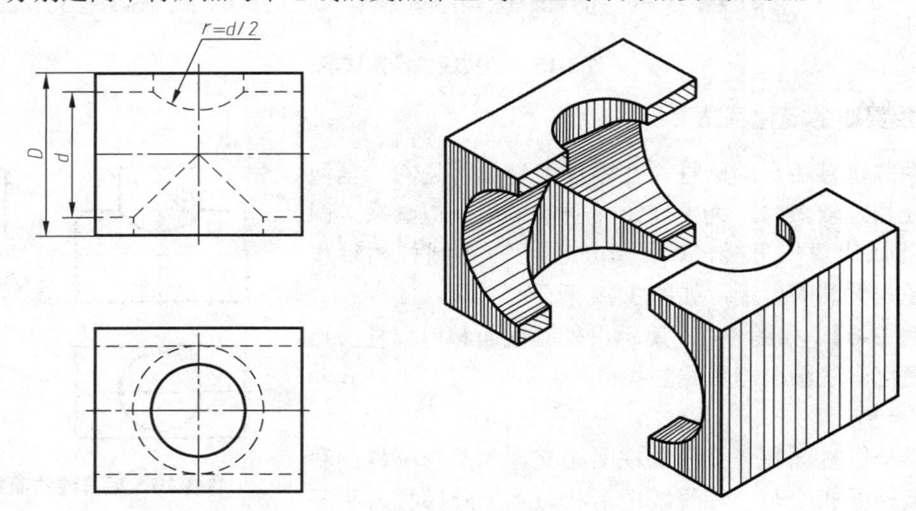

图3-18　内圆柱面和内圆柱面相贯

任务3.3　组合体的尺寸注法

视图只能表示组合体的形状结构，要确定它的大小还必须标注尺寸，标注尺寸的基本要求是正确、完整、清晰。

3.3.1　尺寸种类

组合体视图上的尺寸要求完整，一般需要以下几类尺寸。

- 定形尺寸。确定形体形状的尺寸，反映组合体各部分的长、宽、高三个方向的大小尺寸。
- 定位尺寸。确定形体位置的尺寸，反映组合体各组成部分相对位置的尺寸。标注定位尺寸时，应先选择尺寸基准。尺寸基准是指标注或测量尺寸的起点。由于组合体具有长、宽、高三个方向的尺寸，每个方向上至少各有一个尺寸基准，因此通常以对称平面、回转曲面的轴线或物体上较大的底面、端面等为尺寸基准，同一方向上的定位尺寸基准应尽量统一。
- 总体尺寸。确定组合体外形大小的总长、总宽、总高尺寸。

3.3.2　标注组合体尺寸的方法和步骤

(1) 按形体分析法，将组合体分解为若干基本形体。

(2) 选定尺寸基准，标注各基准形体之间相对位置的定位尺寸。

(3) 标注出各基本体的定形尺寸。

(4) 标注出组合体的总体尺寸。

【例 3-10】 以图 3-19(a)所示支架为例，进行尺寸标注。

① 形体分析，将支架分为 3 个基本形体，分别为立板、肋板和底座，如图 3-19(b)所示。

② 确定支架的长度方向尺寸基准为左右对称面，高度方向尺寸基准为底面，宽度方向尺寸基准为立板的后面。

③ 标注底座的定形尺寸，如图 3-20(a)所示。

④ 标注立板的定形尺寸，如图 3-20(b)所示。

⑤ 标注肋板的定形尺寸，如图 3-20(c)所示。

⑥ 标注支架圆孔的定位尺寸 20(15+5)，因立板和底座的长度尺寸相同，标注一个即可；检查总体尺寸，完成全图，如图 3-20(d)所示。

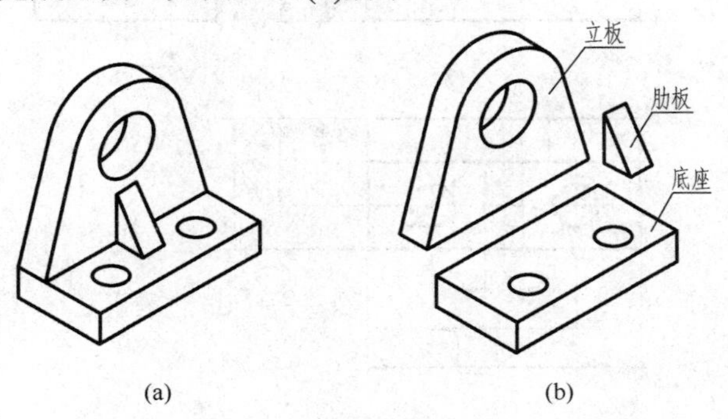

图3-19　支架

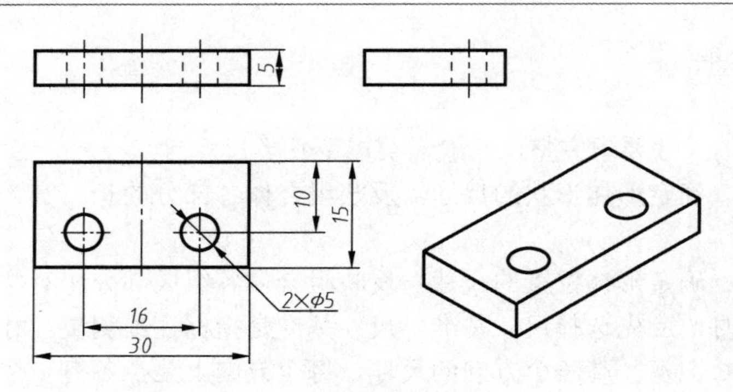

(a) 标注底座的定形尺寸

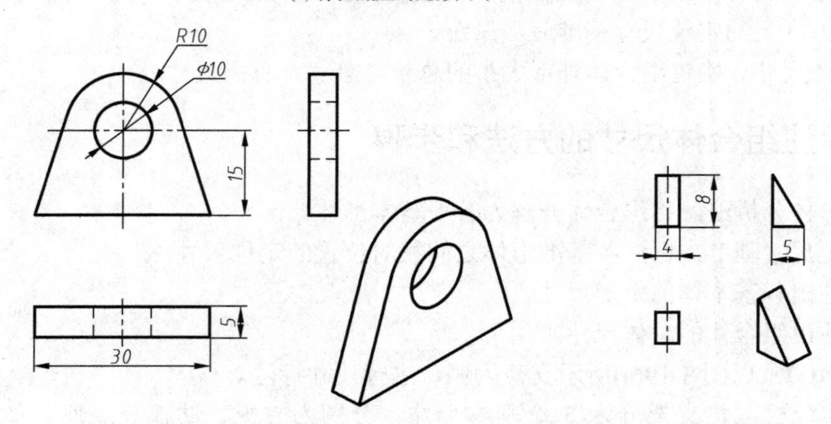

(b) 标注立板的定形尺寸

(c) 标注肋板的定形尺寸

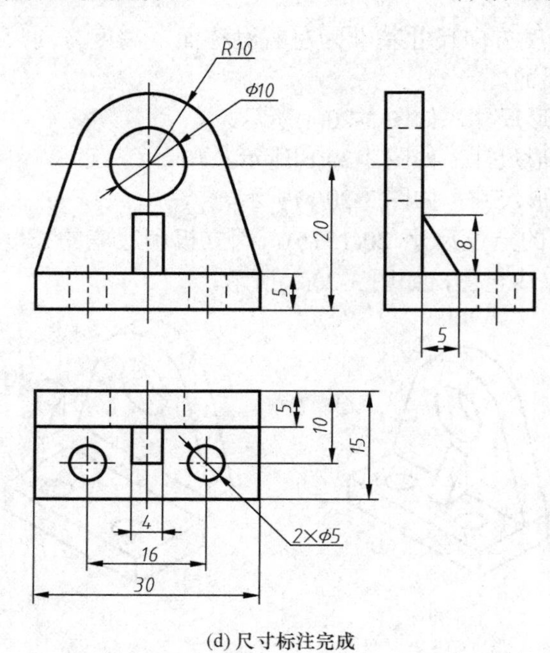

(d) 尺寸标注完成

图3-20　支架的尺寸标注

3.3.3　标注尺寸时应注意的问题

(1) 应突出结构特征，定形尺寸尽量标注在反映该部分形状特征的视图上。圆的直径最好标注在非圆视图上，半径尺寸应标注在圆弧上。

(2) 尺寸相对集中时，形体某个部分的定形和定位尺寸应尽量集中标注在一个视图上，便于看图时查找。

(3) 注意布局整齐，尺寸尽量布置在两视图之间，便于对照。

(4) 标注时，尺寸应尽量放在图形之外，尺寸线不能与其他图线相交，不允许图线穿过尺寸数字，当无法避免时，为保证清晰，可将图线断开。

(5) 一般情况下，尺寸不能标注在虚线上。

组合体常见结构的尺寸注法如图3-21所示。

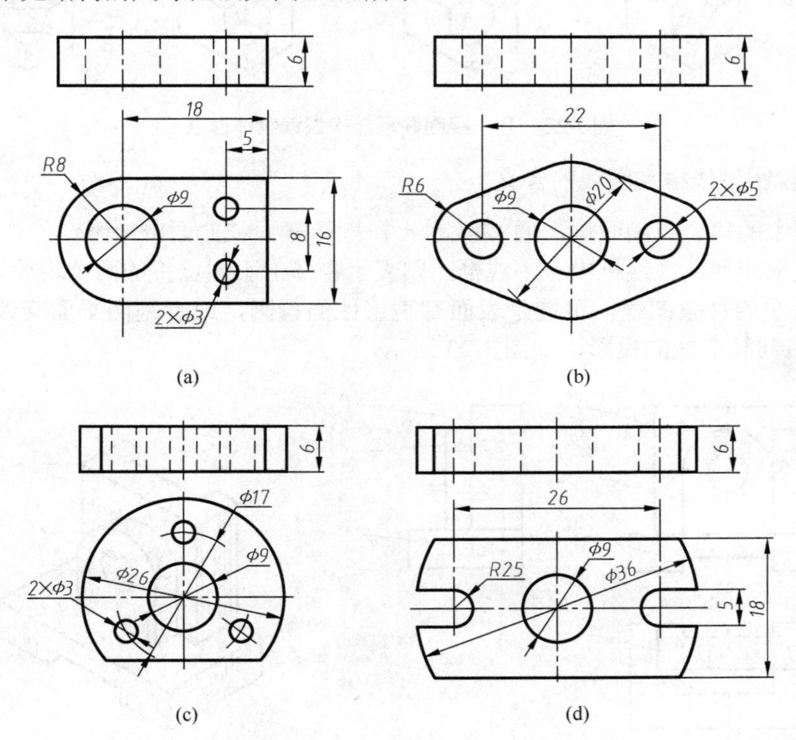

图3-21　组合体常见结构的尺寸注法

任务 3.4　看组合体视图的方法

3.4.1　看图的基本要领

1. 熟记基本体的投影特征

组成组合体的基本体常见的有棱柱、棱锥、圆柱、圆锥等，它们的投影特征要熟练掌握。

2. 几个视图联系起来识读

在机械图样中，机件的形状一般是通过几个视图来表达的，每个视图只能反映机件一个方面的形状。因此，仅由一个或两个视图往往不能唯一地表达机件的形状。如图 3-22 所示，四组视图的主、俯或主、左视图相同，要通过第三视图才能确定实际形状。

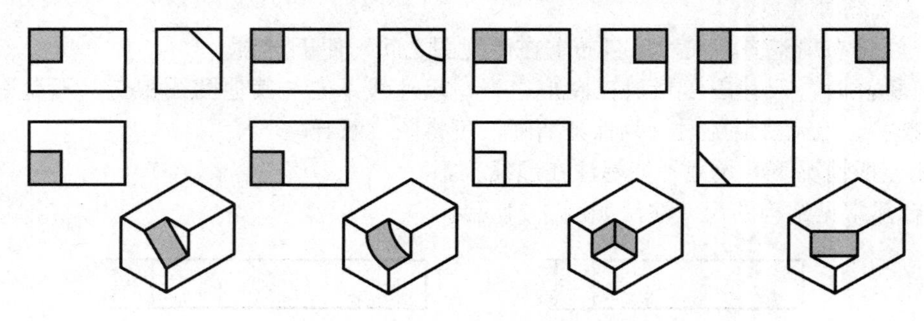

图3-22　几个视图联系起来识读物体形状

3. 明确视图中线框和图线的含义

(1) 视图中的每个封闭线框，通常都是一个表面(平面或曲面)的投影。

(2) 两线框相邻或大线框中有小线框，则表示物体上不同位置的两个表面。

(3) 视图中的每条图线，可能是表面有积聚性的投影，或者是两平面交线的投影，也可能是曲面转向轮廓线的投影，如图 3-23 所示。

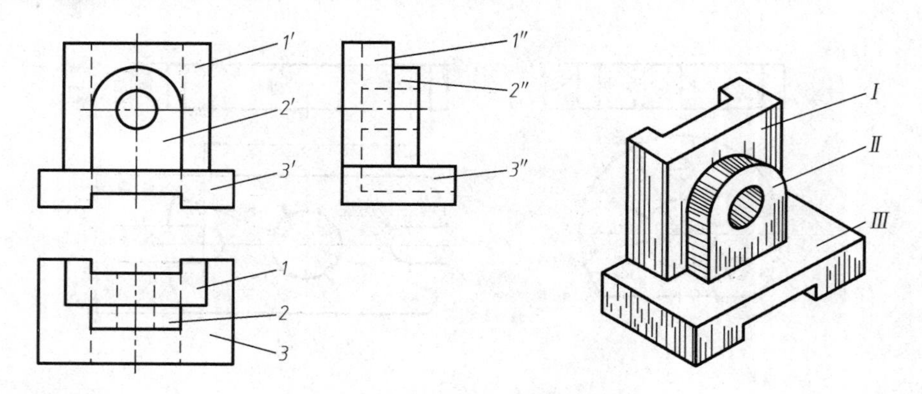

图3-23　线框和图线的含义

4. 善于构思物体的形状

为了提高读图能力，应注意培养构思物体形状的能力，从而进一步提高空间想象能力。

3.4.2　看图的方法和步骤

1. 形体分析法

形体分析法的实质是：分部分想形状，合起来想整体，由整体到局部，由局部到整体。运用形体分析法读图时，应将视图中的封闭线框看作一个基本形体的投影，将三个视图中的三个线框联系起来想象该形体的形状，同时要熟练掌握基本体的形体表达特征，如图 3-24 所示。

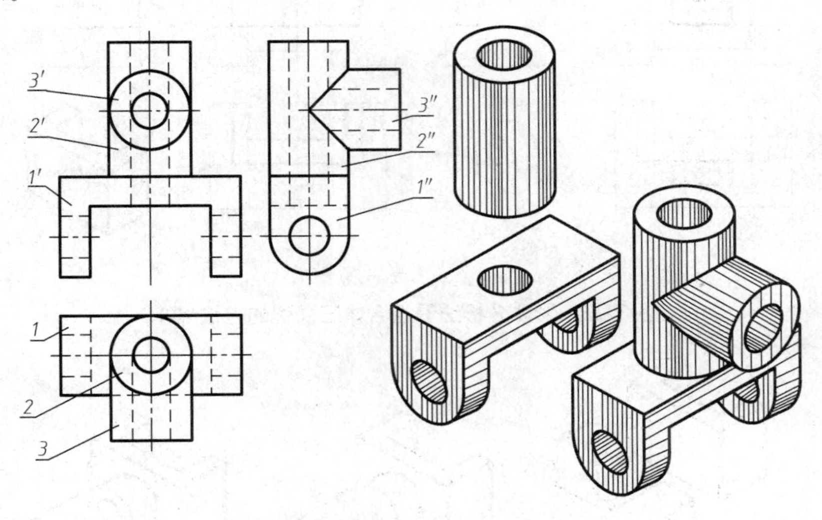

图3-24 形体分析法看图

下面以图 3-25 所示三视图为例，介绍应用形体分析法看图的方法和步骤。

1) 分离出特征明显的线框

三个视图都可以看作是由三个线框组成的，因此可大致将该物体分为三个部分。其中，主视图中Ⅰ、Ⅱ两个线框特征明显，俯视图中线框Ⅲ的特征明显，如图 3-25(a)所示。

2) 逐个想象各形体形状

根据投影规律，依次找出Ⅰ、Ⅱ、Ⅲ三个线框在其他两个视图的对应投影，并想象出它们的形状，如图 3-25(b)～(d)所示。

3) 综合想象整体形状

确定各形体的相互位置，初步想象体的整体形状，如图 3-26(a)和(b)所示。然后把想象的组合体与三视图进行对照、检查，如根据主视图中的圆线框及其在其他两视图中的投影想象出通孔的形状，最后想象出物体形状，如图 3-26(c)所示。

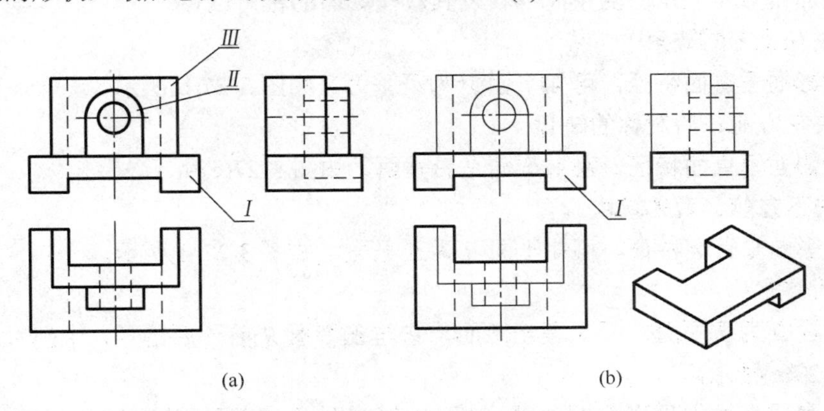

图3-25 形体分析法看组合体三视图的方法

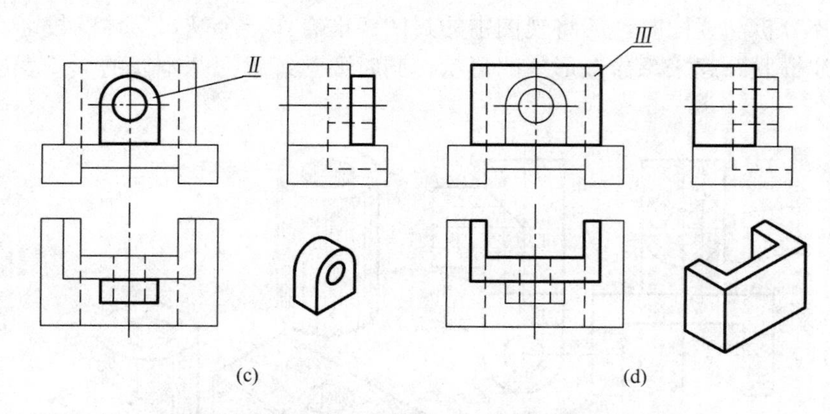

图3-25　形体分析法看组合体三视图的方法(续)

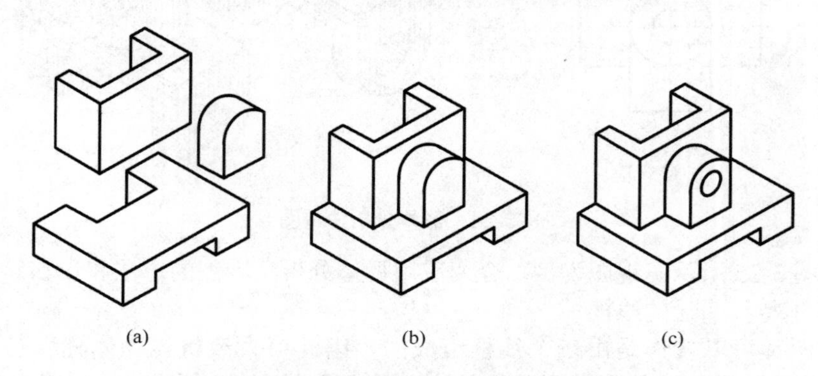

图3-26　综合想象组合体的整体形状

2. 线面分析法

线面分析法是根据正投影特性，通过分析与投影面平行、垂直和倾斜的直线或平面在三视图中的投影特点，来确定组合体形状的一种看图方法。

下面以图 3-27(a)所示压块三视图为例，介绍应用线面分析法看图的方法和步骤。

首先应从某一视图上划分线框，根据投影规律，从另两个视图上找出与其对应的线框或图线，从而得知所表示面的空间形状及其对投影面的相对位置。

1) 压块左上方的缺角

根据投影面垂直面特征，可知平面 *P* 为正垂面，如图 3-27(b)所示。

2) 压块左方前、后对称的缺角

根据投影面垂直面特征，可知平面是铅垂面，如图 3-27(c)所示。

3) 压块下方前、后的缺块

根据投影面平行面特征，可知平面 *R* 为正平面，如图 3-27(d)所示。

4) 以此类推

可知平面 *S* 为水平面，面 *T* 是正平面，它与正平面 *R* 前、后错开，中间以水平面 *S* 相连，如图 3-27(e)所示。

也可以利用直线的投影分析，以 *Q* 面为例，组成 *Q* 面的轮廓线为 *AB*、*AD*、*CD*、*CE*、*EF*、*FG*、*GB*。*AB* 为正平面 *P* 与铅垂面 *Q* 的交线，是铅垂线，其余类推。

通过对面、线的形状及其与投影面的相对位置分析，综合起来，便可以想象出压块的整体形状，如图 3-27(f)所示。

综上所述，可以看出，形体分析法多用于叠加型的组合体；线面分析法多用于切割型的组合体。

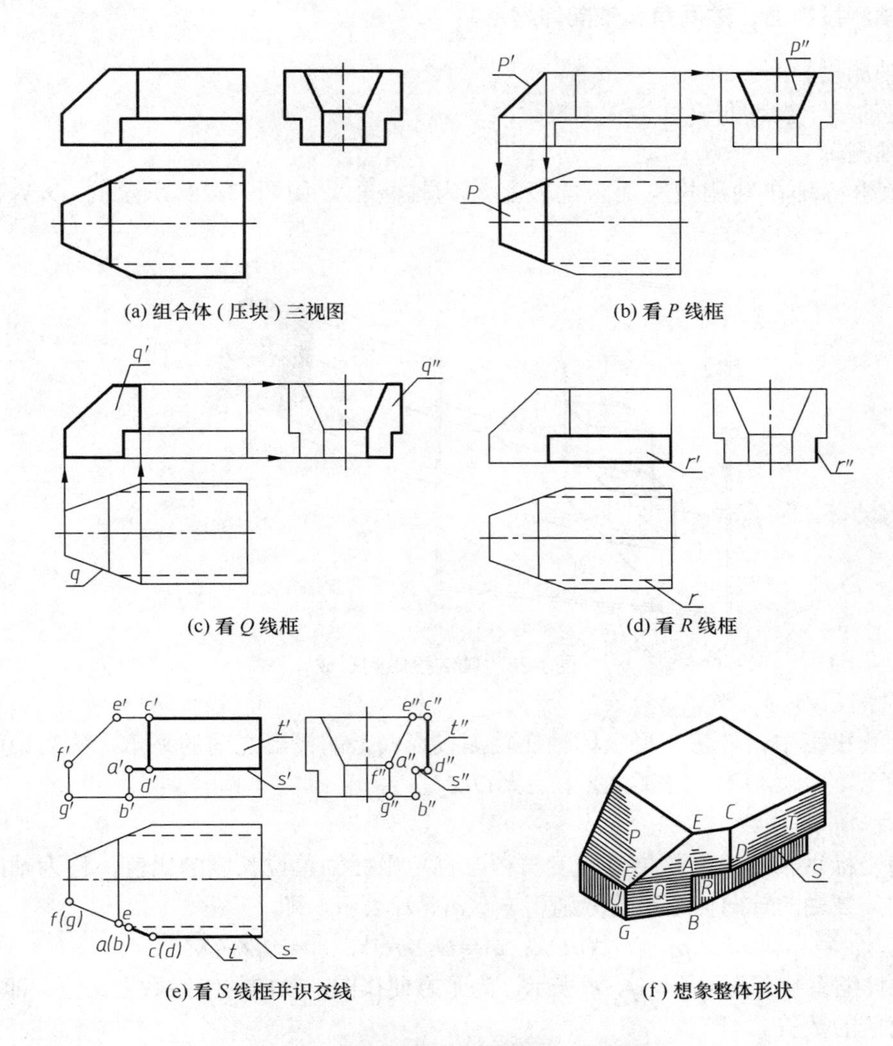

(a) 组合体 (压块) 三视图　　(b) 看 P 线框

(c) 看 Q 线框　　(d) 看 R 线框

(e) 看 S 线框并识交线　　(f) 想象整体形状

图3-27　线面分析法看图的方法和步骤

任务 3.5　轴　测　图

3.5.1　轴测图的基本知识

多面正投影图能完整、准确地反映物体的形状和大小，但立体感不强；而轴测图能同时反映物体长、宽、高三个方向上的形状，富有较强的立体感，但作图比正投影复杂。在生产中，轴测图作为辅助图样，可以帮助人们读懂正投影图。

1. 轴测图的形成

用平行投影法将物体连同确定物体空间位置的直角坐标系一起沿不平行于任一坐标面的方向投射到单一投影面，所得的投影图称为轴测投影图，简称轴测图。

2. 轴测投影面、轴间角和轴向伸缩系数

1) 轴测投影面

选定的单一投影面 P 称为轴测投影面。

2) 轴测轴

直角坐标轴在轴测投影面上的投影称为轴测轴，如图 3-28 所示的 O_1X_1、O_1Y_1、O_1Z_1 轴。

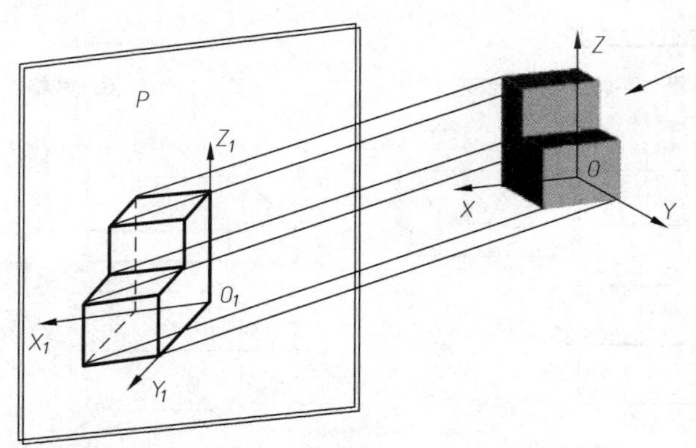

图3-28　轴测投影的形成

3) 轴间角

在轴测投影中，任意两根坐标轴在轴测投影面上的投影之间的夹角，称为轴间角，如图 3-28 所示的$\angle X_1O_1Y_1$、$\angle Y_1O_1Z_1$、$\angle X_1O_1Z_1$。

4) 轴向伸缩系数

直角坐标轴轴测投影的单位长度与相应直角坐标轴单位长度的比值，称为轴向伸缩系数。X、Y、Z 轴的轴向伸缩系数分别用 p_1、q_1、r_1 表示，即

$$p_1 = O_1X_1/OX;\ q_1= O_1Y_1/OY;\ r_1= O_1Z_1/OZ$$

简化伸缩系数分别用 p、q、r 表示。为了方便作图，轴向伸缩系数之比值，即 $p:q:r$ 应采用简单的数值。

3. 轴测图的基本性质

(1) 物体上与直角坐标轴平行的直线段，其轴测投影必平行于相应的轴测轴，且其伸缩系数与相应轴测轴的轴向伸缩系数相同。

(2) 若空间两直线段相互平行，则其轴测投影也相互平行。

(3) 直线段上两线段长度之比，等于其轴测投影长度之比。

4. 常用的轴测图

常用的轴测图为正等轴测图和斜二等轴测图，简称正等测和斜二测。它们的轴间角和轴向伸缩系数如表 3-3 所示。

表3-3　常用轴测图的轴间角和轴向伸缩系数

轴测图	轴测轴位置	立方体	伸缩系数
正等测	Z_1 120° 120° O_1 X_1 120° Y_1	L L L	轴向伸缩系数 $p_1=q_1=r_1=0.82$，为作图方便，常采用简化的轴向伸缩系数 $p_1=q_1=r_1=1$
斜二测	Z_1 90° 135° O_1 X_1 Y_1	L/2 L L	轴向伸缩系数 $p_1=r_1=1$，$q_1=0.5$

3.5.2　正等测

使物体直角坐标系的三条坐标轴与轴测投影面的倾角都相等，并用正投影法将物体向轴测投影面投影，所得图形就是正等轴测图。

1. 正等测的轴间角和轴向伸缩系数

图 3-29 所示为正等测的轴测轴、轴间角和轴向伸缩系数等参数及画法。从图中可以看出，正等测的轴间角均为 120°，且 3 个轴向伸缩系数相等。经推证并计算可知 $p_1=q_1=r_1=0.82$。为作图简便，实际画正等测时采用 $p_1=q_1=r_1=1$ 的简化伸缩系数画图，即沿各轴向的所有尺寸都按物体的实际长度画图。但按简化伸缩系数画出的图形比实际物体放大了 1.22 倍。

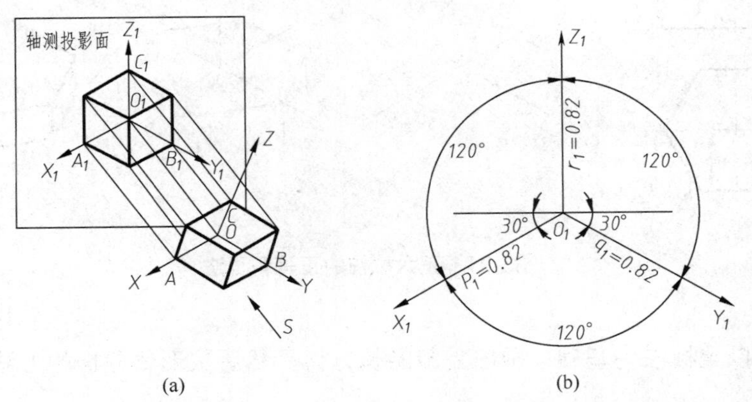

图3-29　正等测的轴间角和轴向伸缩系数

2. 平面立体正等测的画法

画轴测图的方法有坐标法、切割法和叠加法三种，其中最基本的方法是坐标法。

1) 坐标法

坐标法是画轴测图的基本方法。首先根据物体形状的特点，选定适当的坐标轴，画出对应的轴测轴；然后根据物体的尺寸坐标关系，画出物体上某些点的轴测投影；再由作出的点画出物体上的某些线和面，最后逐步完成物体的全图。下面以图 3-30 所示长方体为例介绍绘制正等测的方法。

根据长方体的特点，选择其中一个角顶点作为空间直角坐标系原点，并以过该顶点的 3 条棱线为坐标轴。先画出轴测轴，然后用各顶点的坐标分别确定长方体 8 个顶点的轴测投影，之后依次连接各顶点即可。

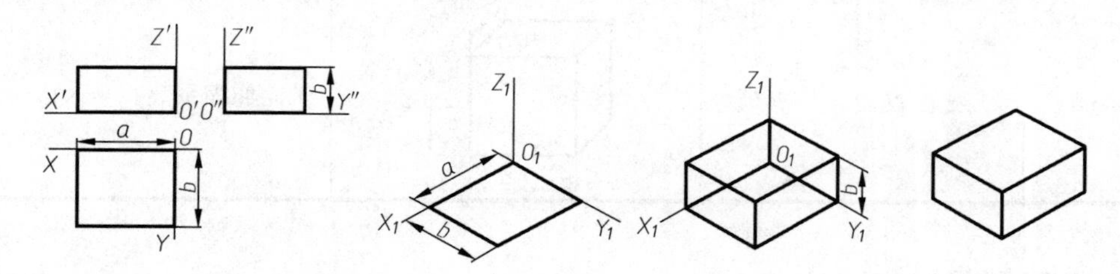

图3-30 长方体的正等测

【例 3-11】 根据图 3-31 所示正六棱柱的两个视图画出其正等测。

分析：由于正六棱柱前后、左右对称，从顶面开始作图更方便。

作图：选择顶面的中点作为空间直角坐标系的原点，棱柱的轴线作为 OZ 轴，顶面的两条对称线作为 OX、OY 轴。用各顶点的坐标分别确定正六棱柱的各个顶点 a、b、c、d、e、f 的轴测投影 A、B、C、D、E、F，然后从顶面各点沿 Z 向向下量取 h 高度，得到底面上的对应点；分别连接各点，用粗实线画出物体的可见轮廓，擦去不可见部分，得到六棱柱的轴测投影。

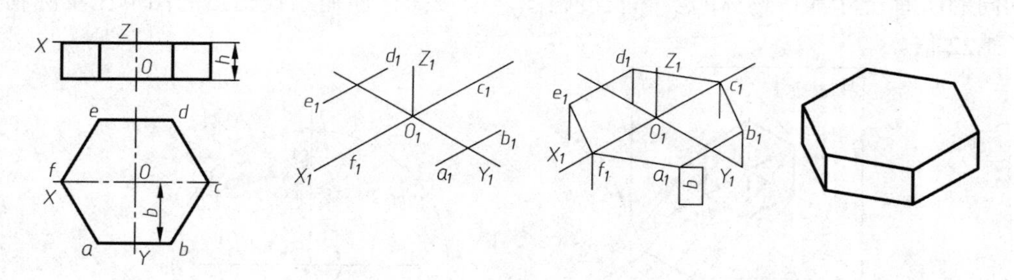

图3-31 正六棱柱的正等测画法

2) 切割法

切割法是以坐标法为基础，画出完整的长方体，然后按形体分析的方法逐块切去多余的部分。

【例 3-12】 根据图 3-32(a)所示的垫块三视图画出其正等测。

作图：首先画出完整的长方体，再用切割法分别切去右侧斜角、前面的台阶，然后擦去作图线，描深可见部分即可得垫块的正等测，如图 3-32(b)所示。

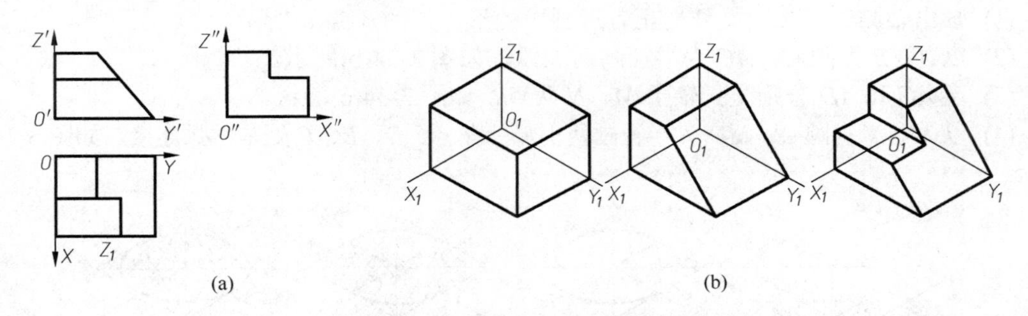

图3-32　垫块的正等测画法

3) 叠加法

叠加法是先将物体分成几个简单的组成部分，再将各部分的轴测图按照它们之间的相对位置叠加，并画出各表面之间的连接关系，最终得到物体轴测图的方法。绘制轴测图时，要按形体分析法画图，先画基本形体，然后从大的形体着手，由大到小，采用叠加或切割的方法逐步完成。在切割和叠加时，要注意形体位置的确定方法。轴测投影的可见性比较直观，对不可见的轮廓可省略虚线，轴测图上的形体轮廓能否被挡住要作图判断，不能凭感觉绘图。

3. 曲面立体正等测的画法

1) 平行于坐标面的圆的正等测画法

如图 3-33 所示，平行于坐标面的圆的正等测投影是椭圆。平行于坐标面 XOY(水平面)的圆的正等测投影(椭圆)长轴垂直于 Z_1 轴，短轴平行于 Z_1；平行于坐标面 YOZ(侧面)的圆的正等测投影(椭圆)长轴垂直于 X_1 轴，短轴平行于 X_1 轴；平行于坐标面 XOZ 的圆的正等测投影(椭圆)长轴垂直于 Y_1 轴，短轴平行于 Y_1 轴。

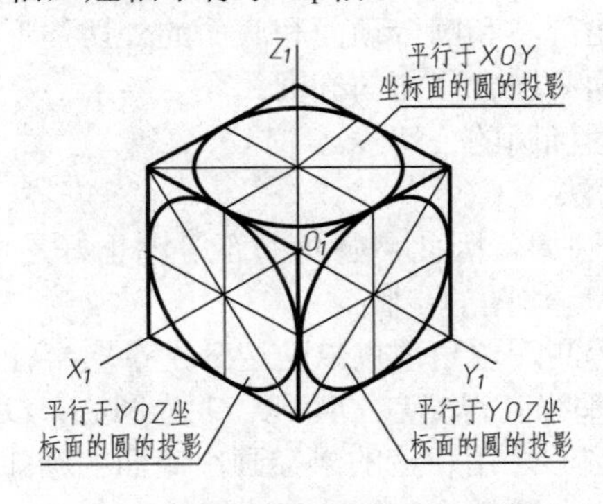

图3-33　平行于坐标面的圆的正等测图

为了简化作图，上述椭圆一般用 4 段圆弧代替。由于这 4 段圆弧的 4 个圆心是根据椭圆的外切菱形求得的，因此这个方法叫做“四心法”。绘制圆柱体的轴测图时，可先画出圆柱体上下底面的轴测图，然后作两椭圆的公切线，对孔的可见性要作具体的分析。

2) 用“四心法”作圆的正等测

“四心法”就是正等测中的椭圆常采用菱形四心法近似画出。作图时，可把坐标面(或其平行面)上的圆看作正方形的内切圆，先画出正方形的正等测——菱形，则圆的正等测——椭圆内切于该菱形。然后用“四心法”画四段圆弧，分别与菱形相切并光滑连接成椭圆。下面以平行于水平面的圆的正等测图为例，说明作图的步骤。

(1) 画出轴测轴，按圆的外切正方形画出菱形，如图 3-34(a)所示。

(2) 以 A、B 为圆心，AC 为半径画两大弧，如图 3-34(b)所示。

(3) 连 AC 和 AD 分别交长轴于 M、N 两点，如图 3-34(c)所示。

(4) 以 M、N 为圆心，MD 为半径画两小弧；在 C、D、E、F 处与大弧连接，如图 3-34(d)所示。

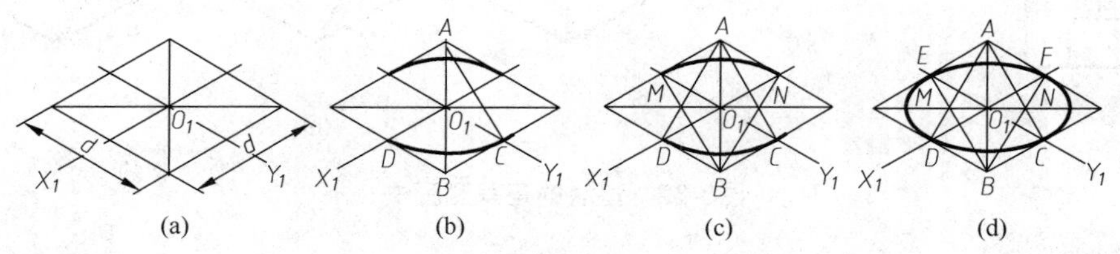

图3-34　平行于坐标面的圆的正等测画法

【例 3-13】 画出如图 3-35 所示的圆柱和圆台的正等测。

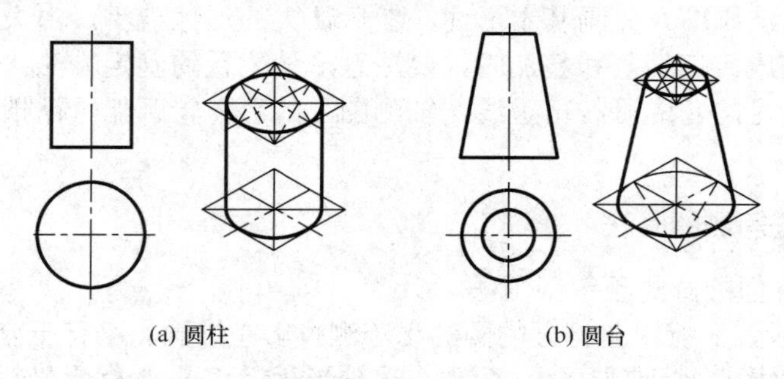

图3-35　圆柱和圆台的正等测画法

作图步骤主要分为如下几步：

(1) 画出轴测轴，再画出圆柱和圆台顶面和底面的外切菱形。

(2) 画出圆柱、圆台顶面和圆台底面的椭圆。

(3) 分别作出顶面和底面椭圆的公切线。

3) 圆角的正等测简化画法

圆角相当于四分之一的圆周，因此，圆角的正等测正好是近似椭圆的四段圆弧中的一段，下面以图 3-36 为例，说明作图的步骤。

(1) 画长方体平板的正等测，由角顶点沿两边分别量取半径 R，得 A 点。

(2) 过 A 点作所在边的垂线，得交点 O_1。以 O_1 为圆心，O_1A 为半径画圆弧，将 O_1 沿 Z_1 轴下移 h，得底面圆弧的圆心，用相应的半径画出底面的圆弧。

(3) 作出右侧上下面的两个圆弧，并画出其公切线。

(4) 擦去多余图线，描深可见轮廓线。

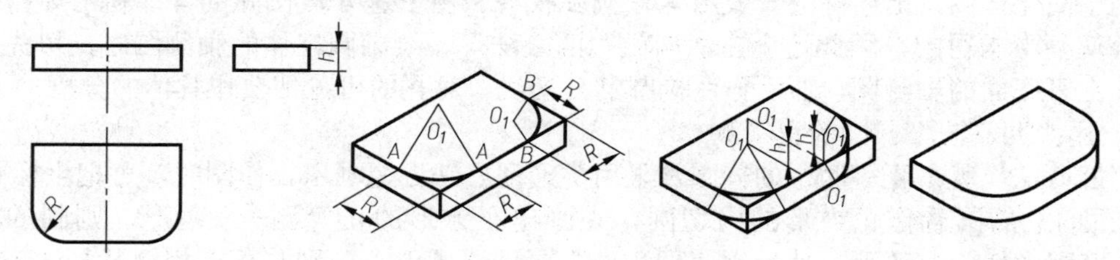

图3-36　圆角的正等测画法

3.5.3　斜二测

1. 斜二测的轴间角和轴向伸缩系数

在斜二测中，轴测轴 X_1 和 Z_1 仍为水平方向和铅垂方向，即轴间角$\angle X_1O_1Z_1=90°$，物体上平行于坐标 XOZ 的平面图形都能反映实形，轴向伸缩系数 $p_1=r_1=1$，$q_1=0.5$。为了作图简便，并使斜二测的立体感强，通常取轴间角$\angle X_1O_1Y_1=\angle Y_1O_1Z_1=135°$。图 3-37 所示为轴间角的画法和各轴向伸缩系数。

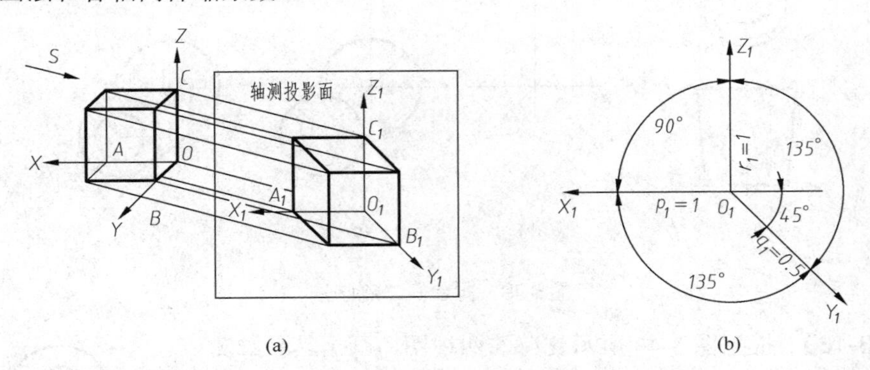

图3-37　斜二测的投影及其轴间角和轴向伸缩系数

2. 斜二测的画法

斜二测的画法与正等测的画法基本相似，区别在于轴间角不同以及斜二测沿 O_1Y_1 轴的尺寸只取实长的一半。在斜二测中，物体上平行于 XOZ 坐标面的直线和平面图形均反映实长和实形，所以，当物体上有较多的圆或曲线平行于 XOZ 坐标面时，采用斜二测图比较方便。

【例 3-14】　画出正四棱台的斜二测。

作图方法与步骤如图 3-38 所示。

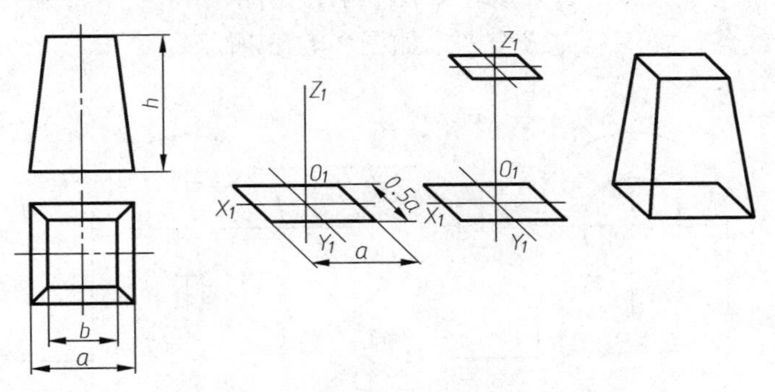

图3-38　正四棱台的斜二测画法

【例 3-15】　画出如图 3-39(a)所示圆台的斜二测。

作图方法与步骤如下。

(1) 画出轴测轴 O_1X_1、O_1Y_1、O_1Z_1，在 O_1Y_1 轴上量取 $h/2$，定出前端面的圆心 A，如图 3-39(b)所示。

(2) 作出前、后端面的轴测投影，如图 3-39(c)所示。

(3) 作出两端面圆的公切线及前孔口和后孔口的可见部分。

(4) 擦去多余的图线并描深，即得到圆台的斜二等轴测图，如图 3-39(d)所示。

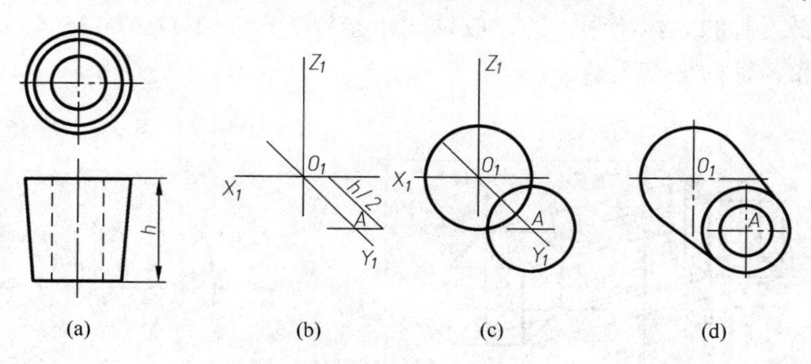

图3-39　圆台斜二测画法

【例 3-16】 根据图 3-40 所示支座的两视图，画出其斜二测。

作图方法与步骤如下。

(1) 在正投影图上选定坐标轴，将圆的前端面选为 $X_1O_1Z_1$ 坐标面，坐标原点过圆心，画斜二测的轴测轴，作出前端面斜二测，如图 3-41(a)所示。

(2) 过圆心向后作 O_1Y_1 轴，长度为 1/2，确定后端面的圆心，过底板各顶点作 O_1Y_1 轴的平行线，如图 3-41(b)所示。

(3) 按圆心及各顶点的位置，依次作出后端面斜二测，如图 3-41(c)所示。

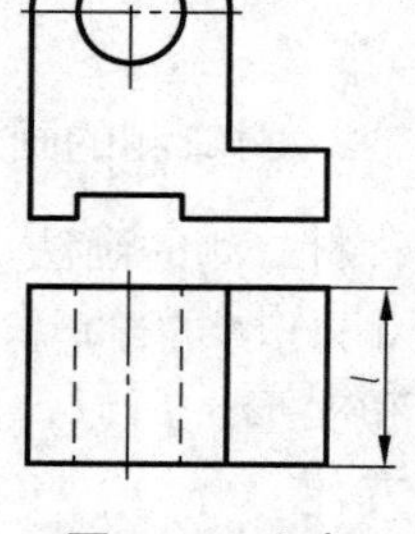

图3-40　支座

(4) 作前后端面两个大圆的公切线，如图 3-41(d)所示。

(5) 擦去多余线条，加深后完成全图，如图 3-41(e)所示。

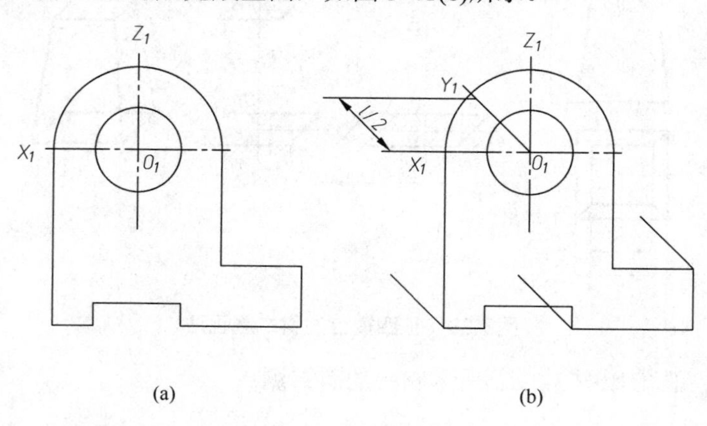

图3-41　支座斜二测画法

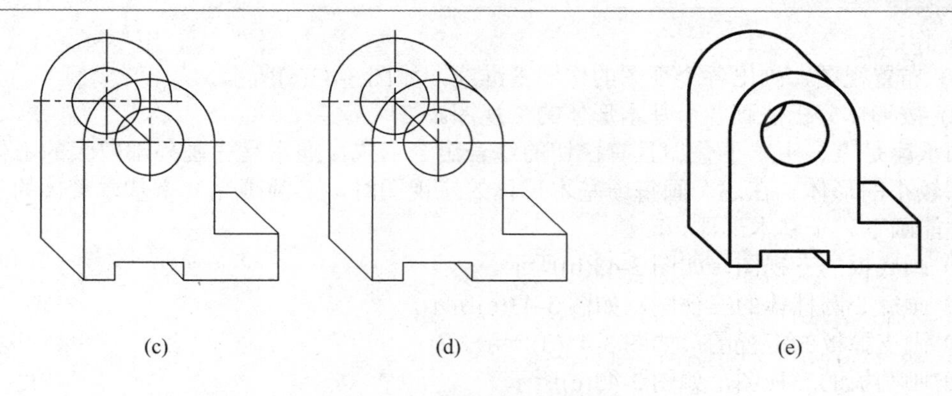

图3-41　支座斜二测画法(续)

【项目实施】　画轴承座三视图

下面以图 3-42 所示的轴承座为例，说明画图的方法和步骤。

1) 形体分析

图 3-42 所示的轴承座由底板、支撑板、肋板和空心圆柱体组成。底板前面有两个圆角并挖去了两个圆柱体。支撑板叠放在底板上，与底板的后面平齐，上方与空心圆柱面相切。肋板是上边有圆柱面的多边形平板，叠放在底板上，其上与圆柱面结合，后面与支撑板紧靠，两侧面与圆柱面相交。空心圆柱体下方与支撑板、肋板结合，后面较支撑板向后突出一些，在其上方挖去了一个圆柱，使内外圆柱表面均具有相贯线。这 4 个形体的对称面与支架的对称面重合。

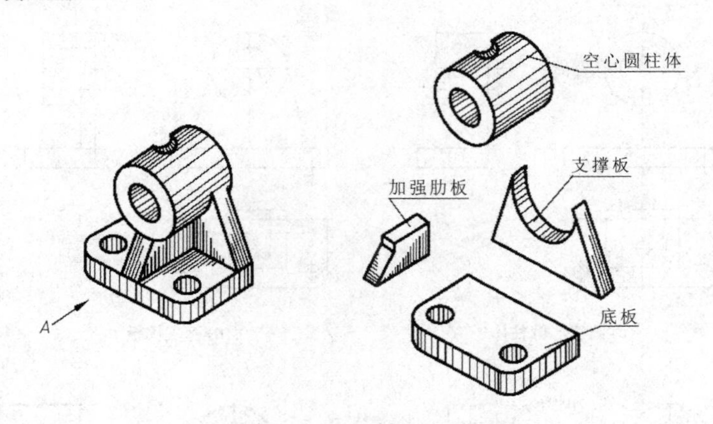

图3-42　轴承座的形体分析

2) 确定主视图

主视图是三视图中最重要的视图，画图、看图通常都是从主视图开始的。确定主视图，就是要解决好组合体怎样放置和从哪个方向投影的问题。通常选择能将组合体各组成部分的形状和相对位置明显地显示出来的方向作为主视图的投影方向。由图 3-42 看出 *A* 向最好。

3) 选比例、定图幅

视图确定后，应根据实物的大小和复杂程度，按标准规定选择绘图比例和图幅，并应留足标注尺寸和画标题栏等的位置。

4) 作图

(1) 布置视图，画出各个视图的作图基准线，如图 3-43(a)所示。

(2) 按形体分析法画各个基本形体的三视图。

轴承座是上、中、下叠加且有挖切的综合组合形式，通常是先画外部较大的形体，后画内部较小的形体。在逐个画每一基本形体的三视图时，必须画完一个基本形体的三视图后，才能画下一个基本形体。

① 画底板的三视图，如图 3-43(b)所示。

② 画空心圆柱体的三视图，如图 3-43(c)所示。

③ 画支撑板的三视图，如图 3-43(d)所示。

④ 画肋板的三视图，如图 3-43(e)所示。

⑤ 仔细检查底稿，确定无误后，进行加深，如图 3-43(f)所示。

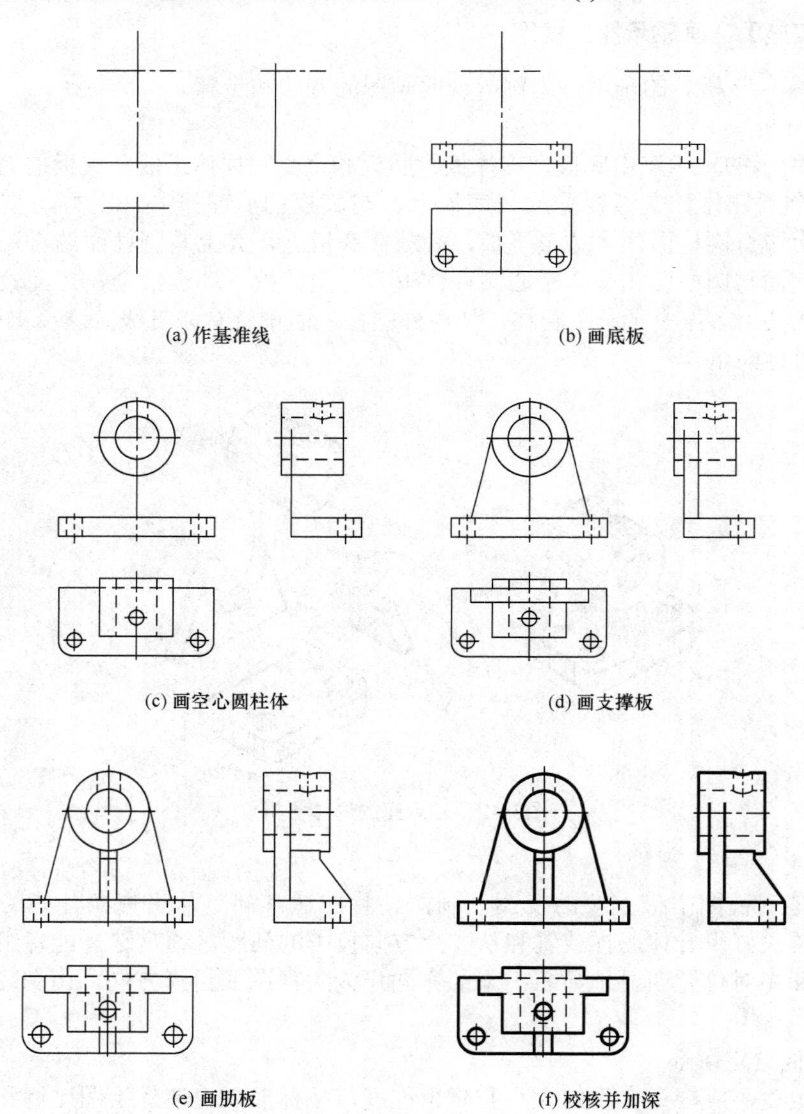

图3-43　轴承座的画图步骤

【技能训练】

画出图 3-44 所示组合体的三视图，比例为 1∶1。

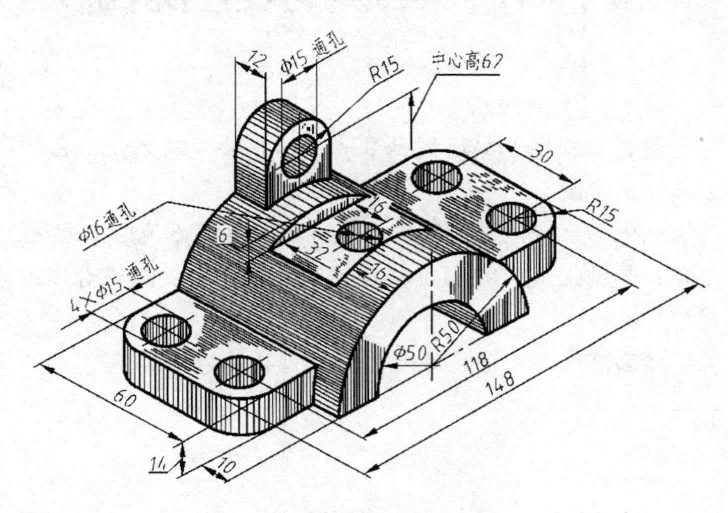

图3-44　组合体

【项目小结】

(1) 确定组合体各组成部分之间的表面连接关系是正确画出组合体视图的关键，必须掌握其特征及画法。

(2) 形体分析法是组合体画图、读图及尺寸标注的基本方法，必须熟练掌握并应用。

(3) 要注意截交线、相贯线的三面投影，不能只看投影为曲线的那个投影，要学会找出特殊点的三面投影，并熟练应用截交线、相贯线的画图方法。

(4) 画轴测图要切记两点，一是利用平行性质作图，这是提高作图速度和准确度的关键；二是沿轴向度量，这是正确作图的关键。

项目 4　画支承座视图

【项目目标】

- 掌握各种视图、剖视图和断面图的基本概念、画法及适用范围，并能够运用投影规律画出各种剖视图。
- 掌握常用的简化画法，能够根据机件的特征运用简化视图来表达。
- 掌握第三角投影的形成、投影特征及视图放置方式，能够看懂用第三角画法形成的视图。
- 具备运用图样画法综合表达机件形状和结构的能力。

【基本知识】

- 视图。
- 剖视图。
- 断面图。
- 局部放大图和简化画法。
- 第三角投影。

【任务引入】

前面已经学习了用三视图表示物体的方法。在实际生产中，简单的机件用一个或两个视图并配合尺寸标注就可以表达清楚；而复杂的机件仅用三视图不足以完整、清晰地表达出其形状和结构。为了将机件结构表达清晰、完整和简练。必须根据机械制图国家标准，合理地选择一些表达方式。

任务 4.1　视　　图

4.1.1　基本视图

机件向基本投影面投射所得的视图称为基本视图，根据国家标准《机械制图》的规定，用正六面体的六个面作为基本投影面，把机件放置其中，用正投影的方法向六个基本投影面分别进行投射，就得到该机件的六个基本视图。

六个基本视图的名称和投射方向分别如下。

- 主视图：由前向后投射所得的视图。
- 俯视图：由上向下投射所得的视图。
- 左视图：由左向右投射所得的视图。
- 后视图：由后向前投射所得的视图。
- 右视图：由右向左投射所得的视图。

● 仰视图：由下向上投射所得的视图。

投射后，规定正投影面不动，把其他投影面按图 4-1(a)所示的方法展开到与正投影面成同一平面。六个基本视图的配置位置如图 4-1(b)所示。六个基本视图之间仍然符合“长对正、高平齐、宽相等”的投影规律，其他关系如方位关系等可参照三视图的规律分析。

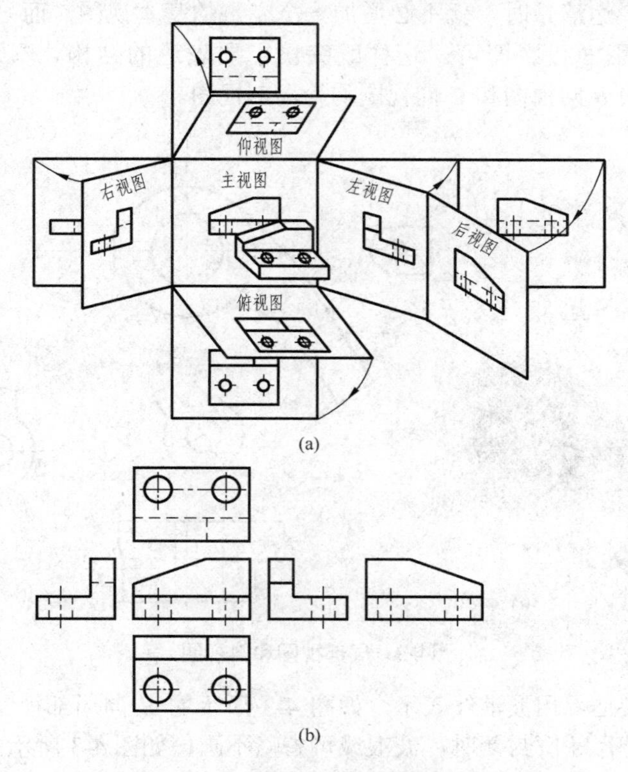

(a)

(b)

图4-1　六个基本视图的展开及配置

4.1.2 向视图

向视图是可以自由配置的视图，也就是说当六个基本视图不按规定位置配置时，应在该视图上方标注出视图的名称“*X*”(*X* 为大写拉丁字母)，并在相应视图附近用箭头指明投射方向，并注上相同的字母，以图 4-1 所示的组合体为例，其向视图的绘制方法如图 4-2 所示。

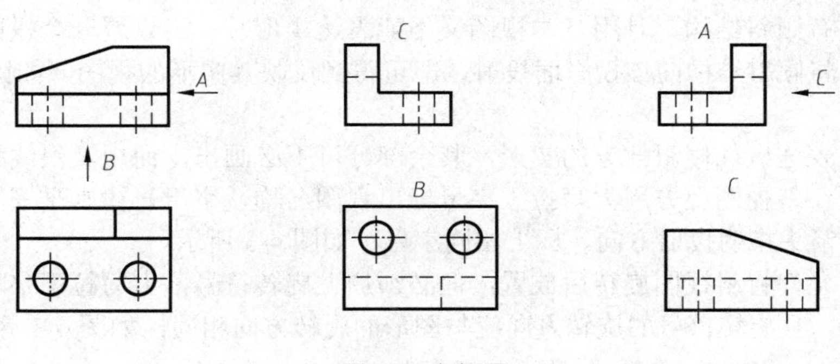

图4-2　向视图

4.1.3 局部视图

局部视图是将机件的某一部分结构向基本投影面投射所得的视图。当机件的主要结构通过其他图形已经表达清楚时，就不必增加一个完整的基本视图，而只需将没有表达清楚的部分，向基本投影面投影即可。这样既突出了要表达的结构，又避免了不必要的绘图。如图 4-3 所示的 *B* 向视图和 *C* 向视图均为局部视图。

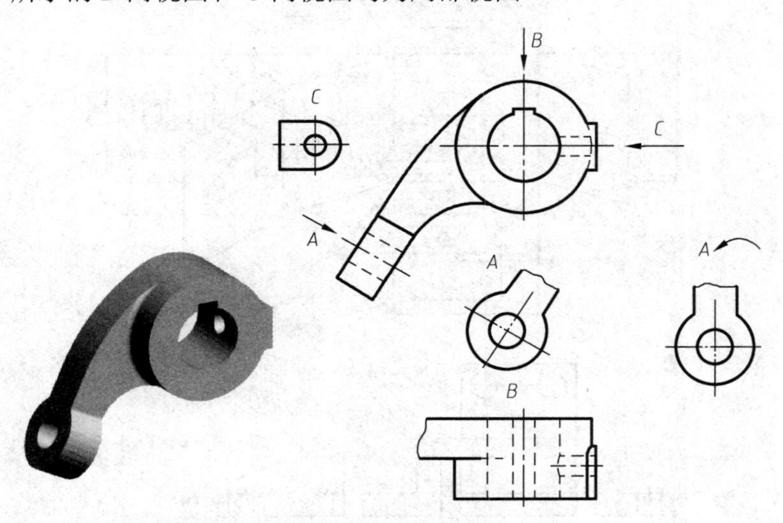

图4-3 局部视图和斜视图

局部视图的断裂边界用波浪线表示，如图 4-3 所示的 *B* 向局部视图。当所表示的局部结构是完整的，且外形轮廓封闭时，波浪线可省略不画，如图 4-3 所示的 *C* 向局部视图。

局部视图尽可能配置在箭头所指的方向，并与视图保持投影关系，如图 4-3 所示 *B* 和 *C* 两个局部视图的放置。

局部视图上方应用大写字母标出视图名称“*X*”，并在相应视图附近用箭头指明投射方向，注上相同的字母，如图 4-3 所示。

4.1.4 斜视图

斜视图是将机件向不平行于基本投影面的投影面投射所得到的视图。

当机件具有倾斜结构，且用基本视图又不能表达实形时，可设置一个投影面与机件倾斜部分平行，将倾斜结构向该投影面投射，即可得到反映其实形的视图，如图 4-3 所示的 *A* 向视图。

斜视图只表达机件倾斜部分的实形，其余部分可不必画出，而用波浪线将其断开。画斜视图时，须在斜视图上方用大写拉丁字母标出视图名称，字母一律水平书写，并在相应的视图附近用箭头指明投射方向，标上相同字母，如图 4-3 所示。

必要时，允许将斜视图旋转后放置，但必须加上旋转符号，大写拉丁字母要放在旋转符号的箭头端，且旋转符号的旋转方向应与图形的旋转方向相同，如图 4-3 所示。

任务 4.2　剖　视　图

4.2.1　剖视图的基本概念

1. 剖视图的形成

假想用剖切平面剖开机件，将处于观察者和剖切平面之间的部分移去，而将其余部分向投影面投射，所得的图形称为剖视图。

例如，图 4-4(a)所示的机件实体，因内部结构较多，因此主视图虚线较多，不利于读图，如图 4-4(b)所示。对于此类情况可采用剖视图表达方法，假想用一个通过各孔轴线并与底面垂直的平面作为剖切面将机件剖开，移去剖切面前面部分，如图 4-4(c)所示。剩余部分再向正立投影面作投影，所得 *A—A* 即为剖视图，如图 4-4(d)所示。

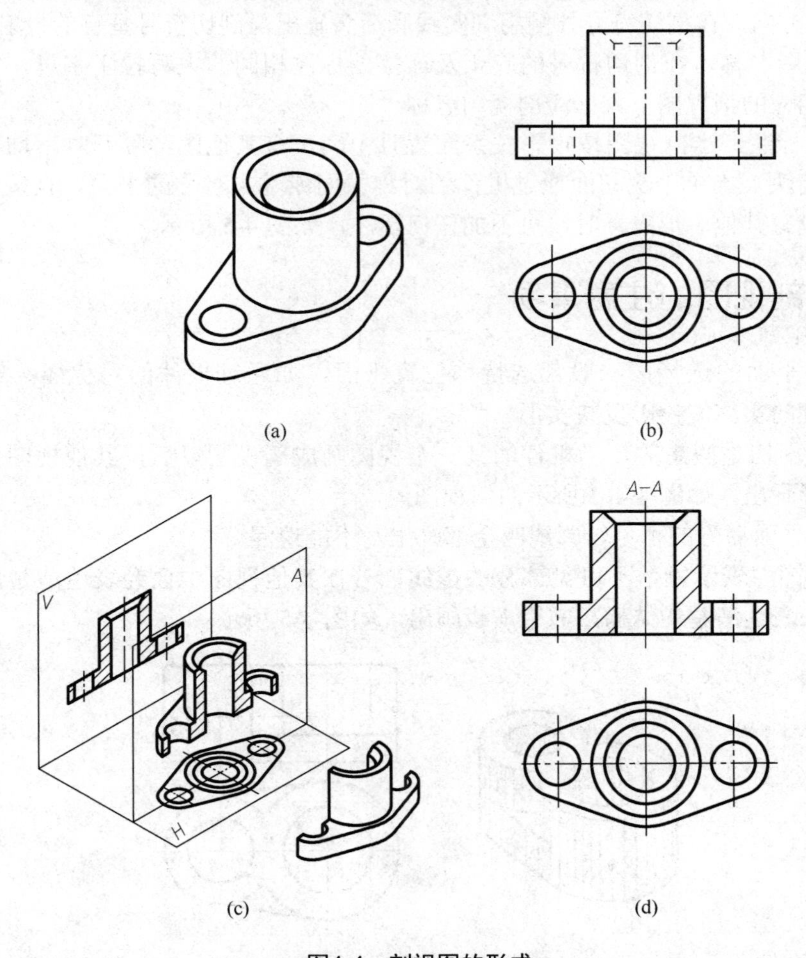

图4-4　剖视图的形成

2. 剖视图的画法

首先，应选择最佳的剖切位置，以便充分表达机件的内部形状和结构。剖切平面应通过机件的对称平面或孔、槽的轴线，应避免剖切出不完整要素或不反映实形的区域。

其次，用粗实线画出剖切平面与机件实体接触部分的图形和剖切平面后方的可见轮廓线。剖视图中一般不画不可见轮廓线。只有需要在剖视图上表达这些结构，否则会增加视图数量时，才画出必要的虚线。

最后，在剖切平面与机件接触部分绘制剖面线。金属材料的剖面线为与水平方向成 45°且间隔相等的细实线。注意：同一机件所有剖视图和断面图中剖面线的方向应相同，其间隔也应相等。

3. 剖视图上的标注

(1) 剖切符号，在与剖视图相对应的视图上，用剖切符号(长 5～8mm，宽 $1d$～$1.5d$ 的粗实线)标出剖切位置，并应尽可能不与图形轮廓线相交。

(2) 投射方向，在剖切符号外侧用细实线和箭头画出与剖切符号垂直的投射方向。

(3) 剖视图名称，在剖切符号的起止及连接处标注相同的大写拉丁字母，字母一律水平书写。在相应的剖视图上方标注剖视图名称“×—×”。

(4) 省略标注，当剖视图按投影关系配置且中间没有其他图形隔开时，均可省略表示投射方向的箭头，当单一剖切面通过机件的对称平面或基本对称的平面，且按投影关系配置，中间又没有其他图形隔开时，可不加任何标注，如图 4-5 所示。

4.2.2 画剖视图的注意事项

(1) 剖切平面的选择：一般都选特殊位置平面，如通过机件的对称面、轴线或中心线；被剖切到的实体的投影反映实形。

(2) 这种剖切是假想的，当机件的某一个视图画成剖视图以后，其他视图仍应按机件完整时的情形画出，如图 4-4(d)所示的俯视图。

(3) 剖切平面后方的可见轮廓线应全部画出，不能遗漏。

(4) 剖视图中表示物体不可见部分的虚线，若在其他视图中已经表达清楚，可省略不画。但对尚未表达清楚的结构，需用虚线画出，如图 4-5 所示。

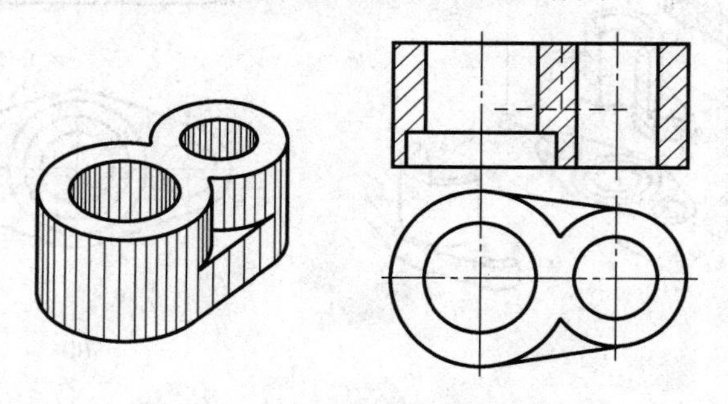

图4-5　需画出虚线的结构

(5) 剖视图中，不需在剖面区域中表示材料的类别时，可采用通用的剖面线，即应用适当角度的细实线绘制，最好与主要的轮廓线或剖面区域的中心线成 45°。

(6) 剖视图中，需在剖面区域中表示材料的类别时，通常应根据国标中的规定画出。图 4-6 所示为常见材料的剖面符号。

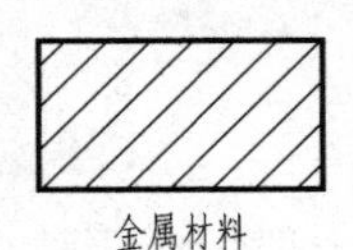
金属材料

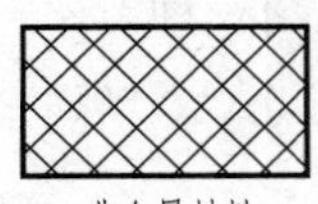
非金属材料

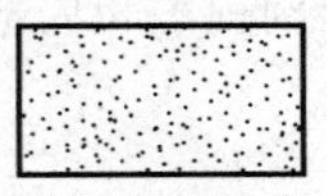
砂轮、粉末冶金等

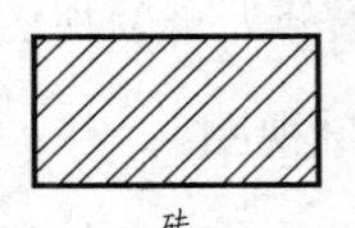
砖

图4-6　常见材料的剖面符号

(7) 剖视图中最容易漏线和多线的结构，如表 4-1 所示。

表4-1　剖视图中容易漏线和多线的结构

正解画法	错误画法	空间投影情况
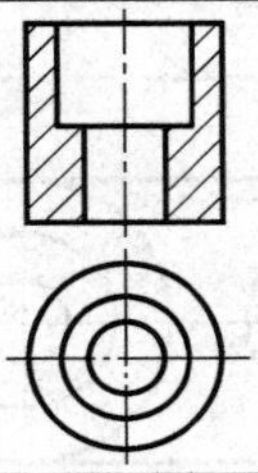	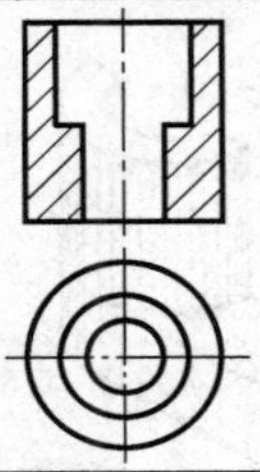	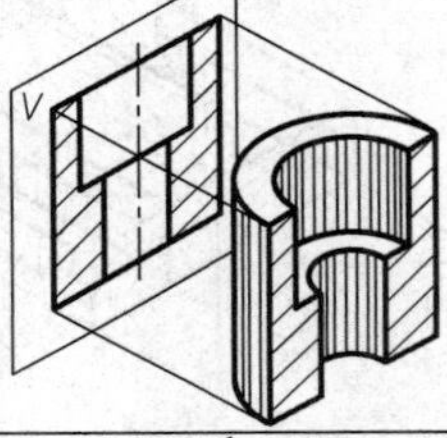
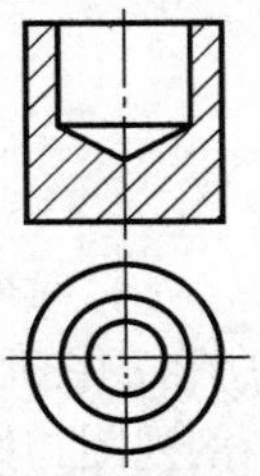	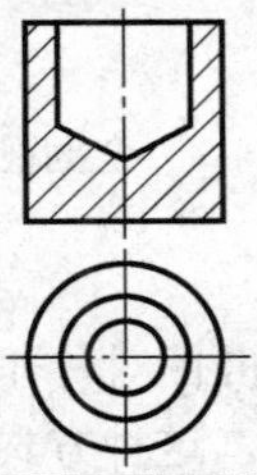	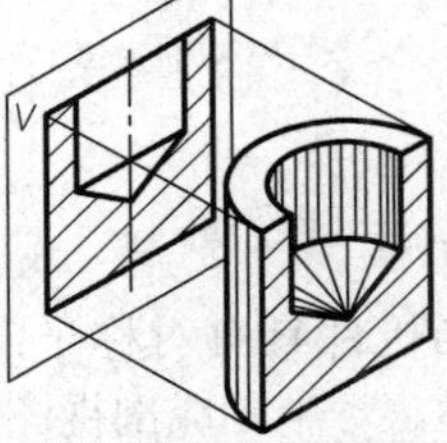
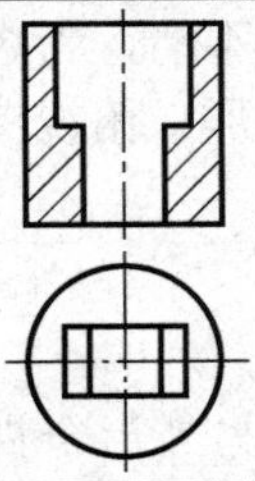	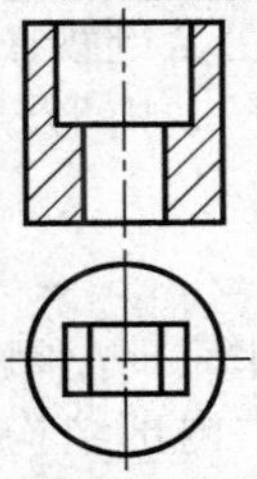	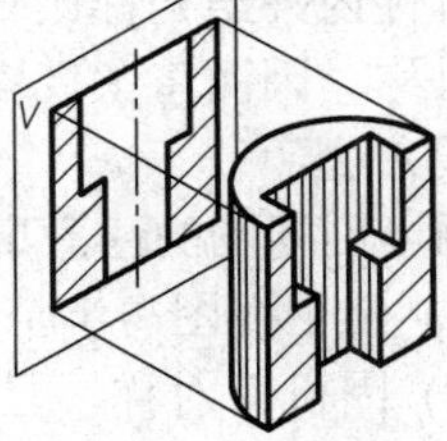
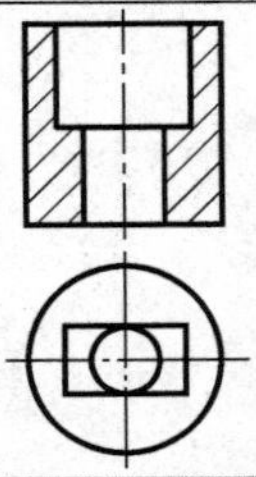	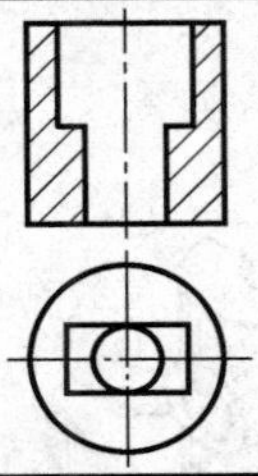	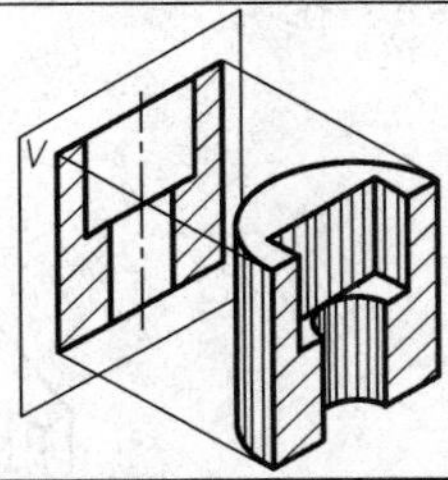

4.2.3 剖视图的种类

剖视图分为全剖视图、半剖视图和局部剖视图三种。

1. 全剖视图

用剖切平面完全地剖开机件所得的剖视图，称为全剖视图，一般用于表达内、外部形状复杂且不对称的机件，如图 4-7 所示。

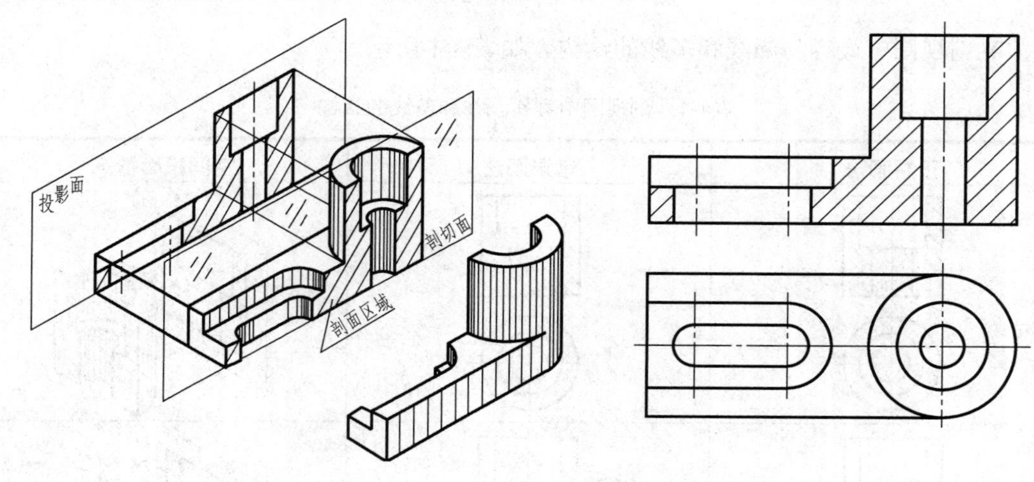

图4-7 全剖视图

2. 半剖视图

当机件具有对称平面时，向垂直于机件对称平面的投影面上投射所得的图形，以对称线为界，一半画成剖视图，一半画成视图，这种方式组合的图形，称为半剖视图。如图 4-8 所示，机件内外结构都比较复杂，如果采用全剖视图，则外部结构表达不清，考虑机件本身左右对称，因而将主视图的右半部剖切反映内形，左半部不剖反映外形。俯视图采用同样的处理方法。

画半剖视图的注意事项如下。

(1) 半个视图与半个剖视图以对称轴线(细点画线)为界分开。

(2) 因机件对称，且在半个剖视图中内部结构已表达清晰，因此另外半个视图不再绘制虚线。

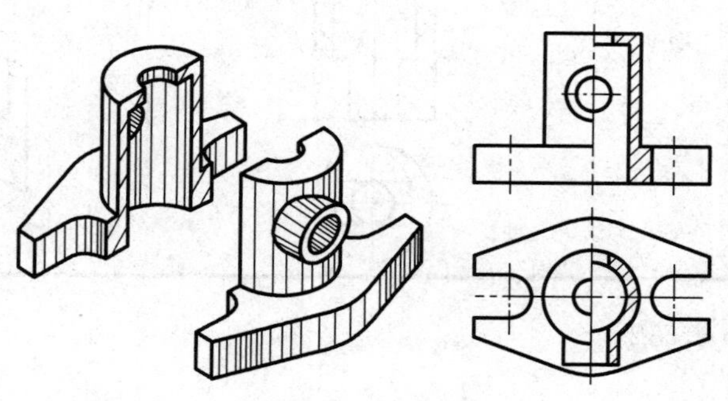

图4-8 半剖视图

3. 局部剖视图

用剖切平面局部地剖开机件所得的剖视图称为局部剖视图，如图 4-9 所示。画局部剖视图应注意以下事项。

(1) 波浪线不能超出图形轮廓线、不能与图形中的其他图线重合，也不要画在其他图线的延长线上。

(2) 波浪线不能穿空而过，如遇到孔、槽等结构时，波浪线必须断开。

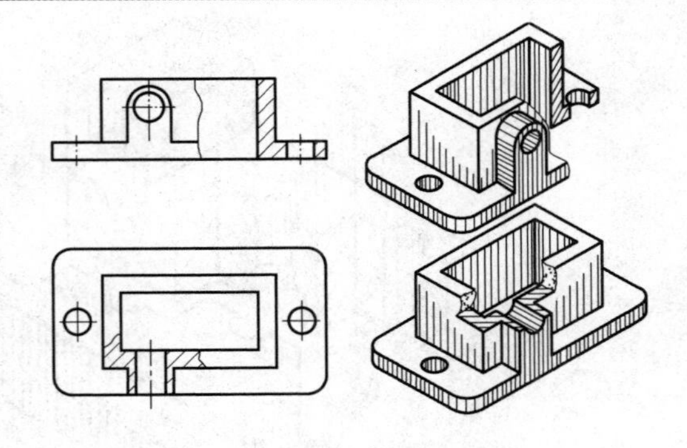

图4-9　局部剖视图

4.2.4　剖切平面的种类

剖切平面的种类分为单一剖切面、几个平行的剖切面、几个相交的剖切面和复合剖。

1. 单一剖切面

(1) 用一个平行于基本投影面的剖切面将机件剖开称为单一剖，如图 4-10 所示的 *A*—*A* 图。

(2) 用不平行于任何基本投影面的剖切面将机件剖开称为斜剖，如图 4-10 所示的 *B*—*B* 图。采用斜剖画剖视图时，可按箭头所指的投射方向画出斜剖视图，在不会引起误解的情况下，可以将图形旋转，但要有标记 *B*—*B*↶ 。

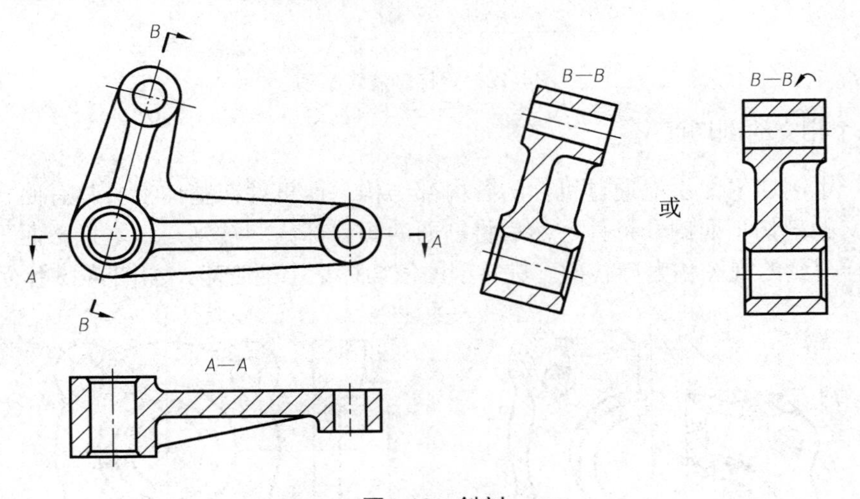

图4-10　斜剖

2. 几个平行的剖切面

用几个平行的剖切平面剖开机件的方法，称为阶梯剖，如图 4-11 所示。为了完全表达机件的内部结构，使其均为可见，剖切平面应采取阶梯剖。

画阶梯剖视图时要注意：不能在各个剖切平面间的分界处画轮廓线，也不能在剖视图中出现不完整要素，如图 4-12 所示。

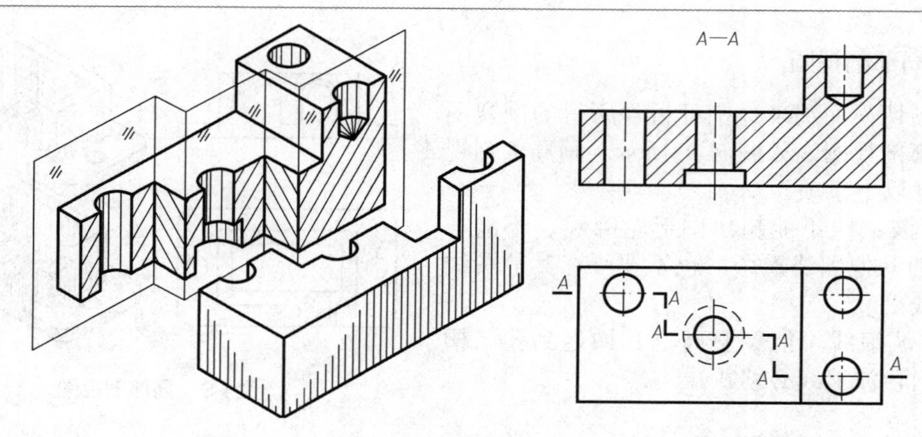

图4-11 阶梯剖

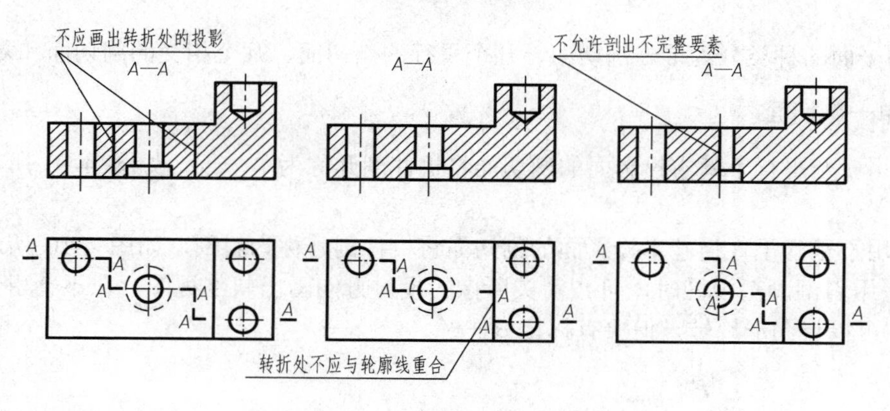

图4-12 阶梯剖注意事项

3. 几个相交的剖切面

当用一个剖切平面不能通过机件的各内部结构，而机件在整体上又具有回转轴时，可用两个相交的剖切平面剖开机件，然后将剖面的倾斜部分旋转到与基本投影面平行并进行投影，这样得到的视图称为旋转剖。旋转剖的剖切标记不能省略，如图4-13所示。

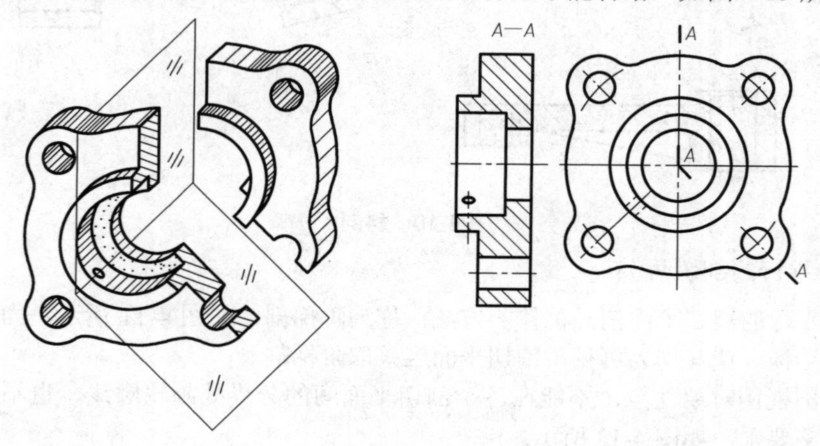

图4-13 旋转剖

剖视图的位置最好按箭头所示方向配置，并与基本视图保持投影关系，也可以平移到其他适当位置，在不会引起误解的情况下，允许将图形旋转。

4. 复合剖

当机件的内部结构形状较多且比较复杂，单用阶梯剖或旋转剖不能表达清楚时，可以用组合的剖切平面剖开机件，这种剖切方法为复合剖，如图 4-14 所示。

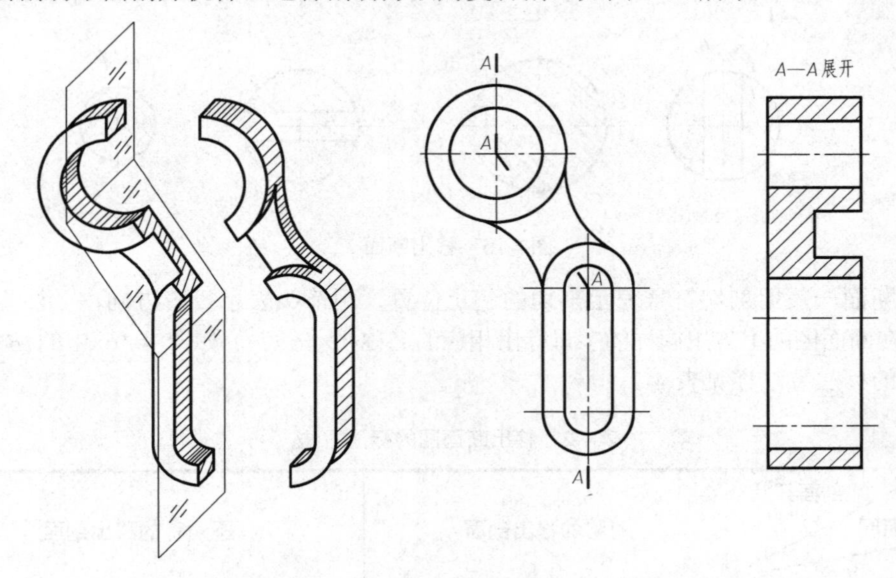

图4-14　复合剖

任务 4.3　断　面　图

假想用剖切平面将机件的某处切断，仅画出断面的图形，这样的图形称为断面图，如图 4-15 所示。

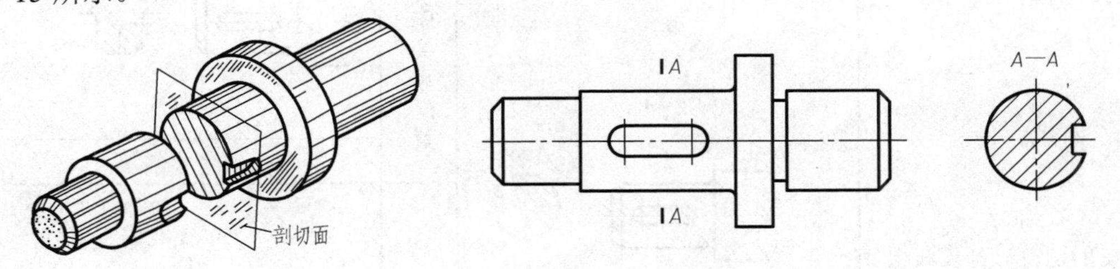

图4-15　断面图

断面图根据不同的配置位置，可分为移出断面和重合断面两种。

4.3.1　移出断面

断面图配置在视图轮廓线之外，称为移出断面。移出断面的轮廓线规定用粗实线绘制，并尽量配置在剖切符号的延长线上，也可画在其他适当位置，如图 4-16 所示。

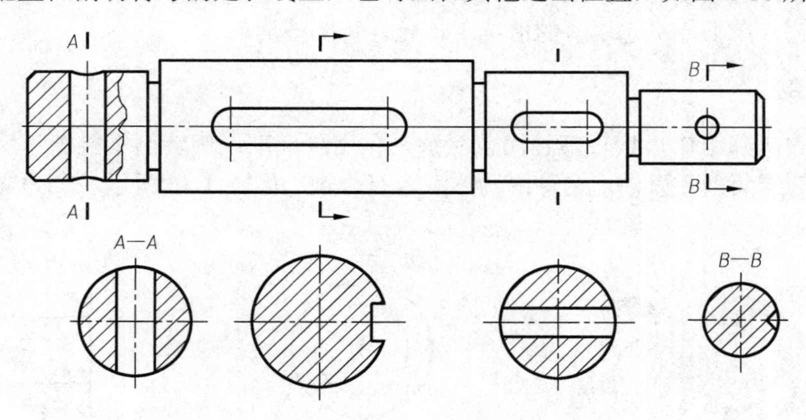

图4-16　移出断面

移出断面一般用剖切符号表示剖切的起止位置，用箭头表示投影方向，并注上大写拉丁字母，在断面图的上方用同样的字母标出相应的名称“×—×”，如图 4-16 中的 *B*—*B*。移出断面图的标注方法详见表 4-2。

表4-2　移出断面图的标注方法

剖面开状 / 剖面图 / 剖面位置	对称的移出剖面	不对称的移出剖面	
在剖切符号延长线上	省略标注箭头、字母		省略字母
不在剖切符号延长线上	省略箭头	按投影关系配置	省略箭头
		不按投影关系配置	标注剖切符号、箭头和字母

作断面图应注意以下几点。

(1) 由两个或多个相交的剖切平面剖切得出的移出断面，中间一般应断开，如图 4-17 所示。

(2) 当剖切平面通过由回转面形成的孔或凹坑的轴线时，断面图形应画成封闭图形，如图 4-16 中的 *A*—*A*、*B*—*B*。

(3) 当剖切平面通过非圆孔，会导致出现完全分离的两个断面时，则这些结构应按剖视绘制，如图 4-16 所示。

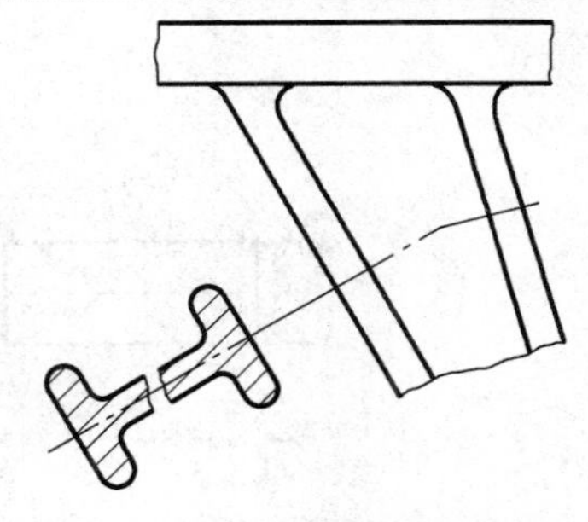

图4-17　断开的断面图

4.3.2　重合断面

断面图形配置在剖切平面迹线处，并与原视图重合，称为重合断面。重合断面图的轮廓线用细实线绘制，当视图中的轮廓线与重合断面的图形重叠时，视图中的轮廓线仍需完整、连续地画出，不可间断，如图 4-18 所示。

配置在剖切符号上的不对称重合断面，应用箭头表示投影方向，如图 4-18(a)所示。对称的重合断面图不必标注，如图 4-18(b)所示。

由于重合断面与原视图重叠，所以，只有在所画断面图形简单，不影响视图清晰情况的前提下才宜采用。

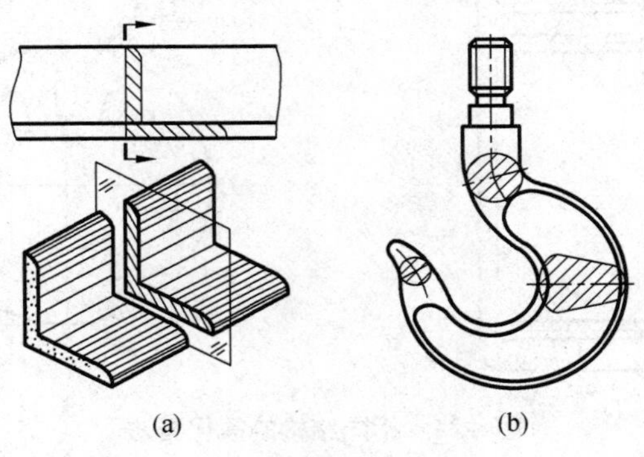

图 4-18　重合断面

任务 4.4　局部放大图和简化画法

4.4.1　局部放大图

将机件的部分结构用大于原图形所用的比例绘出的图形，称为局部放大图。用细实线圈出被放大的部位，当同一机件上有几处需要放大时，必须用罗马数字依次标明被放大的部位，并在局部放大图上标出相应的罗马数字和所采用的比例，如图 4-19 所示。

(1) 若只有一处被放大时，在局部放大图上方只需注明所采用的比例，如图 4-19 所示。

(2) 对于同一机件上不同部位的局部放大图，当图形相同或对称时，只需画出一个，如图 4-20 所示。

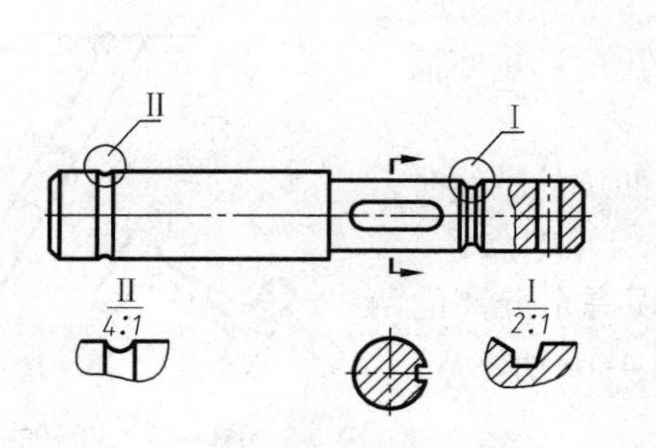

图4-19　局部放大图(一)

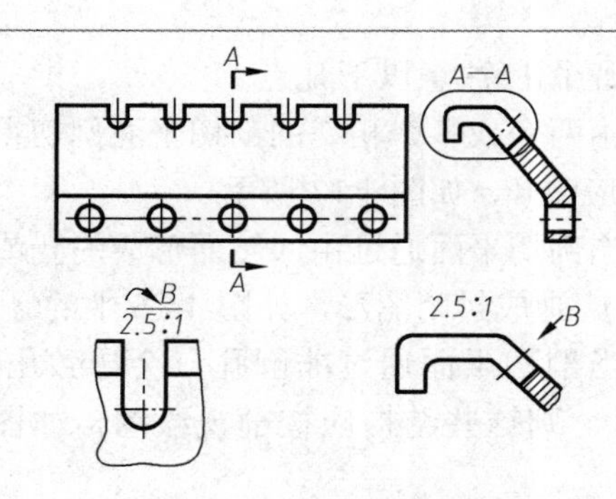

图4-20　局部放大图(二)

4.4.2　简化画法

1) 重复结构要素的简化画法

当机件具有若干形状相同且规律分布的孔、槽等结构时，可以仅画出一个或几个完整的结构，其余用点画线表示其中心位置，并将分布范围用细实线连接，如图 4-21 所示。

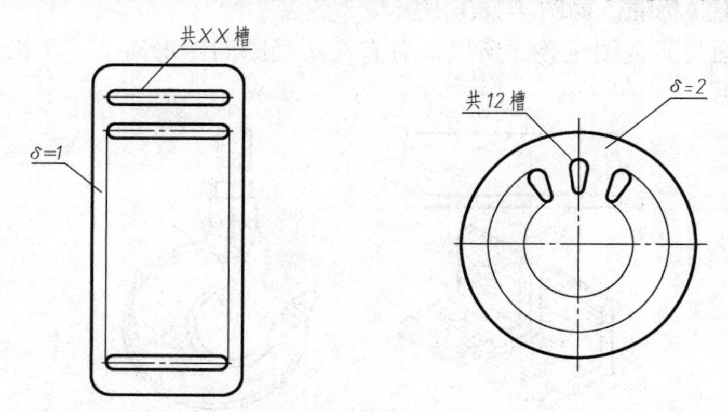

图4-21　相同结构的简化画法

2) 剖视图中的肋、轮辐等结构的简化画法

对于机件的肋、轮辐等，如按纵向剖切，通常按不剖绘制(不画剖面符号)，而用粗实线将其与邻接部分分开，如图 4-22 所示。

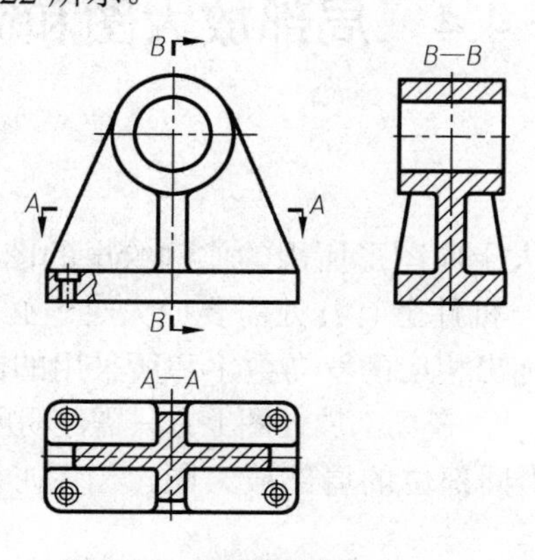

图4-22　肋剖切画法

当机件回转体上均匀分布的肋、轮辐、孔等结构不处于剖切平面上时，可将这些结构旋转到剖切平面上画出，如图 4-23 和图 4-24 所示。

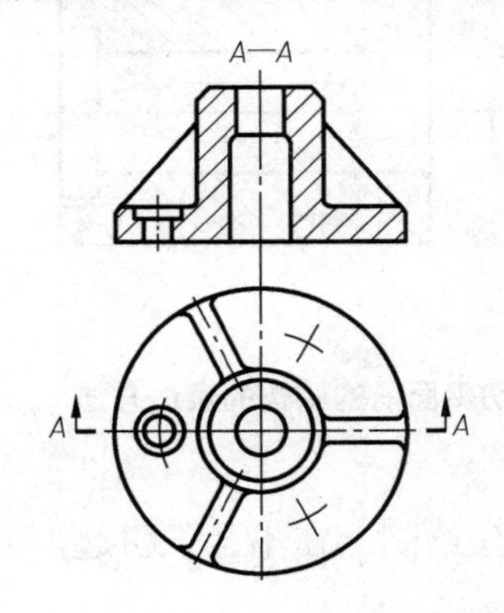

图4-23　均匀分布的肋、孔等结构的简化画法(一)

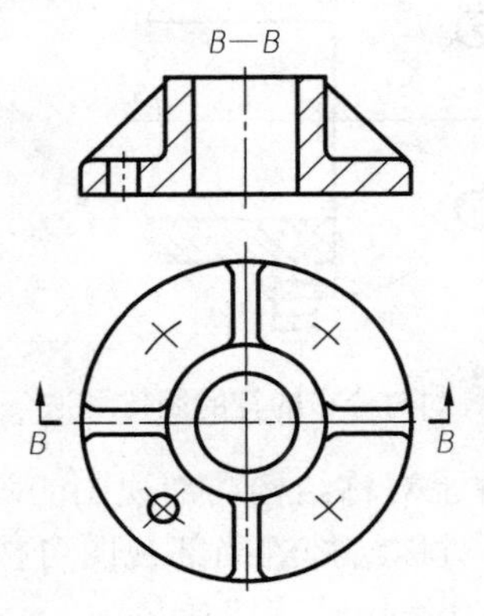

图4-24　均匀分布的肋、孔等结构的简化画法(二)

3) 较长机件的简化画法

当较长的机件，如轴、杆、型材、连杆等，沿长度方向的形状一致或按一定规律变化时，可断开后缩短画出，但要标注实际尺寸，如图 4-25 所示。这种方法称为断裂画法。

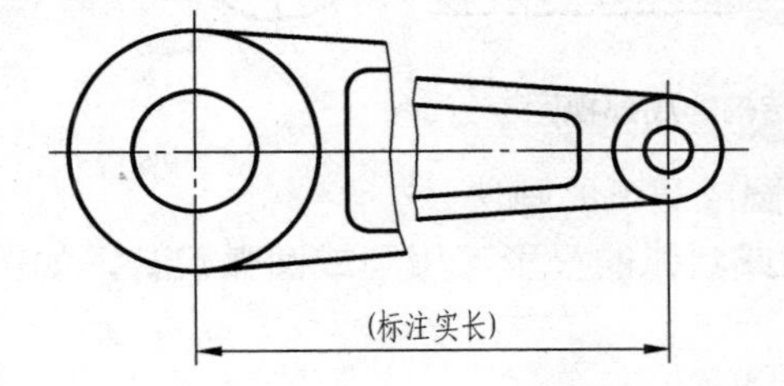

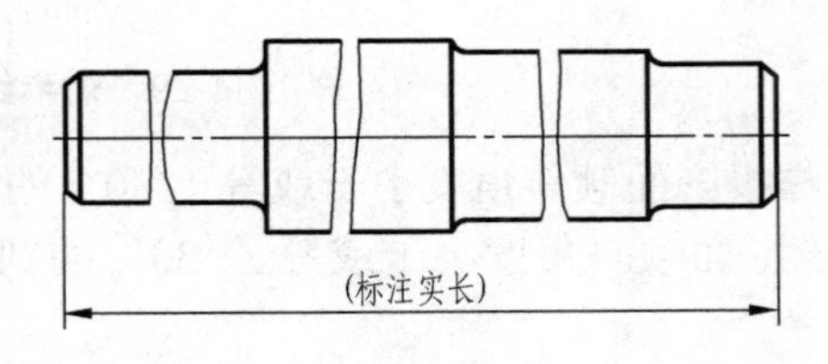

图4-25　较长机件的简化画法

4) 小圆角、小倒角的简化画法

在不至于引起误解时，零件图中的小圆角、锐边的倒角或 45° 小倒角允许省略不画，但必须注明尺寸或在技术要求中加以说明，如图 4-26 所示。

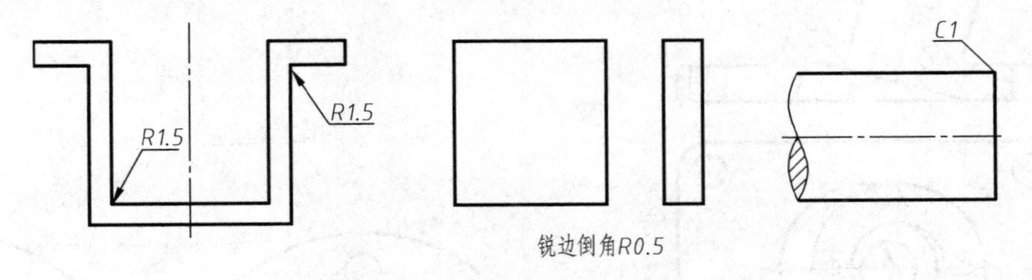

图4-26　小圆角、小倒角的简化画法

5) 圆柱形法兰和类似机件上均匀分布的孔的画法

圆柱形法兰和类似机件上均匀分布的孔可按图 4-27 所示的方法表示。

6) 在需要表示位于剖切平面前的结构时的画法

这些结构用双点画线绘制，如图 4-28 所示。

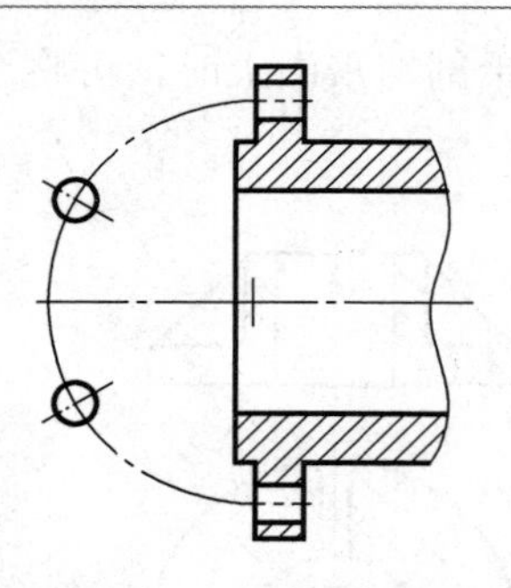

图4-27　均匀分布的孔的简化画法

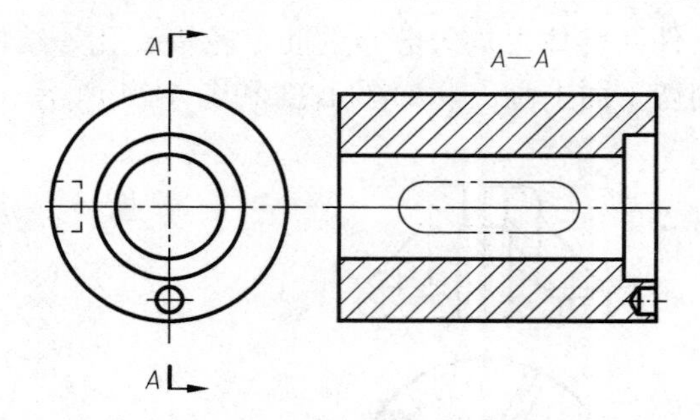

图4-28　剖切平面前的结构的表达方法

7) 零件上对称结构局部视图的画法

零件上对称结构的局部视图可按图 4-29 所示的方法绘制。在不至于引起混淆的情况下，允许将交线用轮廓线代替。

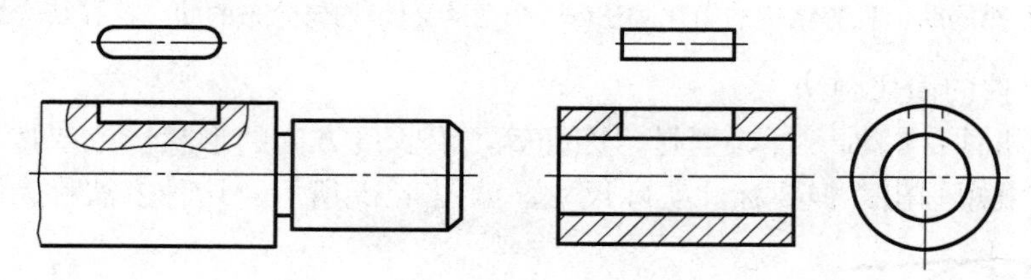

图4-29　对称结构的局部视图

8) 与投影面倾斜角度小于或等于 30° 的圆或圆弧的画法

与投影面倾斜角度小于或等于 30° 的圆或圆弧的投影可用圆或圆弧代替，如图 4-30 所示。

9) 对称机件的画法

对于对称机件的视图可只画一半或 1/4，并在对称中心线的两端画出两条与其垂直的平行细实线，如图 4-31 所示。

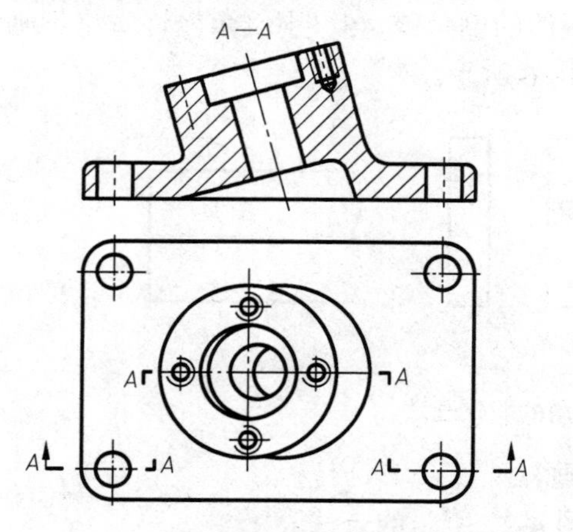

图4-30　倾斜的圆或圆弧的简化画法

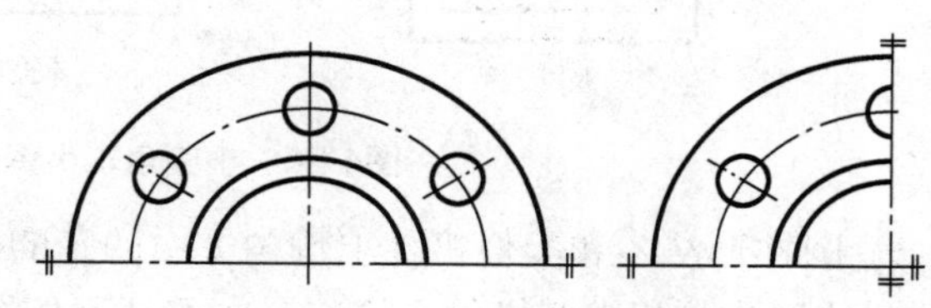

图4-31　对称机件的简化画法

任务 4.5　第三角投影

前面章节介绍过，三个互相垂直的平面将空间分为八个分角，分别称为第 I 角、第 II 角、第III角等，如图 4-32 所示。

4.5.1　第三角投影的形成

第三角投影是将机件置于第III角内，使投影面处于观察者与机件之间而得到正投影的方法，这种画法是把投影面假想成透明的来处理，如图 4-33 所示。

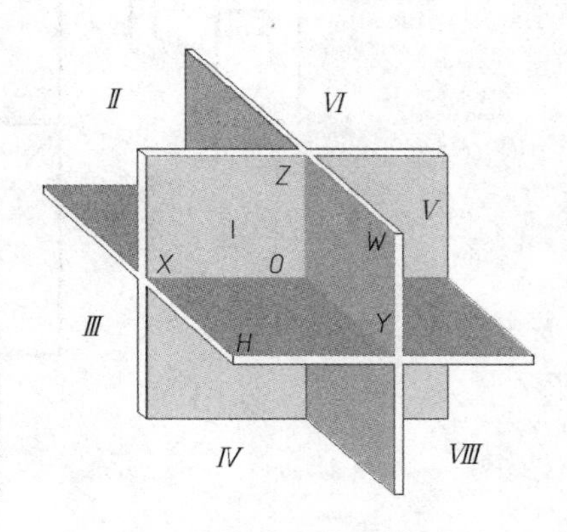

图4-32　空间的八个分角

- 前视图是从机件前方往后看所得到的视图，画在机件前方的投影面上。
- 后视图是从机件后方往前看所得到的视图，画在机件后方的投影面上。
- 顶视图是从机件上方往下看所得到的视图，画在机件上方的投影面上。
- 底视图是从机件下方往上看所得到的视图，画在机件下方的投影面上。
- 左视图是从机件左方往右看所得到的视图，画在机件左方的投影面上。
- 右视图是从机件右方往左看所得到的视图，画在机件右方的投影面上。

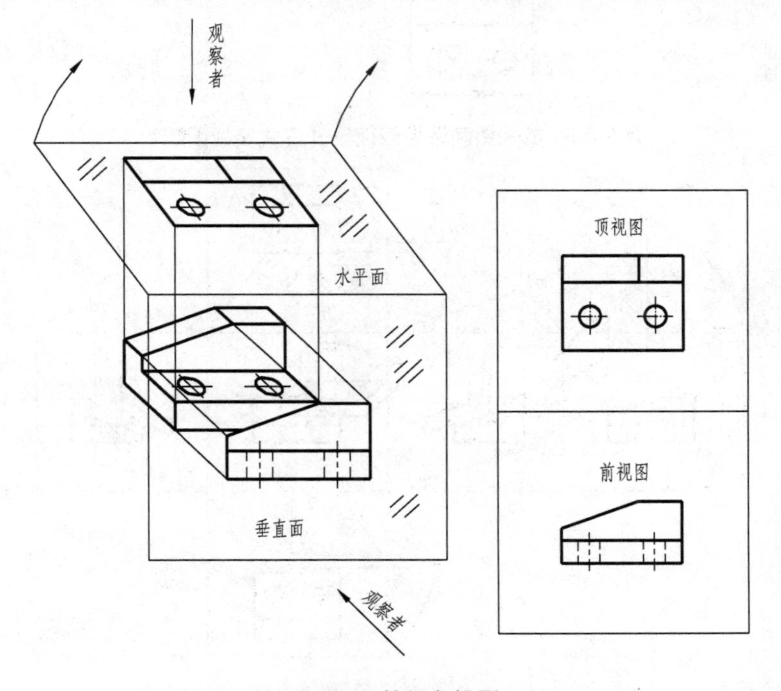

图4-33　第三角投影

第一角画法与第三角画法的投影面展开方式及视图配置分别如图4-34和图4-35所示。

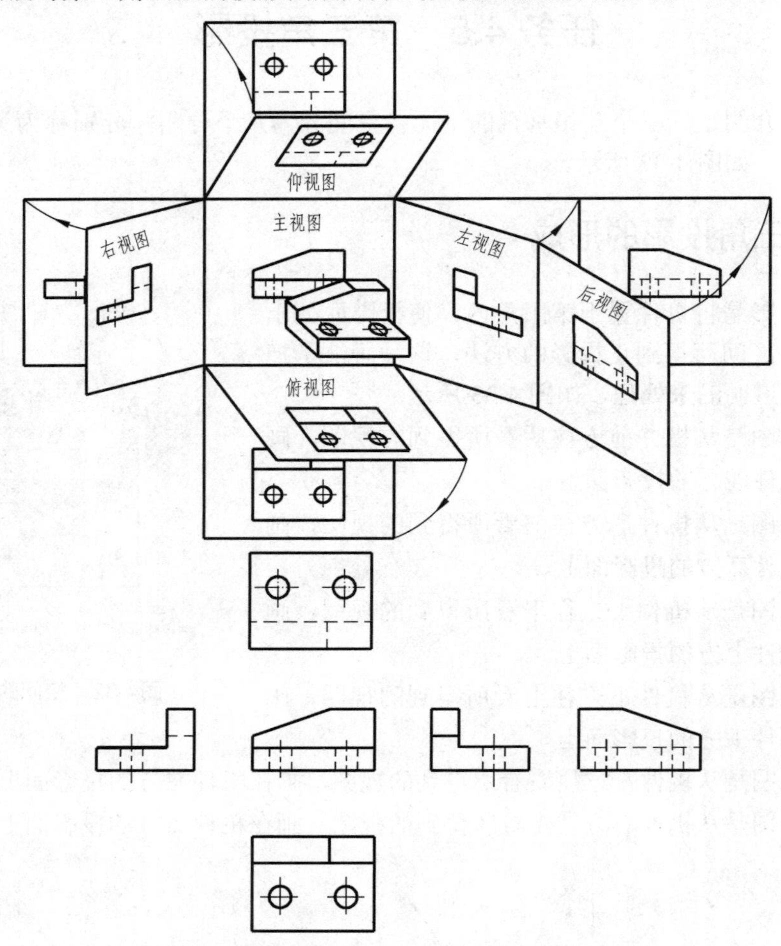

图4-34　第一角画法投影面展开方式及视图配置

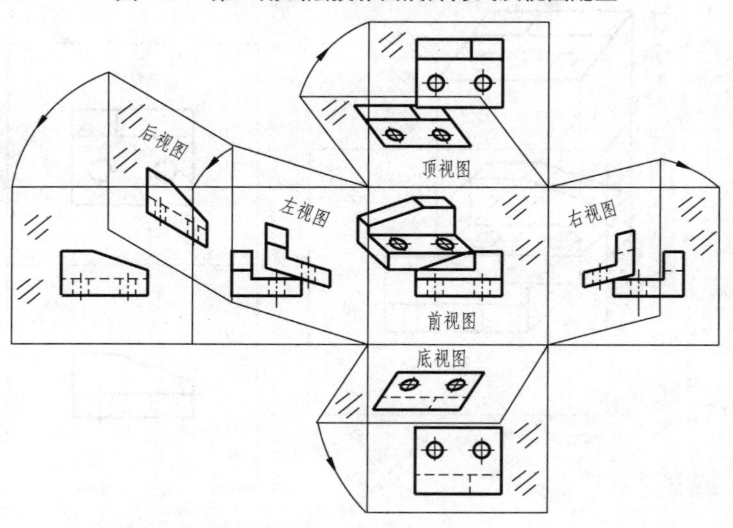

图4-35　第三角画法投影面展开方式及视图配置

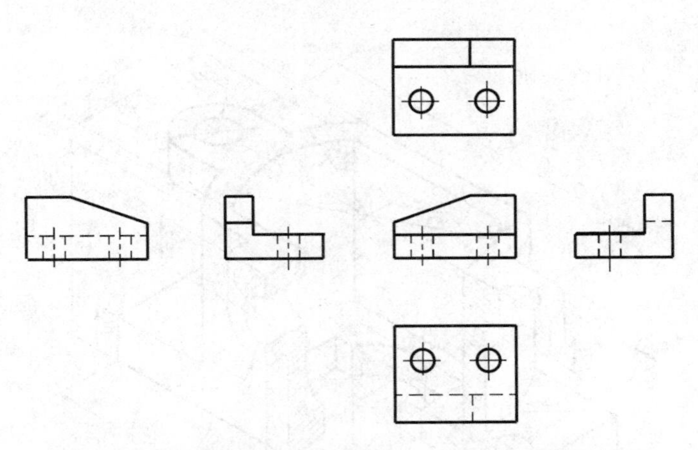

图4-35　第三角画法投影面展开方式及视图配置(续)

4.5.2　第一角画法与第三角画法的投影规律总结

(1) 两种画法都保持“长对正，高平齐，宽相等”的投影规律。

(2) 两种画法的方位关系是：“上下、左右”的方位关系判断法一样。由图 4-34 和图 4-35 可见两种画法的前后方位关系刚好相反。

(3) 根据前面两条规律，可得出两种画法相互转化的规律：主视图(或前视图)不动，将主视图(或前视图)周围上和下、左和右的视图对调位置(包括后视图)，即可将一种画法转化成(或称翻译成)另一种画法。

4.5.3　第一角画法与第三角画法的识别符号

ISO 国际标准中规定，应在标题栏附近画出所采用画法的识别符号，分别如图 4-36 和图 4-37 所示。我国国家标准规定，因我国采用第一角画法，可以省略识别符号。

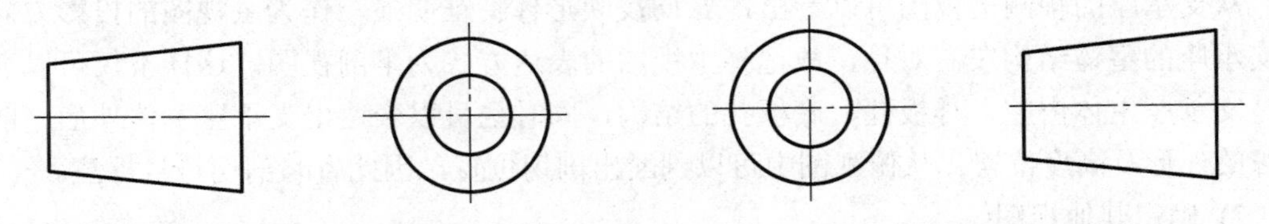

图4-36　第一角画法的识别符号　　图4-37　第三角画法的识别符号

【项目实施】　画支承座的视图

在选择表达机件的图样时，首先应考虑看图方便，并根据机件的结构特点，用较少的图形，把机件的结构形状完整、清晰地表达出来。在这一原则下，还要注意所选用的每个图形，它既要有各图形自身明确的表达内容，又要注意它们之间的相互联系。

下面以图 4-38 所示支承座为例，说明各种表达方法的综合运用。

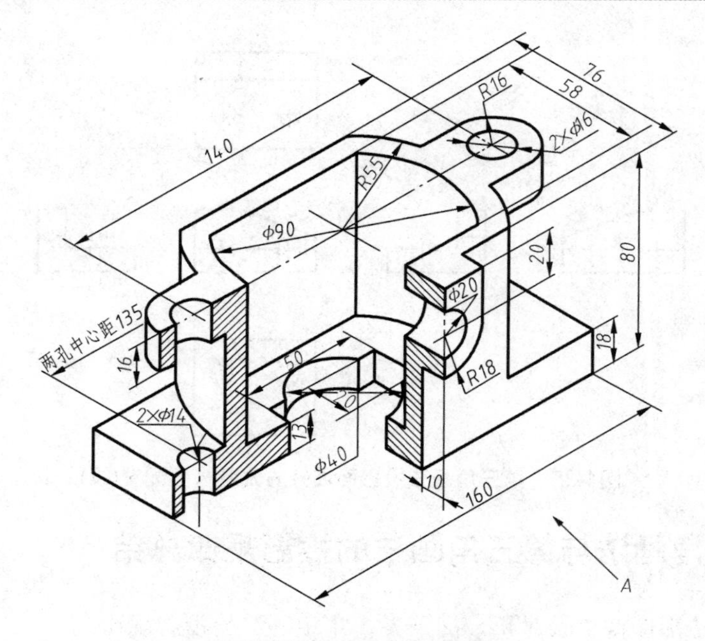

图4-38　支承座的轴测剖视图

1. 形体分析

从支承座的轴测剖视图可知，支承座左右方向结构对称，前后不对称，中间为空腔，有内部结构，底板上有两个安装通孔，中间有不规则孔，上部左右有耳板，耳板上有两个通孔，支承座主体部分前面有凸缘，凸缘内部有水平孔与主体空腔相通，凸缘、耳板上部与支承座主体上部平齐。

2. 支承座表达方案的确定

1) 确定主视图

从支承座的轴测剖视图可以看出，*A* 向反映形体特征明显，作为主视图的投影方向。因支承座的整体结构左右对称，故选择主视图的表达方式为半剖视图，这样不仅可以表达清楚支承座主体内腔、耳板孔、底板孔的结构，同时也可以表达出支承座主体外形、前部凸缘的外形及高度位置；从俯视图中可以判断出剖切位置，因此省略剖切符号标注。

2) 确定其他视图

选择俯视图表达底板的外形，支承座主体的外形及前部凸缘中孔的结构，俯视图采用局部剖的方式。

主俯视图结合了三视图和剖视图的表达特点，完整地表达了支承座的形状，且对内部结构已表达清晰，如图 4-39 所示。

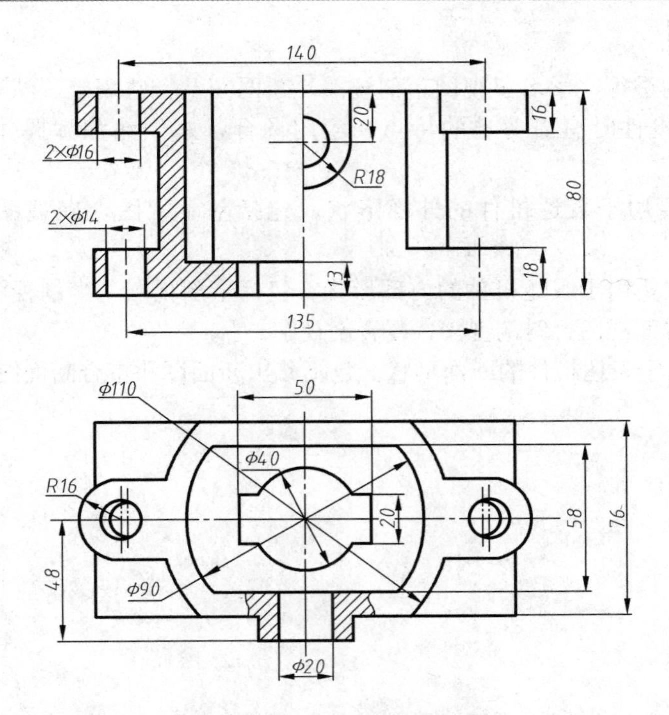

图4-39　支承座的视图

【技能训练】

根据图 4-40 所示底座轴测图，选择合理的表达方法并标注尺寸。

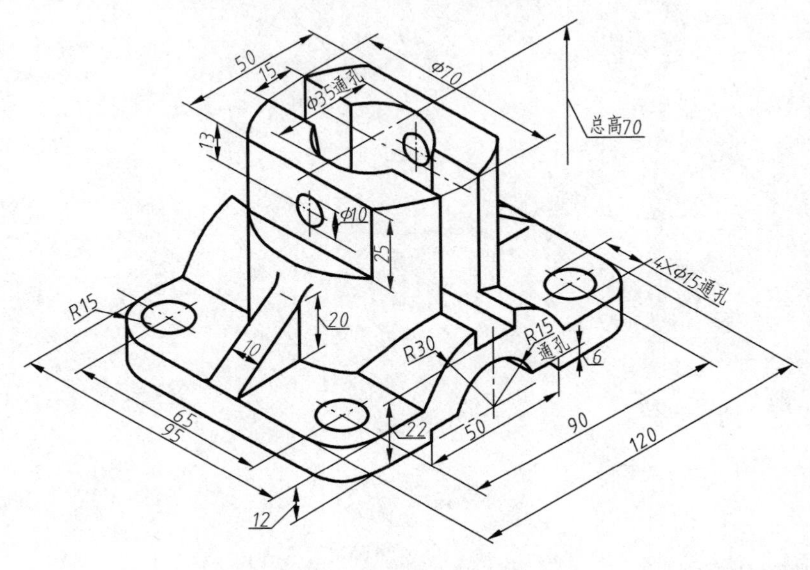

图4-40　底座

【项目小结】

通过本项目的进行，学习了视图、剖视图、断面图及一些规定画法和简化画法，这些表达方法在表达机件时有着各自的特点和应用场合，必须熟练掌握并能灵活运用表达机件。

视图——主要用于表达机件的外部形状，包括基本视图、向视图、局部视图、斜视图。

剖视图——主要用于表达机件的内部形状，包括全剖视图、半剖视图、局部剖视图、阶梯剖视图、旋转剖视图、斜剖视图、复合剖视图。

断面图——用于表达机件的断面形状，包括移出断面图和重合断面图。

项目 5　机械常用标准件的画法

【项目目标】

- 掌握常用螺纹紧固件的规定画法、标记及标注，能够查阅螺纹及螺纹紧固件的标准手册。
- 掌握直齿圆柱齿轮的基本参数与各部分的尺寸关系，能够根据给定参数画出单个齿轮及啮合齿轮。
- 掌握键、销、滚动轴承和弹簧的规定画法及标记，能够查阅相关标准手册并根据需要进行选择。
- 掌握螺栓、螺钉、螺柱连接的比例画法和查表法，能够根据需要选择连接方式，并完成连接装配图。

【基本知识】

- 螺纹。
- 螺纹紧固件及连接形式。
- 齿轮、键销连接、滚动轴承及弹簧。

【任务引入】

在实际生产中，有些零件的应用非常广泛，例如螺栓、螺柱、螺钉、齿轮、键、销、滚动轴承、弹簧等，这些零件统称为标准件和常用件，这些零件的结构、尺寸和标注都已标准化。作图时，标准件和常用件的结构和形状不必按其真实形状画出，而是用国家标准规定的画法、代号或标记来表示。

任务 5.1　螺　纹

5.1.1　螺纹的种类和要素

1. 螺纹的种类

螺纹通常按用途分为连接螺纹和传动螺纹两类。前者起连接作用，应用比较普遍；后者用于传递动力和运动，常用于千斤顶及机床操纵等的传动机构中。普通螺纹和管螺纹属于连接螺纹，梯形螺纹和锯齿形螺纹属于传动螺纹。

2. 螺纹的各部分名称及要素

螺纹的结构和尺寸是由牙型、直径(大径、中径、小径)、螺距和导程、线数、旋向等要素确定的，通常称为螺纹五要素。只有这五要素都相同的外螺纹和内螺纹才能相互旋合。

1) 牙型

在通过螺纹轴线的剖面上，螺纹的轮廓形状称为螺纹牙型。它由牙顶、牙底和两牙侧构成，并形成一定的牙型角。常见的螺纹牙型有三角形、梯形、锯齿形和矩形等多种，如图 5-1 所示。

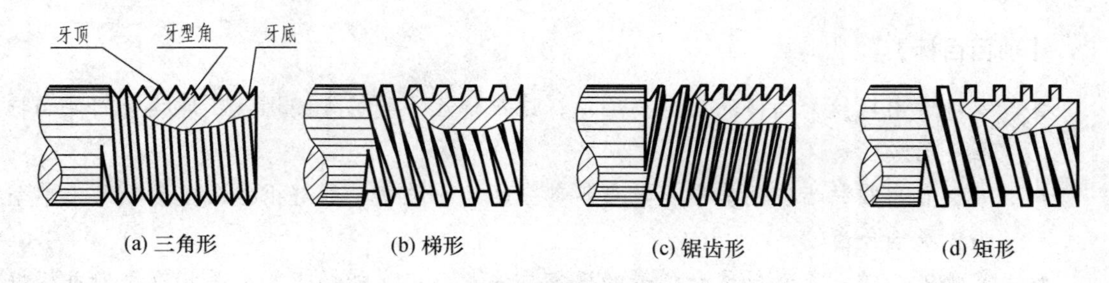

图5-1　螺纹的牙型

2) 大径、小径和中径

大径(d、D)是指与外螺纹的牙顶或内螺纹的牙底相切的假想圆柱或圆锥的直径。内螺纹的大径用大写字母 D 表示，外螺纹的大径用小写字母 d 表示。

小径(d_1、D_1)是指与外螺纹的牙底或内螺纹的牙顶相切的假想圆柱或圆锥的直径。内螺纹的小径用 D_1 表示，外螺纹的小径用 d_1 表示。

中径(d_2、D_2)是指一个假想的圆柱或圆锥直径，该圆柱或圆锥的母线通过牙型上沟槽和凸起宽度相等的地方。

公称直径：代表螺纹尺寸的直径，指螺纹大径的基本尺寸。

各参数如图 5-2 所示。

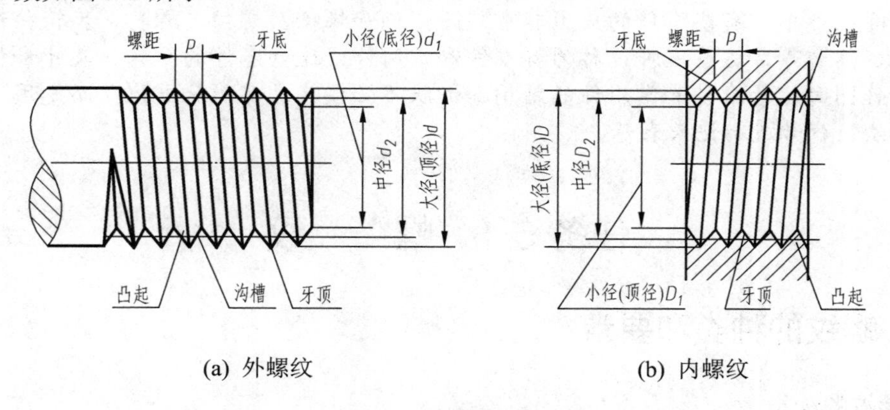

图5-2　螺纹的直径

3) 线数

形成螺纹的螺旋线条数称为线数，线数用字母 n 表示。沿一条螺旋线所形成的螺纹称为单线螺纹；沿两条或两条以上，且在轴向等距分布的螺旋线所形成的螺纹称为多线螺纹，如图 5-3 所示。

4) 导程与螺距

同一条螺旋线上的相邻两牙在中径线上对应两点间的轴向距离称为导程，以 S 来表示。相邻两牙在中径线上对应两点间的轴向距离称为螺距，用 P 来表示。导程与螺距之间

的关系为 $S = nP$，如图 5-3 所示。

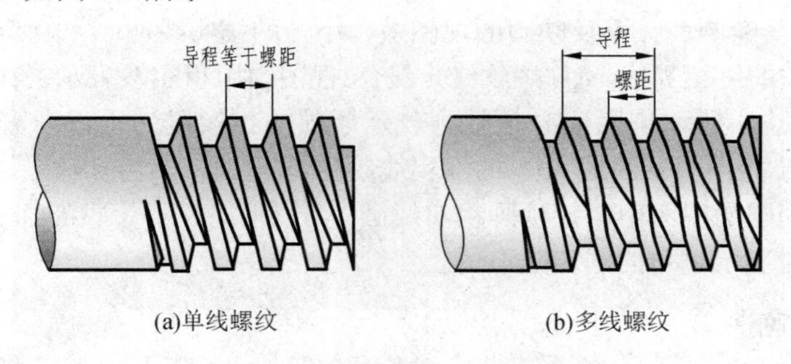

图5-3　螺纹的线数、导程与螺距

5) 旋向

螺纹的旋合方向称为旋向，分左旋和右旋两种。螺纹的可见部分右高左低者称右旋螺纹，左高右低者称左旋螺纹，如图 5-4 所示。

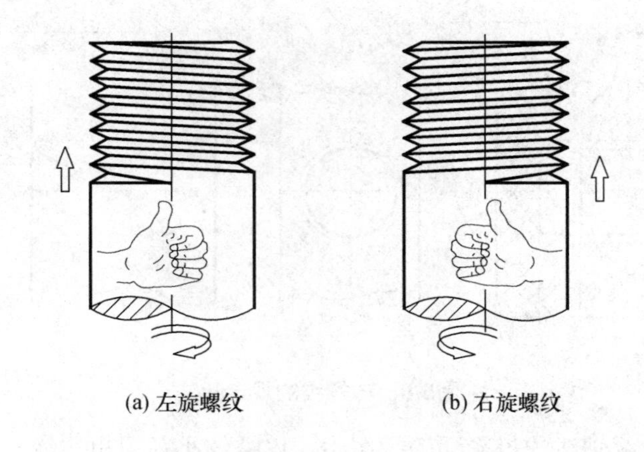

图5-4　螺纹的旋向

5.1.2　螺纹的规定画法

1. 外螺纹的画法

外螺纹的规定画法如图 5-5 所示。

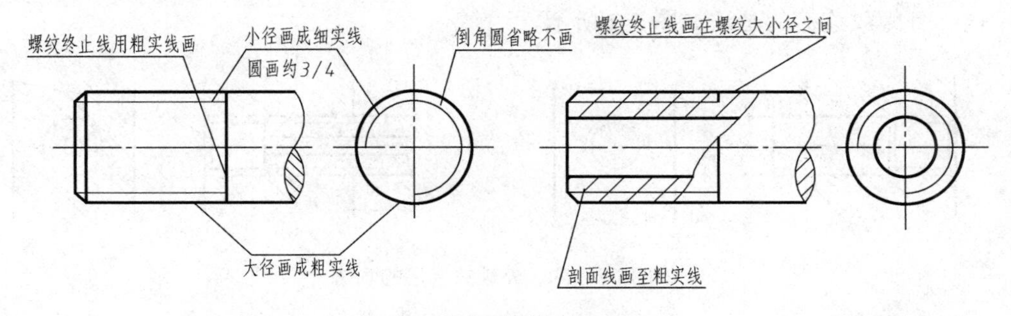

图5-5　外螺纹的规定画法

(1) 外螺纹不论其牙型如何，螺纹的牙顶用粗实线表示；牙底用细实线表示；螺纹小径按大径的0.85倍绘制。在不反映圆的视图中，小径的细实线应画入倒角内。

(2) 完整螺纹的终止界线(简称螺纹终止线)在视图中用粗实线表示；在剖视图中则只画螺纹牙型高度的一小段，剖面线必须画到表示牙顶的粗实线为止。当需要表示螺纹收尾时，螺纹尾部的小径用与轴线成30° 的细实线绘制。

(3) 在投影为圆的视图中，牙顶画粗实线圆(大径圆)；表示牙底的细实线圆(小径圆)只画约3/4圈；此时表示倒角的圆省略不画。

2. 内螺纹的画法

内螺纹的规定画法如图5-6所示。

(1) 内螺纹通常采用剖视图表达，在平行螺纹孔轴线的剖视图或断面图中，内螺纹小径用粗实线表示，大径用细实线表示(小径近似画成大径的85%)，螺纹终止线用粗实线表示，剖面线必须画到小径的粗实线处。

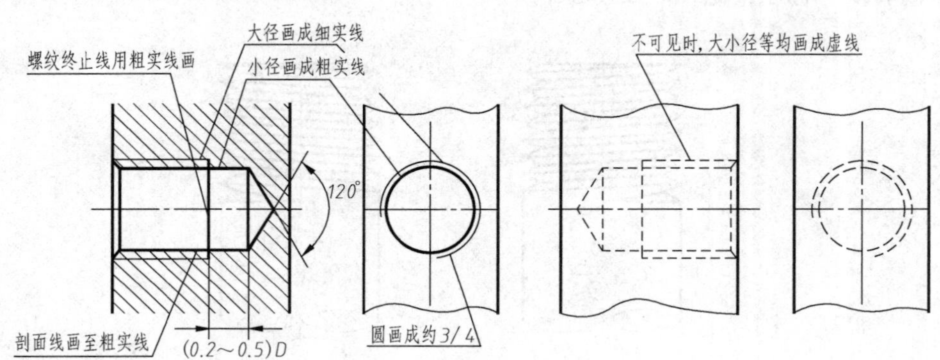

图5-6　内螺纹的规定画法

(2) 在垂直于螺纹轴线的投影面的视图中，内螺纹小径用粗实线圆表示，大径用约3/4圈的细实线圆表示(空出约1/4的位置不作规定)，倒角圆的投影省略不画。

(3) 不可见内螺纹的所有图线(轴线除外)均用虚线绘制。

(4) 绘制不穿透螺纹孔时，一般应分别画出钻孔深度与螺纹孔深度，底部的锥顶角画成120° 。钻孔深度应比螺孔深度大(0.2～0.5)D。

3. 内、外螺纹连接的画法

内、外螺纹连接的画法如图5-7所示。

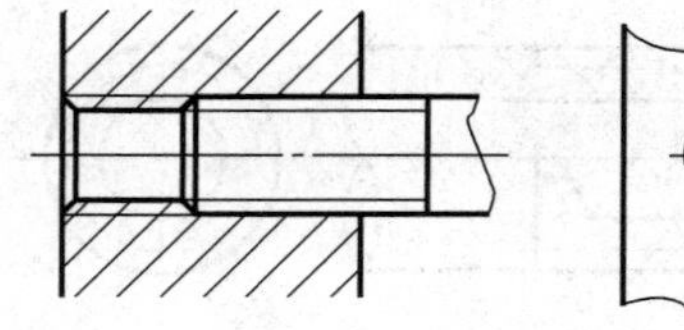
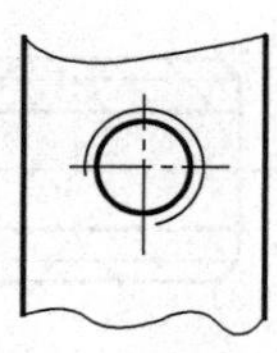
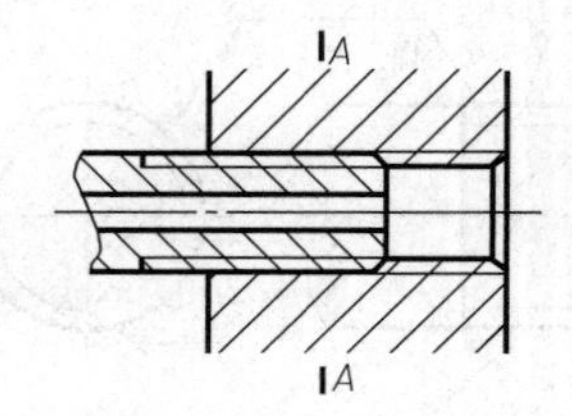

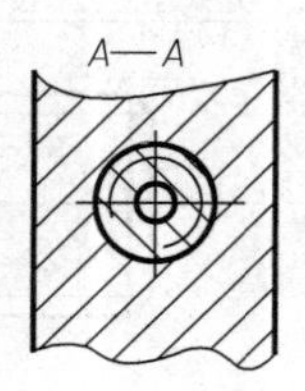

图5-7　内、外螺纹连接的画法

(1) 在剖视图中表示内、外螺纹连接时，其旋合部分应按外螺纹绘制，其余部分仍按各自的画法表示。

(2) 表示外螺纹牙顶的粗实线、牙底的细实线必须分别与表示内螺纹牙底的细实线、牙顶的粗实线对齐。这与倒角大小无关，它表明内、外螺纹具有相同的大径和相同的小径。画螺纹连接图时，内、外螺纹的大、小径应分别对齐。

(3) 在剖切平面通过螺纹轴线的剖视图中，实心螺杆按不剖绘制。

5.1.3　螺纹的标记及标注

各种螺纹的标注方法和示例如下。

1. 普通螺纹的标注

普通螺纹的完整标记是用尺寸标注形式标注在内、外螺纹的大径上，其标注的格式如下：

[牙型符号] [公称直径]×[螺距(导程/线数)] [旋向]-[中径公差带代号]
[顶径公差带代号]-[旋合长度代号]

(1) 螺纹代号。普通螺纹的牙型代号用“M”表示，其直径、螺距可查表得知。粗牙普通螺纹的螺纹代号用牙型符号 M 和公称直径(大径)表示(不标注螺距)，如 M12；细牙普通螺纹用牙型符号 M 和公称直径×螺距(多线螺纹用“导程/线数”)表示，例如 M12×1；右旋螺纹为常用螺纹，不标注旋向；左旋螺纹需在尺寸规格之后加注“左”或“LH”，例如 M12×1 左。公称直径、导程和螺距数值的单位为 mm。

(2) 螺纹公差带代号。普通螺纹的公差带代号由两部分组成，即中径和顶径(即外螺纹大径或内螺纹小径)的公差带代号。当中径和顶径的公差带代号相同时，则只标注一个(小写字母代表外螺纹，大写字母代表内螺纹)。

例如：M12-6H　　　　　6H——中径和顶径公差带代号相同
　　　M12×1-5g6g　　　5g——中径公差带代号，6g——顶径公差带代号

在内、外螺纹连接图上标注时，其公差带代号应用斜线分开，左边表示内螺纹公差带代号，右边表示外螺纹公差带代号，例如 M12-6H/6g。

(3) 旋合长度代号。普通螺纹的旋合长度分为短、中和长三种，其代号分别用 S、N 和 L 表示。在标记中代号 N 省略不注。

例如：M12×1LH–5g6g–S

其中：M——螺纹代号(普通螺纹)；
　12——公称直径 12mm；
　1 ——螺距 1mm(细牙螺纹标螺距，粗牙螺纹不标)；
　LH——旋向左旋(右旋不标注)；
　5g——中径公差带代号(5g)；
　6g——顶径公差带代号(6g)；
　S——旋合长度代号(短旋合长度)。

图 5-8 所示为普通螺纹标注示例。

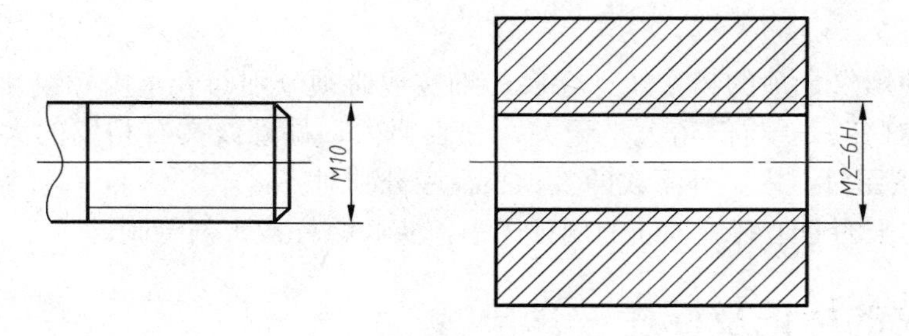

图5-8　普通螺纹标注示例

2. 传动螺纹的标注

传动螺纹主要指梯形螺纹和锯齿形螺纹，其尺寸标注形式由螺纹代号、公差带代号及旋合长度代号组成，注在内、外螺纹的大径上。其标注格式如下：

[牙型符号] [公称直径]×[导程(P 螺距)] [旋向] – [中径公差带代号] – [旋合长度代号]

(1) 梯形螺纹的牙型符号为“Tr”，符合 GB/T 13576.1—1992 标准的锯齿形(3°、30°)螺纹，其牙型符号用“B”表示。多线螺纹标注导程与螺距，单线螺纹只标注螺距。右旋螺纹不标注代号，左旋螺纹标注字母“LH”。

(2) 传动螺纹只标注中径公差带代号。

(3) 旋合长度只标注“S”(短)、“L”(长)，中等旋合长度代号“N”省略标注。

例如：Tr36×6(P3)LH–7e–L 为梯形螺纹的完整标记。内、外螺纹旋合时，标记如 Tr36×7–7H/7e。

图 5-9 所示为传动螺纹标注示例。

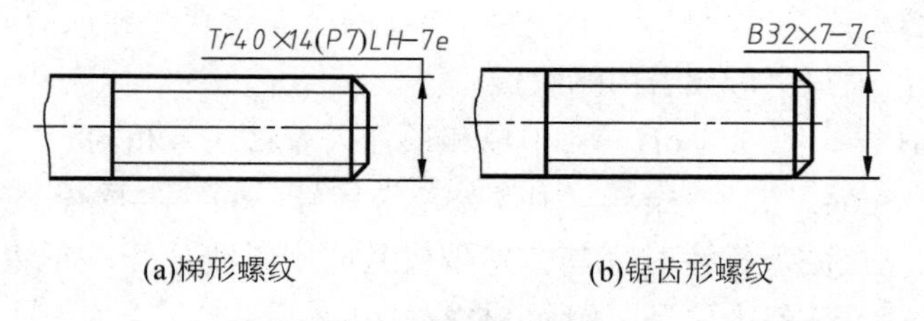

(a)梯形螺纹　　(b)锯齿形螺纹

图5-9　传动螺纹标注示例

3. 管螺纹的标注

常用的管螺纹分为螺纹密封的管螺纹和非螺纹密封的管螺纹。管螺纹的牙型为等腰三角形，牙型角为 55°，管螺纹的标记必须标注在大径的引出线上。管螺纹的公称尺寸为管子的孔径，单位为英寸。

管螺纹标注的格式如下。

螺纹密封管螺纹代号：[螺纹特征代号] [尺寸代号]×[旋向代号]

非螺纹密封管螺纹代号：[螺纹特征代号] [尺寸代号] [公差等级代号] – [旋向代号]

(1) 螺纹特征代号。

用螺纹密封的管螺纹特征代号：
- 圆锥外螺纹——R
- 圆锥内螺纹——R_C
- 圆柱管螺纹——R_P

非螺纹密封的圆柱管螺纹特征代号——G。

(2) 尺寸代号。标注在螺纹特征代号之后，如 $R_P3/8$、R_C、G1/2 等。

(3) 公差等级代号。只对非螺纹密封的外管螺纹标注公差等级代号，分为 A、B 两个精度等级，在尺寸代号后注明；对内螺纹不标注公差等级代号，如 G1$\frac{1}{2}$A、G1$\frac{1}{2}$B、G1$\frac{1}{2}$等。

图 5-10 所示为管螺纹标注示例。

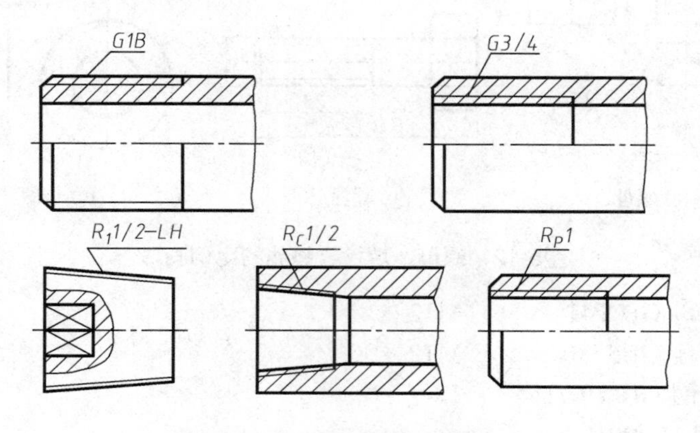

图5-10　管螺纹的标注

任务 5.2　螺纹紧固件及其连接形式

螺纹紧固件连接的基本形式有螺栓连接、双头螺柱连接和螺钉连接三种，如图 5-11 所示。

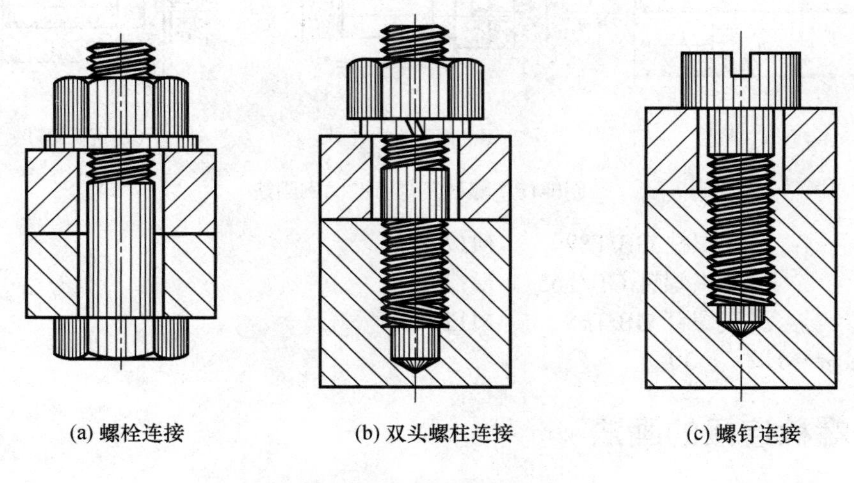

(a) 螺栓连接　(b) 双头螺柱连接　(c) 螺钉连接

图5-11　螺纹紧固件连接

5.2.1 常用螺纹紧固件的简化标记

1. 螺栓、螺母及垫圈的比例画法

根据螺纹的公称直径(d、D)，按与其近似的比例关系计算出各部分尺寸后作图。此法作图方便，常用于画连接图。图 5-12 所示为常用的螺母、螺栓和垫圈的比例画法，图中注明了比例关系。

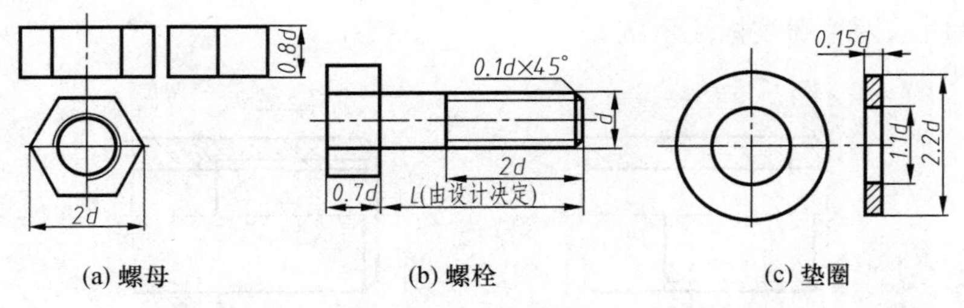

图5-12　螺母、螺栓、垫圈的比例画法

标记示例：螺母 GB/T41　　M12

螺栓 GB5780　　M12×90

垫圈 GB/T97.1　　12

其中：d=M12，L=90

2. 螺柱及螺钉的比例画法

图 5-13(a)所示为双头螺柱的比例画法，图 5-13(b)所示为开槽圆柱头螺钉的比例画法，图 5-13(c)所示为沉头螺钉的比例画法。

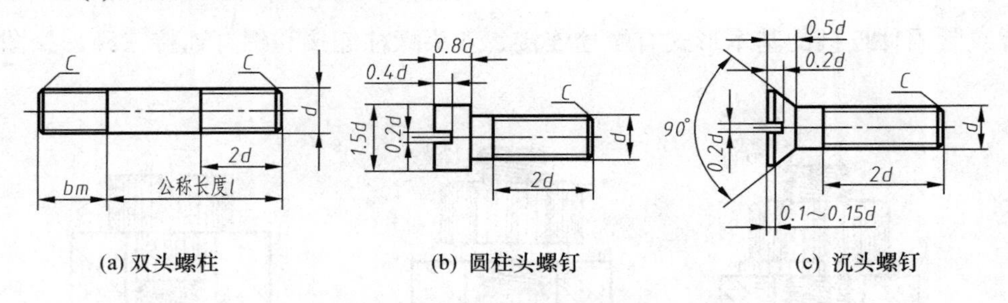

图5-13　螺柱及螺钉的比例画法

标记示例：双头螺柱 GB/T899　　M12×30

圆柱头螺钉 GB/T65　　M12×30

沉头螺钉 GB/T68　　M12×30

其中：d=M12，l=30

5.2.2 螺栓连接的画法

画螺栓连接图时，通常可按其各部分尺寸与螺栓大径 d 的比例关系，采用近似画法绘制。螺栓的有效长度 l 为

$$l \approx \delta_1+\delta_2+h+m+a$$

式中：δ_1、δ_2——被连接零件厚度；

h——垫圈厚度；

m——螺母厚度；

a——螺栓旋出长度。

其各部分的比例关系如表 5-1 所示。

表5-1　螺栓连接图中各部分的比例关系

参数	a	d_1	b	k	m	e	h	d_2	D_0	c
尺寸比例	$0.3d$	$0.85d$	$2d$	$0.7d$	$0.8d$	$2d$	$0.15d$	$2.2d$	$1.1d$	$0.1d$

螺栓连接示意图如图 5-14 所示。

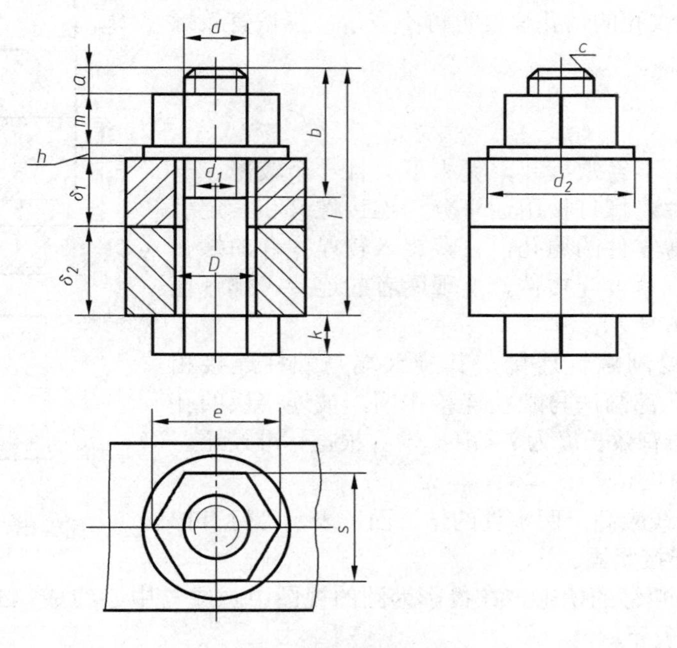

图5-14　螺栓连接

5.2.3　螺柱、螺钉连接

1. 螺柱连接

当两个被连接件中有一个较厚或不允许钻成通孔时，不适合用螺栓连接，常用双头螺柱连接。连接件有双头螺柱、螺母和垫圈。双头螺柱两端均加工有螺纹，连接时，旋入较厚零件的螺孔中的一端称为旋入端，穿过较薄零件的通孔，套上垫圈，再用螺母拧紧的一端称为紧固端，如图 5-15 所示。在较薄的零件上加工成通孔，孔径取 1.1d，而在较厚的零件上制出不穿通的内螺纹，钻头头部形成的锥顶角为 120°，在拆卸时只需拧出螺母，取下垫圈，而不必拧出螺柱，因此采用这种连接不会损坏被连接件上的螺纹孔。

用近似画法绘制双头螺柱连接时应注意以下几点。

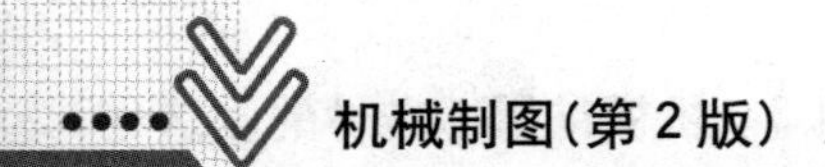

(1) 为了保证连接牢固，旋入端应全部旋入螺孔，即旋入端的螺纹终止线应与两个被连接件的结合面平齐。

(2) 旋入端的长度 b_m 要根据被旋入零件的材料而定，被旋入端的材料为钢或青铜时，$b_m = d$；被旋入端的材料为铸铁时，b_m=(1.25～1.5) d；被连接件为铝等较软材料时，取 $b_m = 2d$。

(3) 旋入端的螺孔深度取 b_m+0.5d，钻孔深度取 b_m+d。

(4) 双头螺柱的有效长度应按下式估算：

$$L \approx \delta + S + m + a$$

式中：δ——零件厚度；

S——垫圈厚度；

m——螺母厚度；

a = (0.3～0.4) d——螺柱旋出长度，然后选取与估算值相近的标准长度值作为 L 值。

(5) 不穿通螺纹孔的钻孔深度也可不表示，仅按有效螺纹部分的深度画出。

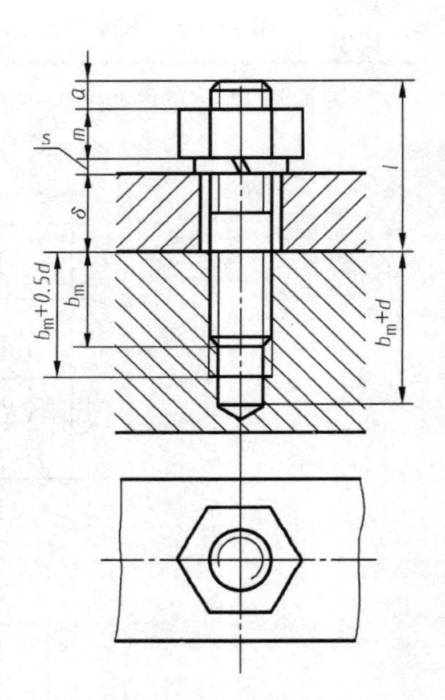

图5-15　M16螺柱连接图

2. 螺钉连接

螺钉连接用于不经常拆卸，受力不大且一个较薄、一个较厚的两个零件。螺钉按用途可分为连接螺钉和紧定螺钉。螺钉穿过较薄零件的通孔，直接旋入较厚零件的螺孔内，靠螺钉头部压紧被连接件，实现两者的连接。螺钉连接的画法如图 5-16 所示。

用比例画法绘制螺钉连接，其旋入端与螺柱连接相同，被连接板的孔部画法与螺栓连接相同，被连接板的孔径取 1.1d，螺钉的有效长度为 $l = \delta + b_m$，并根据标准校正。画图时注意以下两点。

(1) 螺纹终止线应高于两零件的结合面，表示螺钉有拧紧余地，以保证连接紧固。

(2) 对于带槽螺钉的槽部，在投影为圆的视图中画成与中心线成 45°；当槽宽小于 2mm 时，可涂黑表示。

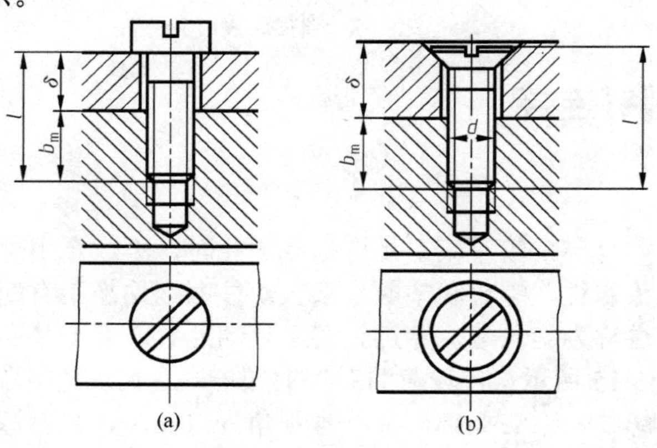

图5-16　螺钉连接图

画螺纹紧固件的装配图时，应遵守下列规定。

(1) 两零件的接触面只画一条粗实线；不接触的表面，不论间隙多小都必须画成两条线。

(2) 在剖视图中，相邻两个零件的剖面线方向应相反，但同一零件在各剖视图中，剖面线的倾斜角度、方向和间隔应相同。

(3) 当剖切平面通过紧固件的轴线时，均按不剖绘制。

任务5.3 齿 轮

齿轮是广泛应用于各种机械传动的一种常用件，用以传递动力和运动，并具有改变转速和转向的作用。依据两啮合齿轮轴线在空间的相对位置不同，常见的齿轮传动可分为三种形式：圆柱齿轮传动(用于两平行轴之间的传动)、圆锥齿轮传动(用于两相交轴之间的传动)和蜗杆蜗轮传动(用于两交错轴之间的传动)，如图5-17所示。

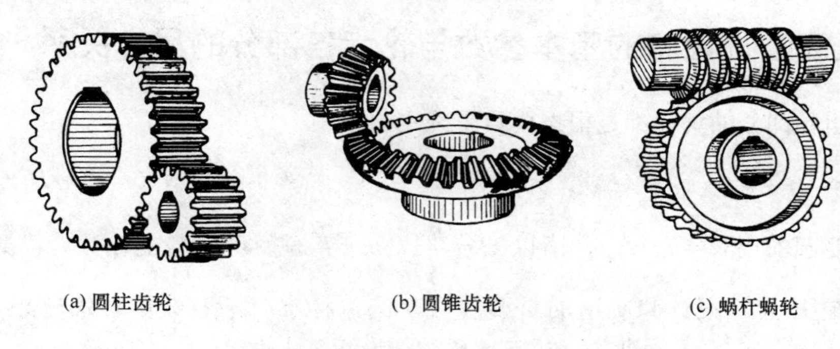

(a) 圆柱齿轮　(b) 圆锥齿轮　(c) 蜗杆蜗轮

图5-17 齿轮传动形式

5.3.1 直齿圆柱齿轮各部分的名称及代号

直齿圆柱齿轮各部分的名称如图5-18所示。

- 齿数：齿轮上轮齿的个数，以 z 表示。
- 齿顶圆：通过齿轮顶端的圆，其直径用 d_a 表示。
- 齿根圆：通过齿轮根部的圆，其直径用 d_f 表示。
- 齿厚：在分度圆上，一个齿的两侧对应齿廓之间的弧长，用 s 表示。
- 槽宽：在分度圆上，一个齿槽的两侧相应齿廓之间的弧长，用 e 表示。
- 分度圆：是一个假想的圆，在该圆上齿厚 s 与槽宽 e 相等，其直径用 d 表示。
- 齿顶高：齿顶圆与分度圆之间的径向距离，用 h_a 表示。
- 齿根高：齿根圆与分度圆之间的径向距离，用 h_f 表示。
- 齿高：齿顶圆与齿根圆之间的径向距离，用 h 表示，$h=h_a+h_f$。
- 齿距：在分度圆上相邻两齿同侧齿廓的弧长，用 p 表示，$p=s+e$。
- 压力角：相互啮合的一对齿轮，其受力方向(齿廓曲线的公法线方向)与运动方向之间所夹的锐角，用 α 表示。同一齿廓的不同点上的压力角是不同的，在分度圆上的压力角，称为标准压力角。国家标准规定，标准压力角为 20°。

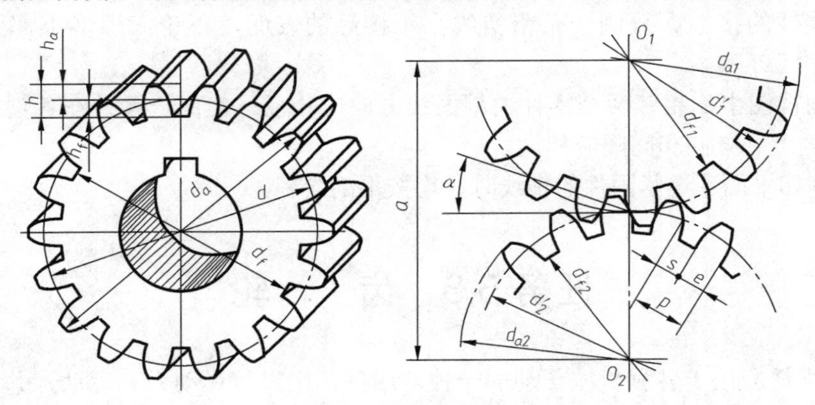

图5-18　直齿圆柱齿轮各部分的名称和代号

- 中心距：两圆柱齿轮轴线之间的距离，用 a 表示。

5.3.2　直齿圆柱齿轮的基本参数与轮齿各部分的尺寸关系

齿轮轮齿各部分的尺寸都是根据模数来确定的。

1. 模数

由于分度圆的周长 $=\pi d=zp$，所以 $d=\dfrac{p}{\pi}z$，$m=\dfrac{p}{\pi}$ 就称为齿轮的模数。模数是以 mm 为单位的，它是齿轮设计和制造的重要参数。国家标准《渐开线圆柱齿轮模数》(GB/T 1357—1987)对模数规定了标准值。齿轮的模数如表 5-2 所示。

表5-2　标准模数(摘自GB/T 1357—1987)

圆柱齿轮	第一系列	1，1.25，1.5，2，2.5，3，4，5，6，8，10，12，16，20，25，32，40
	第二系列	1.75，2.25，2.75，(3.25)，3.5，(3.75)，4.5，5.5，(6.5)，7，9，(12)，14，18，22

注：选用圆柱齿轮模数时，应优先选用第一系列，其次选第二系列，括号内的模数尽可能不用。

2. 模数与轮齿各部分的尺寸关系

标准直齿圆柱齿轮上轮齿各部分的尺寸，可根据模数和齿数来确定，其计算公式如表 5-3 所示。

表5-3　标准直齿圆柱齿轮各基本尺寸的关系

名称及代号	计算公式
齿距 p	$p=\pi m$
齿顶高 h_a	$h_a=m$
齿根高 h_f	$h_f=1.25m$
齿高 h	$h=2.25m$

续表

名称及代号	计算公式
分度圆直径 d	$d = mz$
齿顶圆直径 d_a	$d_a = m(z + 2)$
齿根圆直径 d_f	$d_f = m(z-2.5)$
中心距 a	$a = m(z_1 + z_2)/2$

5.3.3　直齿圆柱齿轮的规定画法

1. 单个齿轮的画法

齿轮的轮齿部分按国家标准《机械制图　齿轮表示法》(GB/T 4459.2—2003)的规定绘制。除轮齿部分外，其余轮体结构均应按真实投影绘制。轮体的结构和尺寸，由设计要求确定。

齿轮属于轮盘类零件，其表达方法与一般轮盘类零件相同，通常将轴线水平放置，可选用两个视图，或一个视图和一个局部视图，其中的非圆视图可作半剖视或全剖视。

(1) 齿顶圆和齿顶线用粗实线绘制，分度圆和分度线用细点画线绘制，齿根圆和齿根线用细实线绘制，也可省略不画，齿根线在剖开时用粗实线绘制，如图 5-19(a)所示。

(2) 在剖视图中，当剖切平面通过齿轮的轴线时，轮齿一律按不剖处理，齿根线画成粗实线，如图 5-19(b)所示。

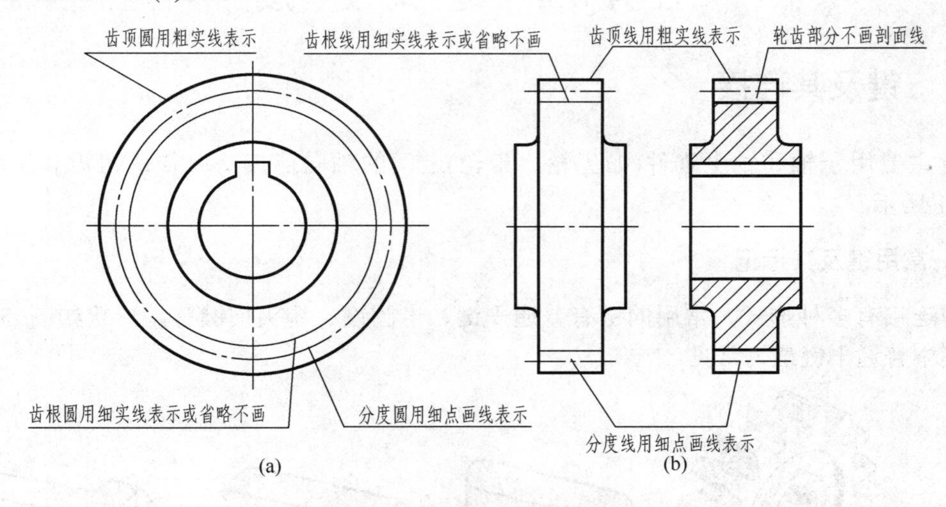

图5-19　单个齿轮的规定画法

2. 两齿轮啮合的画法

两齿轮啮合时，除啮合区外，其余部分均按单个齿轮绘制。

一对齿轮的啮合图，一般可以采用两个视图表达，如图 5-20 所示。

(1) 在垂直于圆柱齿轮轴线投影的视图中，两分度圆应相切，啮合区的齿顶圆均用粗实线绘制，如图 5-20(a)所示，也可采用省略画法，如图 5-20(b)所示。

(2) 在剖视图中，当剖切平面通过两啮合齿轮的轴线时，在啮合区内，将一个齿轮的轮齿用粗实线绘制，另一个齿轮的轮齿被遮挡的部分用虚线绘制，如图 5-20(a)所示，虚线也可省略不画。

(3) 在平行于圆柱齿轮轴线投影面的外形视图中，啮合区内的齿顶线不需要画出，节线用粗实线绘制，其他处的节线用点划线绘制，如图 5-20(c)所示。

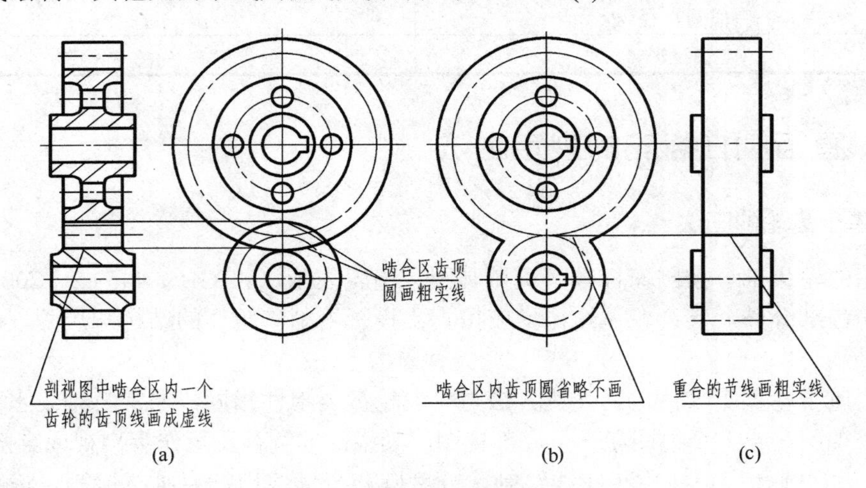

图5-20　齿轮啮合的规定画法

任务 5.4　键 销 连 接

5.4.1　键及其连接

键主要用于轴和轴上零件(如齿轮、带轮)之间的轴向连接，以传递扭矩和运动，如图 5-21 所示。

1. 常用键及其标记

键连接有多种形式，常用的键有普通平键、半圆键、钩头楔键等，形状如图 5-22 所示，其中普通平键最为常见。

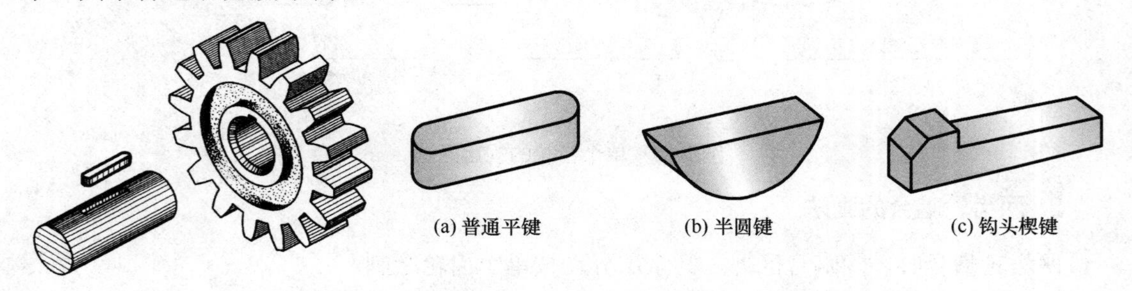

图5-21　键连接

图5-22　键

普通平键根据其头部结构的不同可以分为圆头普通平键(A 型)、平头普通平键(B 型)和单圆头普通平键(C 型)三种，如图 5-23 所示。

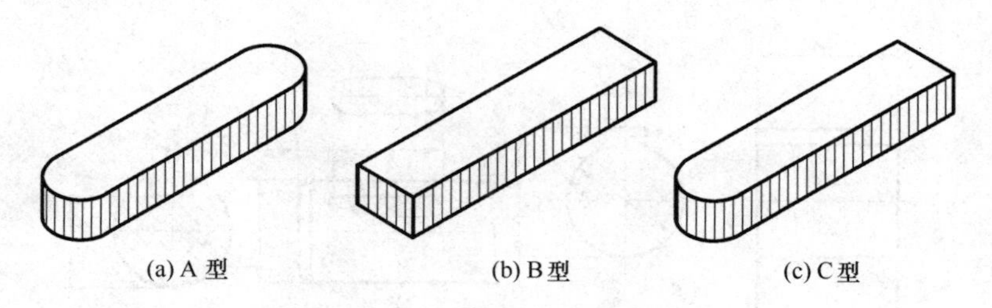

(a) A 型　　(b) B 型　　(c) C 型

图5-23　普通平键的类型

普通平键的标记格式和内容如下：

标准编号　名称类型　键宽×键高×键长

其中，A 型可省略类型代号。例如：宽度 b =18mm，高度 h =11mm，长度 L =100mm 的圆头普通平键(A 型)，其标记是“键 18×100　GB 1096—2003”。

表 5-4 列出了这几种键的标准编号、画法及其标记示例。

表5-4　常用键的图例和标记

名称及标准编号	图　例	标记示例	说　明
普通平键 GB/T 1096—2003	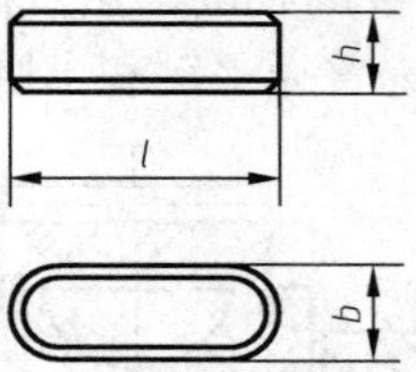	GB/T 1096—2003 键 18×100	圆头普通平键 键宽 b=18，h=11，键长 L=100
半圆键 GB/T 1099.1—2003	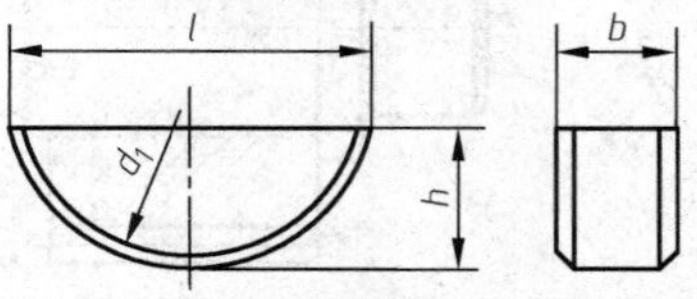	GB/T 1099.1—2003 键 6×25	半圆键键宽 b=6，直径 d=25
钩头楔键 GB/T 1565—2003	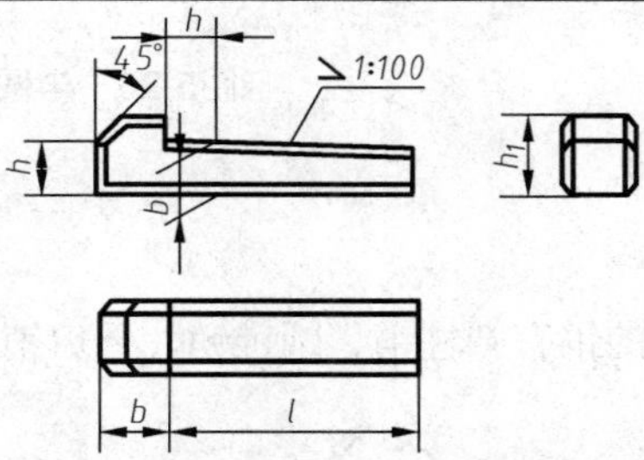	GB/T 1565—2003 键 18×100	钩头楔键 键宽 b=18，h=8，键长 L=100

2. 键槽的画法和尺寸标注

键槽的画法和尺寸标注如图 5-24 所示。

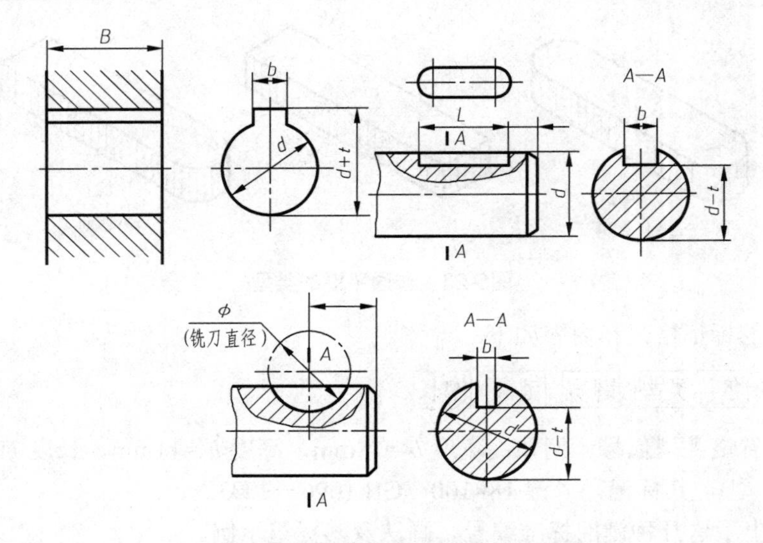

图5-24　键槽的画法和尺寸标注

3. 键连接的画法

设计时，首先应确定轴的直径、键的类型、键的长度，然后根据轴的直径 d 查阅标准选择键，确定键槽尺寸。图 5-25 和图 5-26 所示为普通平键和半圆键连接的画法。

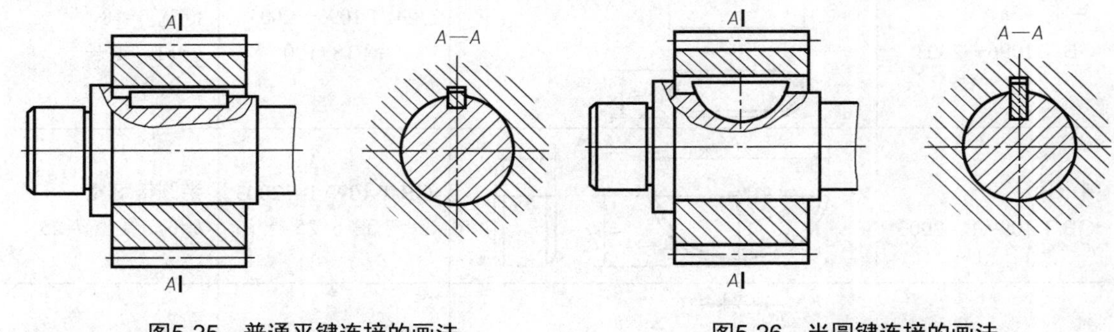

图5-25　普通平键连接的画法　　　　图5-26　半圆键连接的画法

5.4.2　销及其连接

销主要用于零件之间的定位。常用的销有圆柱销、圆锥销、开口销等，如图 5-27 所示。

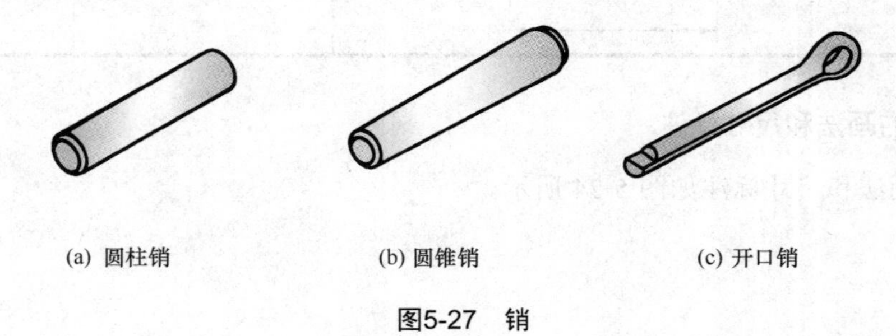

(a) 圆柱销　　(b) 圆锥销　　(c) 开口销

图5-27　销

表 5-5 列出了常用的几种销的标准代号、形式和标记示例。

表5-5　销的画法和标记示例

名　称	圆柱销	圆锥销	开口销
结构及规格尺寸			
简化标记示例	销 GB/T 119.2　5 × 20	销 GB/T 117　6 × 24	销 GB/T 91　5 × 30
说明	公称直径 $d = 5$mm，长度 $l = 20$mm，公差为 m6，材料为钢，普通淬火(A 型)，表面氧化的圆柱销	公称直径 $d = 6$mm，长度 $l = 24$mm，材料为 35 钢，热处理硬度为 28～38HRC，表面氧化处理的 A 型圆锥销	公称直径 $d = 5$mm，长度 $l = 30$mm，材料为 Q215 或 Q235，不经表面处理的开口销

图 5-28 所示为常用三种销的连接画法，当剖切平面通过销的轴线时，销作不剖处理。

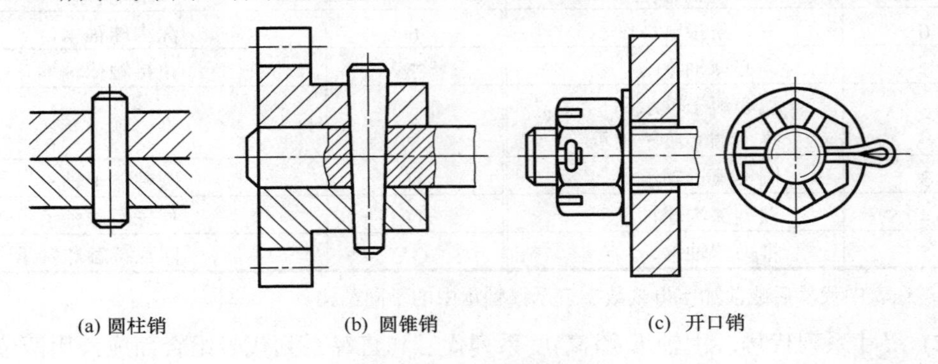

(a) 圆柱销　　(b) 圆锥销　　(c) 开口销

图5-28　销连接的画法

任务 5.5　滚动轴承、弹簧

滚动轴承是支撑旋转轴并承受轴上载荷的标准组件，主要由内圈、外圈、滚动体和保持架等部分组成。滚动轴承按所承受的载荷方向不同可分为向心轴承(主要承受径向载荷)、推力轴承(只承受轴向载荷)和向心推力轴承(即承受径向载荷，又承受轴向载荷)三种，如图 5-29 所示。

(a) 向心轴承

(b) 推力轴承

(c) 向心推力轴承

图5-29　滚动轴承

5.5.1 滚动轴承的代号

滚动轴承代号是用字母加数字表示滚动轴承的结构、尺寸、公差等级、技术性能等特征的产品符号。

滚动轴承的代号由基本代号、前置代号和后置代号三部分组成，排列顺序如下：

前置代号　基本代号　后置代号

1. 基本代号

滚动轴承的基本代号由轴承类型代号、尺寸系列代号和内径代号三部分构成。

(1) 类型代号：由数字或字母表示，如表5-6所示。

表5-6　轴承类型代号

代　号	轴承类型	代　号	轴承类型
0	双列角接触球轴承	6	深沟球轴承
1	调心球轴承	7	角接触球轴承
2	调心滚子轴承和推力调心滚子轴承	8	推力轴承
3	圆锥滚子轴承	N	圆柱滚子轴承
4	双列深沟球轴承	U	外球面球轴承
5	推力球轴承	QJ	四点接触球轴承

注：在表中代号后或前加字母或数字表示该轴承中的不同结构。

(2) 尺寸系列代号：由轴承宽(高)度系列代号和直径系列代号组合而成，用两位数字表示；其中左边一位数字为宽度系列代号，右边一位数字为直径系列代号。向心轴承、推力轴承尺寸系列代号如表5-7所示。

表5-7　滚动轴承尺寸系列代号

直径系列代号	向心轴承									推力轴承		
	宽度系列代号									宽度系列代号		
	8	0	1	2	3	4	5	6	7	9	1	2
	尺寸系列代号											
7	—	—	17	—	37	—	—	—	—	—	—	—
8	—	08	18	28	38	48	58	68	—	—	—	—
9	—	09	19	29	39	49	59	69	—	—	—	—
0	—	00	10	20	30	40	50	60	70	90	10	—
1	—	01	11	21	31	41	51	61	71	91	11	—
2	82	02	12	22	32	42	52	62	72	92	12	22
3	83	03	13	23	33	43	53	63	73	93	13	23
4	—	04	—	24	—	—	—	—	74	94	14	24
5	—	—	—	—	—	—	—	—	—	95	—	—

(3) 内径代号：用数字表示轴承的公称内径，如表 5-8 所示。

表5-8　滚动轴承内径代号

轴承公称内径(d)/mm		内径代号
0.6～10(非整数)		用公称内径毫米数直接表示，其与尺寸系列代号之间用“/”分开
1～9(整数)		用公称内径毫米数直接表示，对深沟球轴承及角接触轴承 7、8、9 直径系列，内径与尺寸系列代号之间用“/”分开
10～17	10	00
	12	01
	15	02
	17	03
20～480 (22、28、32 除外)		公称内径除以 5 的商数，商数为个位数，需要在商数左边加“0”，如 08
≥500 以及 22、28、32		用尺寸内径毫米数直接表示，但在与尺寸系列代号之间用“/”分开

例如，基本代号示例：

① 轴承

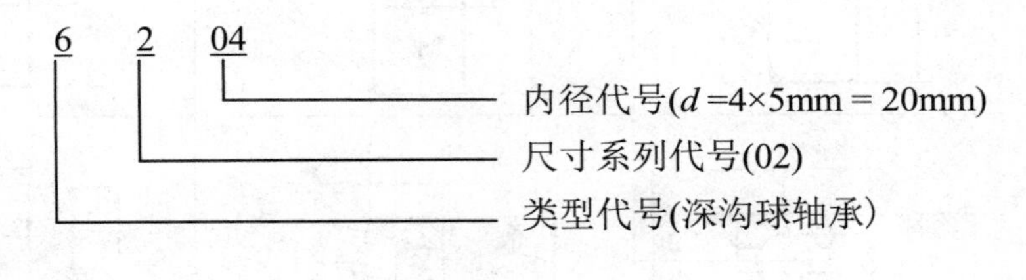

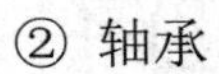
② 轴承

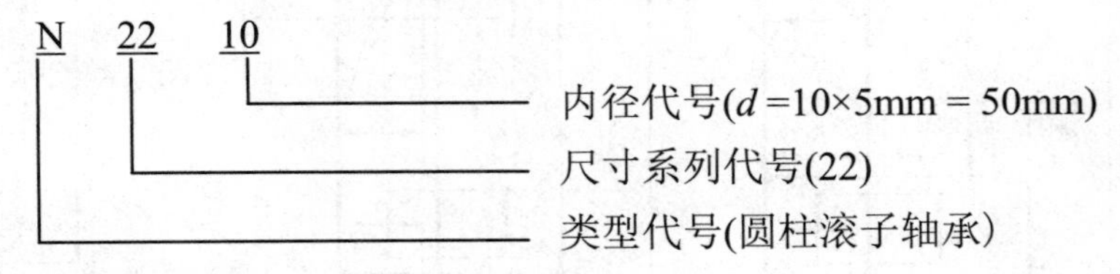

2. 前置、后置代号

前置和后置代号是轴承在结构形式、尺寸、公差和技术要求等有改变时，在其基本代号前后添加的补充代号。

(1) 前置代号。前置代号用字母表示。

如：前置代号 L——表示可分离轴承的可分离内圈，示例 LNU207。

WS——表示推力圆柱滚子轴承轴圈，示例 WS1107。

(2) 后置代号。后置代号用字母(或加数字)表示。

如：

6205-2Z/P6

- P6：表示公差等级符合标准规定的 P6 级
- 2Z：表示轴承两面带防尘盖

22308/P63

- P63：表示轴承公差等级为 P6 级，径向游隙 3 组

5.5.2 滚动轴承的画法

滚动轴承是标准组件，一般不单独绘出零件图，国标规定在装配图中采用简化画法和规定画法来表示，其中简化画法又分为通用画法和特征画法两种，如表 5-9 所示。

表5-9 常用滚动轴承的画法

种 类	深沟球轴承	圆锥滚子轴承	推力球轴承
已知条件	D、d、B	D、d、B、T、C	D、d、T
特征画法	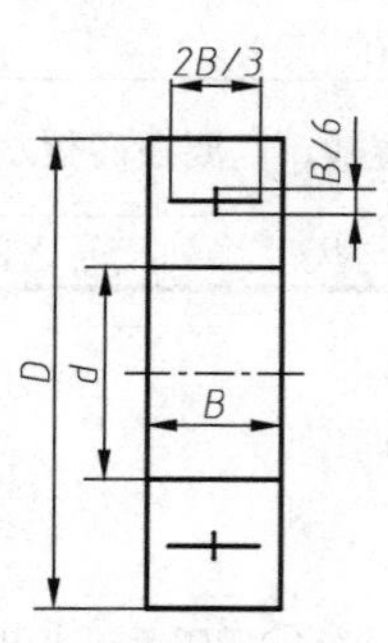 2B/3, B/6, D, d, B	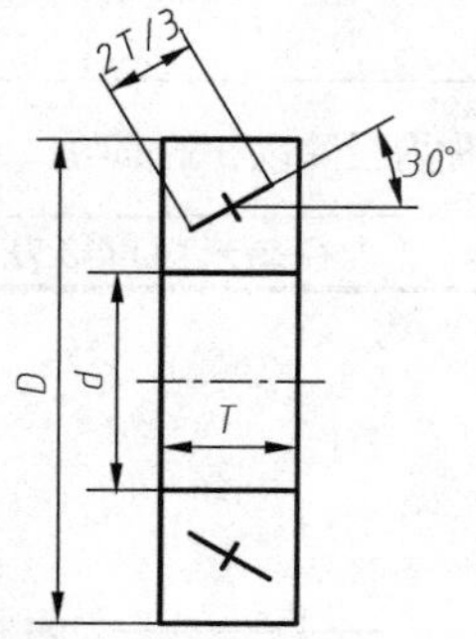 2T/3, 30°, D, d, T	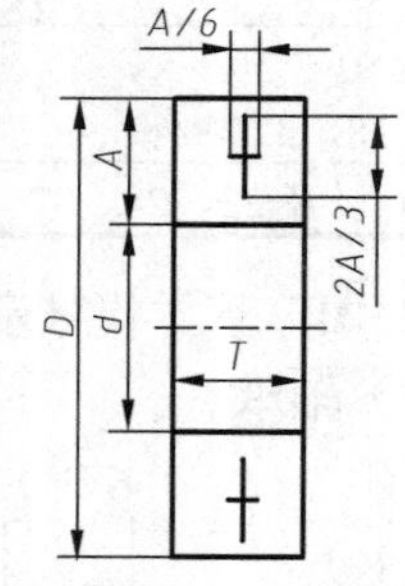 A/6, A, 2A/3, D, d, T
上半部分为规定画法，下半部分为通用画法	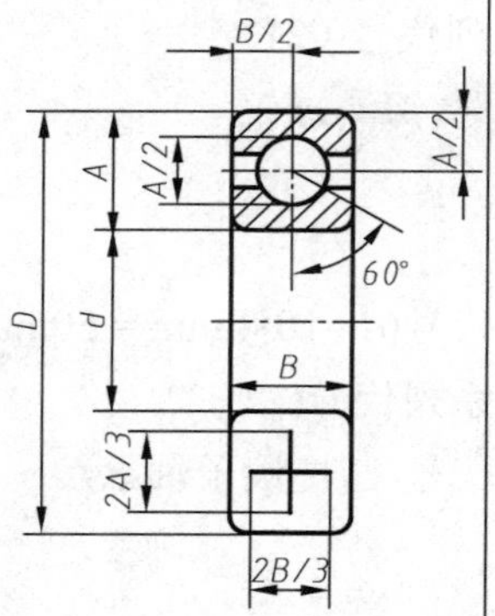 B/2, A, A/2, A/2, 60°, D, d, B, 2A/3, 2B/3	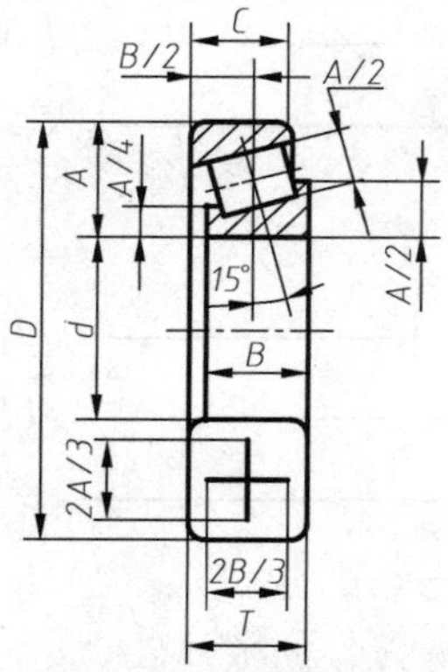 C, B/2, A/2, A, A/4, A/2, 15°, D, d, B, 2A/3, 2B/3, T	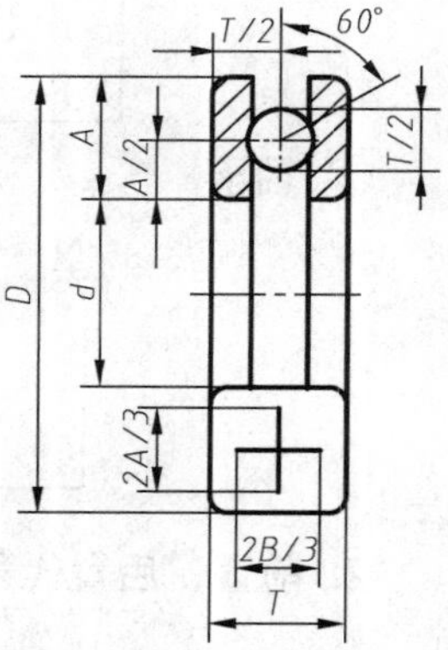 T/2, 60°, A, A/2, T/2, D, d, 2A/3, 2B/3, T

1. 简化画法

用简化画法绘制滚动轴承时，应采用通用画法和特征画法。但在同一图样中，一般只采用其中的一种画法。

1) 通用画法

在剖视图中，当不需要确切地表示滚动轴承的外形轮廓、载荷特性、结构特征时，可用矩形线框以及位于线框中央正立的十字形符号来表示。矩形线框和十字形符号均用粗实线绘制，十字形符号不应与矩形线框接触。

2) 特征画法

在剖视图中，如果需要比较形象地表示滚动轴承的结构特征时，可采用在矩形线框内画出其结构要素符号的方法表示。特征画法的矩形线框、结构要素符号均用粗实线绘制。

2. 规定画法

必要时，滚动轴承可采用规定画法绘制。采用规定画法绘制滚动轴承的剖视图时，轴承的滚动体不画剖面线，其各套圈等可画成方向和间隔相同的剖面线，滚动轴承的保持架及倒角等可省略不画。规定画法一般绘制在轴的一侧，另一侧则按通用画法绘制。在规定画法中，各种符号、矩形线框和轮廓线均用粗实线绘制。

5.5.3 弹簧

弹簧是一种常用件，它通常用来减振、夹紧、测力和存储能量。弹簧的种类很多，图 5-30 所示为常用的弹簧，其中使用较多的是圆柱螺旋压缩弹簧，板弹簧在汽车上应用较多。

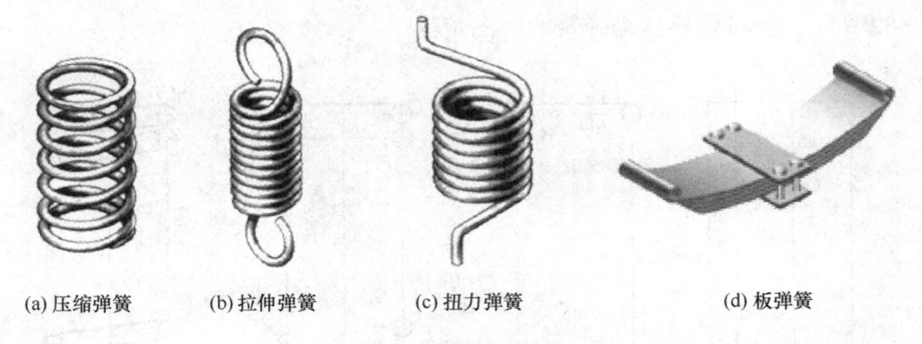

(a) 压缩弹簧　(b) 拉伸弹簧　(c) 扭力弹簧　(d) 板弹簧

图5-30　常用的弹簧

1. 圆柱螺旋压缩弹簧的参数及尺寸关系

圆柱螺旋压缩弹簧的参数如图 5-31 所示。

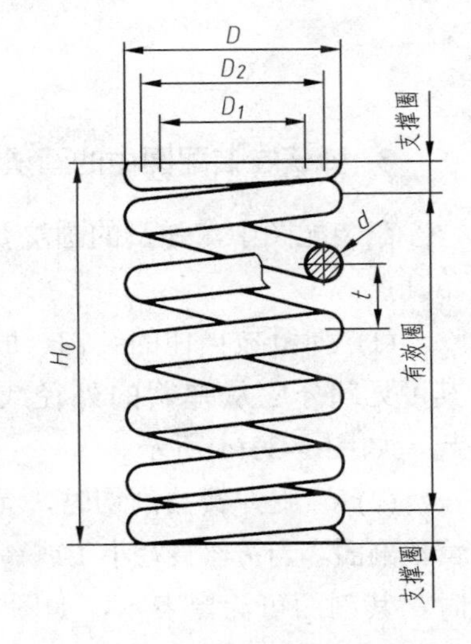

图5-31　弹簧的参数

(1) 材料直径 d：制造弹簧的钢丝直径。

(2) 弹簧直径：分为弹簧外径、内径和中径。

弹簧外径 D即弹簧的最大直径。

弹簧内径 D_1 即弹簧的最小直径，$D_1= D-2d$。

弹簧中径 D_2 即弹簧外径和内径的平均值，$D_2 =(D+D_1)/2= D-d = D_1+d$。

(3) 圈数：包括支撑圈数、有效圈数和总圈数。

支撑圈数 n_2——为使弹簧工作时受力均匀，弹簧两端并紧磨平而起支撑作用的部分称为支撑圈，两端支撑部分加在一起的圈数称为支撑圈数。当材料直径 $d \leqslant 8$mm 时，支撑圈数 $n_2=2$；当 $d>8$mm 时，$n_2=1.5$，两端各磨平 3/4 圈。

有效圈数 n——支撑圈以外的圈数为有效圈数。

总圈数 n_1——支撑圈数和有效圈数之和为总圈数，$n_1=n+n_2$。

(4) 节距 t：除支撑圈外的相邻两圈对应点间的轴向距离。

(5) 自由高度 H_0：弹簧在未受负荷时的轴向尺寸。

(6) 展开长度 L：弹簧展开后的钢丝长度。有关标准中的弹簧展开长度 L 均指名义尺寸，其计算方法为当 $d \leqslant 8\text{mm}$ 时，$L = \pi D_2(n+2)$；当 $d > 8\text{mm}$ 时，$L = \pi D_2(n+1.5)$。

(7) 旋向：弹簧的旋向与螺纹的旋向一样，也有右旋和左旋之分。

2. 弹簧的规定画法

在平行于弹簧轴线的投影面的视图中，各圈的轮廓线画成直线。

螺旋弹簧均可画成右旋，左旋弹簧可画成左旋或右旋，但一定要注出旋向“左”字。

压缩弹簧在两端并紧磨平时，不论支撑圈数多少或末端并紧情况如何，均按支撑圈数为2.5圈的样式画出。

有效圈数在4圈以上的螺旋弹簧，中间部分可以省略。中间部分省略后，允许适当缩短图形长度。

图5-32所示为圆柱螺旋压缩弹簧的画图步骤。

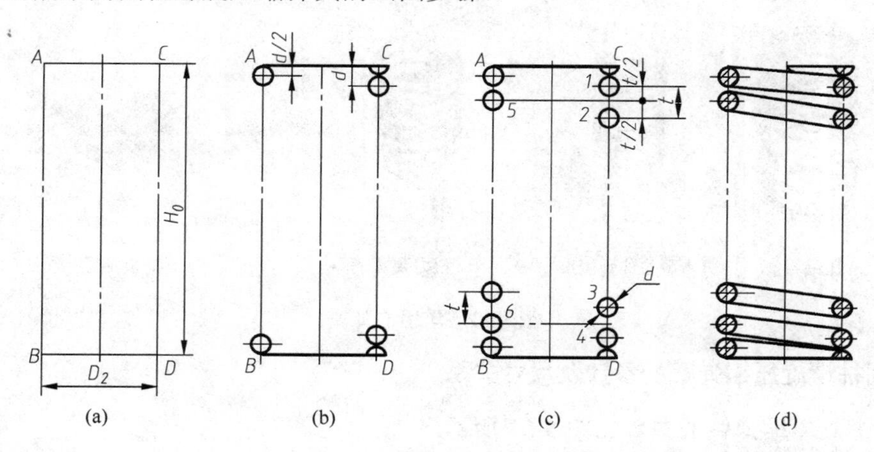

图5-32 圆柱螺旋压缩弹簧的画法

3. 弹簧在装配图中的画法

在装配图中，弹簧的画法要注意以下几点。

(1) 弹簧被挡住的结构一般不画，其可见部分应从弹簧的外径或中径画起，如图5-33(a)所示。

(2) 螺旋弹簧被剖切时，允许只画簧丝剖面。当簧丝直径小于或等于2mm时，其剖面可涂黑表示，如图5-33(b)所示。

(3) 当簧丝直径小于或等于2mm时，允许采用示意画法，如图5-33(c)所示。

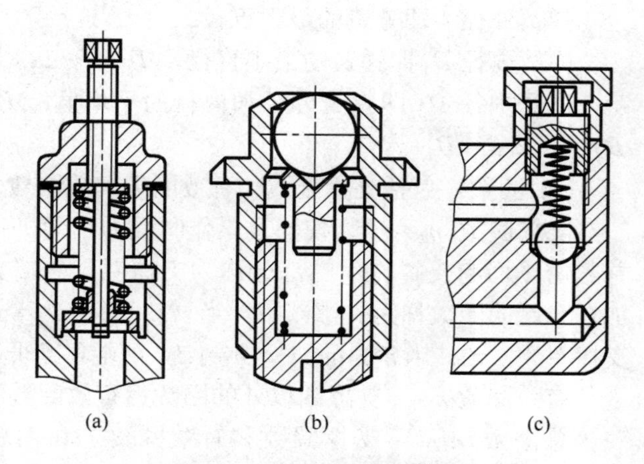

图5-33 装配图中弹簧的画法

【技能训练】

画出齿轮工作图。

1) 训练目的

了解齿轮的测绘方法和步骤，掌握齿轮的表达方法。

2) 训练内容

根据实物或轴测图，测绘一标准直齿圆柱齿轮，通过测量和计算，确定主要参数，画出齿轮工作图。

3) 训练要求

(1) 用 A3 或 A4 图纸，横放，比例为 1∶1。

(2) 测量并计算齿轮模数，取标准模数。

(3) 计算齿轮的基本尺寸。

(4) 画出齿轮的草图。

(5) 键槽尺寸查表标准化。

(6) 画出齿轮工作图，并标注尺寸及技术要求。

4) 图例

如图 5-34 所示，轮毂、轮缘斜度为 1∶15，齿轮、轮毂孔倒角为 C2，齿轮材料为 HT150。

图5-34 齿轮

【项目小结】

(1) 在螺纹的规定画法中，要抓住三条线。

牙顶——用粗实线表示 (用手摸得着的直径)。

牙底——用细实线表示 (用手摸不着的直径)。

螺纹终止线——用粗实线表示。

注意剖视图中剖面线的画法。

(2) 螺纹标注的目的主要是把螺纹的类型和参数标注出来。尺寸界线要从大径引出。

(3) 本项目中的螺纹连接、齿轮啮合、键连接等所涉及的知识已不是单独的零件，而是逐渐向部件过渡的典型装配结构，其目的是为下一步学习装配图奠定基础，要熟练掌握这些装配结构的规定画法。

(4) 注意比较螺栓、螺钉、螺柱连接画法的相同点和不同点，掌握其标记内容和连接装配图的规定画法(简化画法)。

项目6 画球阀阀体零件图

【项目目标】

- 掌握零件图的作用和内容，绘制和阅读零件图的方法，能正确绘制和阅读中等复杂程度的零件图。
- 掌握零件图中尺寸标注的方法，能正确、完整、清晰并较合理地标注零件图的尺寸。
- 掌握尺寸公差、形位公差和表面粗糙度的基本概念，能较正确地标注和识读零件图上的尺寸公差、形位公差和表面粗糙度等技术要求。
- 掌握零件测绘的方法，能够正确使用测量工具，绘制零件草图和工作图。

【基本知识】

- 零件图的作用和内容。
- 零件图的视图选择。
- 零件图的尺寸标注。
- 零件图上技术要求的注写。
- 零件上常见的工艺结构。
- 零件图的识读。
- 零件测绘。

【任务引入】

零件是组成机器或部件的基本单位。零件图是用来表示零件的结构形状、大小及技术要求的图样，是直接指导制造和检验零件的重要技术文件。

任务6.1 零件图的作用和内容

机器或部件是由零件装配成的。表达零件的结构形状、尺寸大小和技术要求的图样称为零件工作图，简称零件图，如图6-1所示。

6.1.1 零件图的作用

零件图是设计部门提交给生产部门的重要技术文件，它反映了设计者的意图，表达了机器或部件对零件的要求，是制造和检验零件的依据。

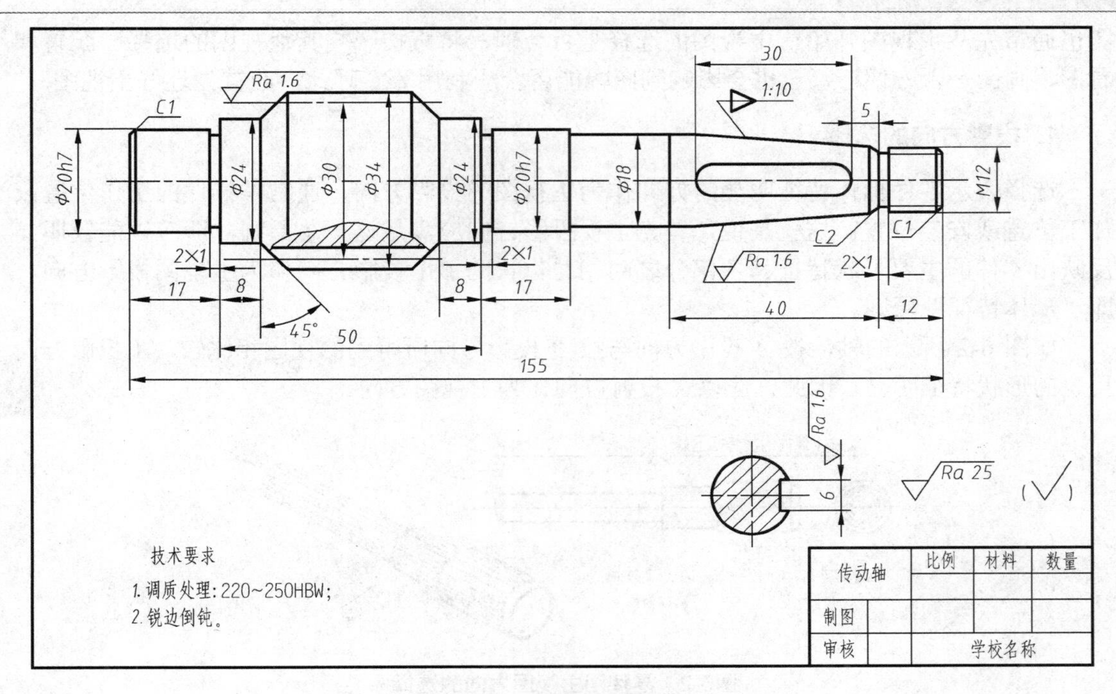

图6-1 齿轮轴零件图

6.1.2 零件图的内容

图 6-1 所示为齿轮泵中的主动齿轮轴零件图，从图中可以看出零件图一般应包括以下四方面内容。

(1) 图形。用一组图形准确、清晰和简便地表达出零件的结构形状。

(2) 尺寸。正确、完整、清晰、合理地标注出组成零件各形体的大小及其相对位置尺寸，即提供制造和检验零件所需的全部尺寸。

(3) 技术要求。将制造零件应达到的质量要求用一些规定的代(符)号、数字、字母或文字准确、简明地表示出来。不便用代(符)号标注在图中的技术要求，可用文字注写在标题栏的上方或左侧。

(4) 标题栏。标题栏位于图样的右下角，用以填写零件的名称、数量、材料、图号及设计、审核、批准人员的签名、日期等。

任务 6.2 零件图的视图选择

零件的视图选择，是在考虑便于作图和看图的前提下，能够将一组零件的结构形状完整、清晰地表达出来，并力求绘图简便。零件的视图选择或者说表达方案的确定，包括分析零件的结构形状、主视图的选择、其他视图的选择。

6.2.1 主视图的选择

通常情况下，主视图是表达零件结构形状的一组图形中最主要的视图，而且画图和看图也通常先从主视图开始，主视图的选择是否合理，将直接影响其他视图的选择、配置和看图、画图是否方便，甚至也会影响到图幅能否合理利用等。因此，应首先选好主视图。

1. 投影方向的选择

选择表示零件形体特征明显的方向作为主视图的投影方向，通常是零件的工作位置或加工位置或安装位置。这就是说，首先主视投影方向应满足这一总原则，即应以能较明显反映出零件的主要形状特征和各部分之间相对位置的那个投影方向作为主视图投影方向，即“形体特征”原则。

如图 6-2 所示的轴，按 *A* 投影方向与按 *B* 投影方向所得到的视图相比较，*A* 投影方向反映的形状特征明显，因此，应以 *A* 投射方向作为主视图方向。

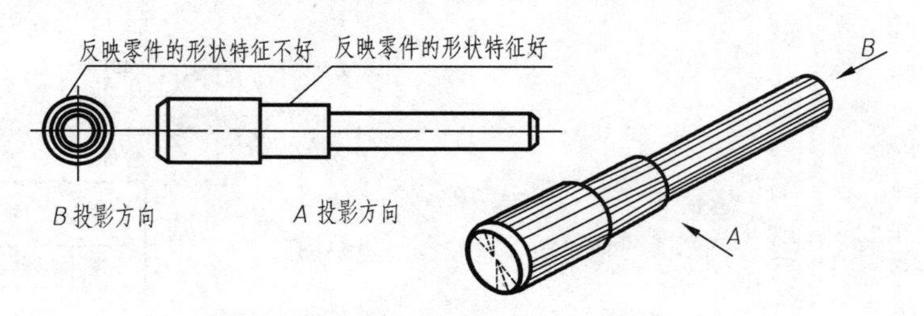

图6-2　零件图主视图方向的选择

2. 主视图摆放位置的选择

主视图投影方向确定后，零件的主视图方位仍没有完全被确定，如图 6-2 所示的轴，固然 *A* 投影方向特征明显，但在不改变这一原则下，还可以斜放或竖放或调头，需进一步确定安放方位，依不同类型零件及其图样的着眼点而定，一般有两种原则，即“加工位置原则”或“工作位置(安装位置)原则”。

(1) 加工位置原则是指零件在机床上加工时的装夹位置。主视图方位与零件主要加工工序中的加工位置相一致，便于看图、加工和检测尺寸。因此，对于主要是在车床上完成机械加工的轴套类、轮盘类等零件，一般要按加工位置即将其轴线水平放置的方式作为主视图的投影方向安放主视图。如图 6-3(b)所示的轴作为主视图，其摆放方位是符合图 6-3(a)所示在车床上的加工位置的。

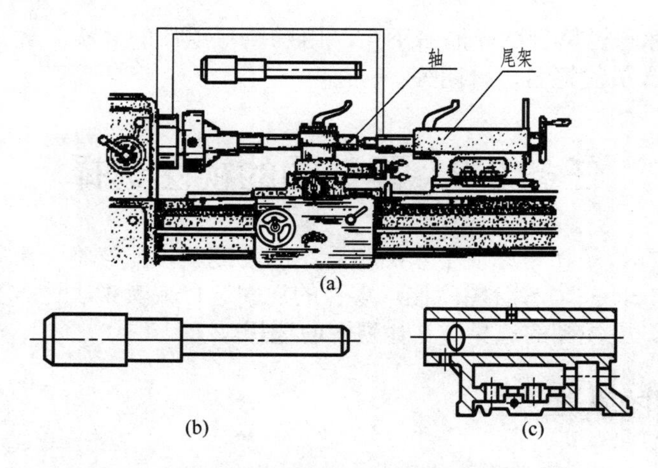

图6-3　考虑零件加工及工作位置选择主视图

(2) 工作位置原则是指零件安装在机器或部件中工作时的位置或安装的位置，主要是便于想象零件在部件中的位置和作用。对于叉架类、箱体类零件，因为经常需要经过多种工序加工，且各工序的加工位置往往不固定，又难以分别主次，通常是把工件的主视图摆放方位与零件的工作位置或安装位置选择一致，以有利于把零件图和装配图对照起来看图。如图 6-3(c)所示的尾架体作为主视图是符合它在车床上的工作或安装位置的。

对于一些运动零件，它们的工作位置不固定；还有些零件在机器上处于倾斜位置，若按其倾斜位置放置主视图，则必然会给画图、看图带来麻烦。因此习惯上常将这些零件位置放正画出，并使零件上尽量多的表面处于与某一基本投影面平行或垂直的特殊位置。

应当指出，选择主视图时运用上述两方面的选择原则，对有些零件来说是可以同时满足的；但对于某些零件来说难以同时满足。因此，选择主视图时应首先选好其投射方向，再考虑零件的类型并兼顾其他视图的匹配、图幅的利用等具体因素来决定其摆放位置。

6.2.2　其他视图的选择

主视图确定后，应根据零件结构形状的复杂程度，由主视图是否已表达完整和清楚，来决定是否需要其他视图弥补表达的不足。当需要其他视图时，应按下列原则选取：

(1) 在明确表示零件的前提下，使视图(包括剖视图和断面图)的数量为最少；所选各视图都应有明确的表达侧重和目的。零件的主体形状与局部形状、外部形状与内部形状应相对集中和适当分散表达。

(2) 尽量避免使用虚线表达零件的轮廓及棱线；恰当选用局部视图、向视图、剖视图或断面图等。

(3) 避免不必要的细节重复；对细节表达重复的视图应舍去，力求表达简练，不出现多余视图。

这些选择其他视图的原则，也是评定分析表达方案的原则，掌握这些原则必须通过大量的看图、画图实践才能做到。

6.2.3　典型零件的表达方法

零件的种类很多，结构形状也千差万别。通常根据结构和用途相似的特点及加工制造方面的特点，将一般零件分为轴套类、轮盘类、叉架类和箱体类四类典型零件。

1. 轴套类零件

1) 结构特点

轴套类零件在工作中常起着支承和传递力的作用。轴套类零件的结构形状通常比较简单，一般由大小不同的同轴回转体(如圆柱、圆锥)组成，具有轴向尺寸大于径向尺寸的特点。轴套类零件上常有倒角、倒圆、退刀槽、砂轮越程槽、键槽、花键、螺纹、销孔、中心孔等结构，这些结构都是由设计要求和加工工艺要求所决定的，多数已标准化，如图 6-4 所示。

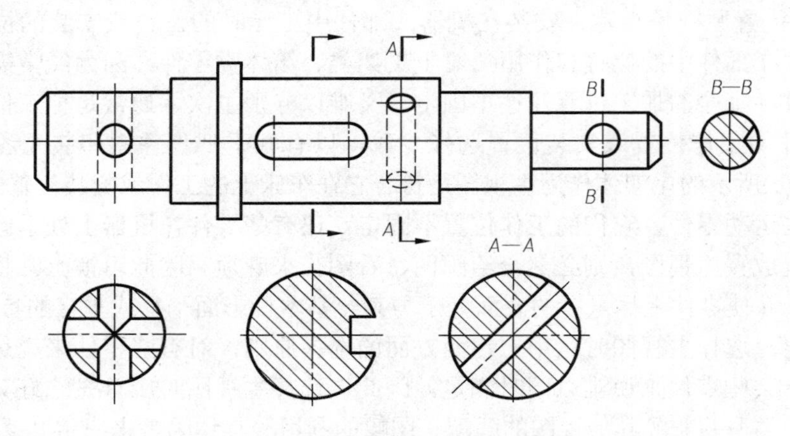

图6-4　轴套类零件的视图选择举例

2) 视图的选择

(1) 主视图。轴套类零件主要在车床上加工，选择将轴线水平放置来画主视图。这样既符合“形体特征原则”，也符合其加工位置或工作位置原则。通常将轴的大头向左，小头向右；轴上键槽、孔可向前或向上，表示其形状和位置明显。形状简单且较长的零件可采用折断画法；实心轴上个别部分的内部结构形状，可用局部剖视兼顾表达。空心套筒可用剖视图来表达。

(2) 其他视图。轴套类零件的主要结构形状是同轴回转体，一般不必再选其他基本视图。主视图上尚未表达清楚的局部结构形状如键槽、退刀槽、孔等，可另外采用断面图、局部视图和局部放大图等补充表达，这样既清晰又便于标注尺寸。

2. 轮盘类零件

1) 结构特点

轮盘类零件包括各种用途的轮子和盘盖等零件，其毛坯多为铸件或锻件。轮子一般用键、销与轴连接，用以传递扭矩。盘盖可起支承、定位和密封等作用。轮盘类零件的主体部分多为回转体，一般径向尺寸大于轴向尺寸，其上常均布着孔、肋、槽和耳板等结构，如图 6-5 所示。

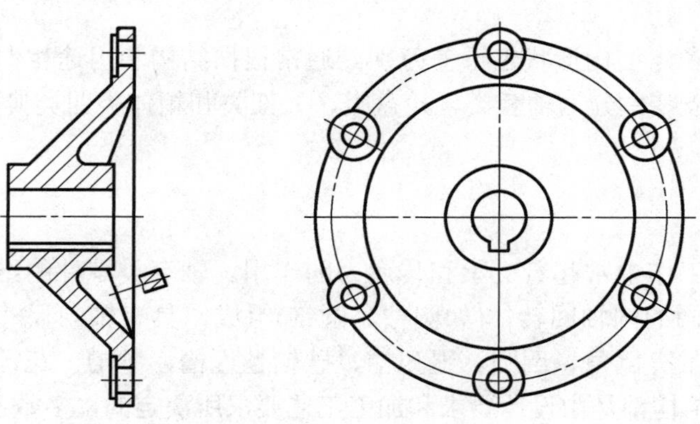

图6-5　轮盘类零件的视图选择举例

2) 视图选择

(1) 主视图。轮盘类零件的主要回转面和端面都在车床上加工，故其主视图的选择与轴套类零件相同，也按加工位置将其轴线水平放置画主视图。对有些不以车削加工为主的轮盘类零件，也可按工作位置放置视图，但其主视投射方向的形状特征应首先满足。通常选投影为非圆的视图作主视图。其主要视图通常侧重反映内部形状，故多用各种剖视图。

(2) 其他视图。轮盘类零件一般需两个基本视图。当基本视图图形对称时，也可只画一半或略大于一半；有时也可用局部视图表达。基本视图未能表达清楚的其他结构形状，可用断面图或局部视图表达。如有较小结构，可用局部放大图来表达。

3. 叉架类零件

1) 结构特点

叉架类零件包括各种用途的叉杆和支架零件。叉杆零件多为运动件，支架零件通常起支承、连接等作用。此类零件具有形状不规则，外形比较复杂的特点。叉杆零件常有弯曲或倾斜结构，其上常有肋板、轴孔、耳板、底板等结构，局部结构常有油槽、油孔、螺孔、沉孔等，如图 6-6 所示。

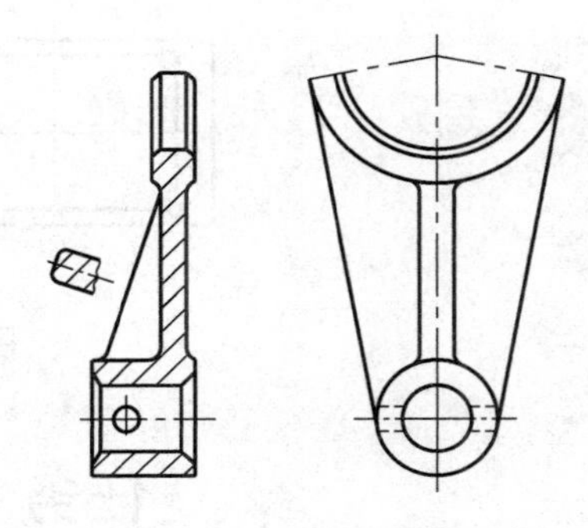

图6-6　叉架类零件的视图选择举例

2) 视图选择

(1) 主视图。叉架类零件的加工部位较少，加工时各工序位置不同，较难区别主次工序，故是在符合主视投射方向形体特征原则的前提下，按工作或安装位置放置主视图。当工作位置是倾斜的或不固定时，可将其放正画主视图。

主视图常采用剖视图(形状不规则时多为局部剖视)，表达主体外形和局部内形。其上的肋剖切应采用规定画法。表面过渡线较多，应仔细分析，正确表示。

(2) 其他视图。叉架类零件的结构形状较复杂，通常需要两个或两个以上的基本视图，并多用局部剖视兼顾内外形状的表达。零件的倾斜结构常用向视图、旋转视图、局部视图、斜剖视图、断面图等表达。此类零件应适当分散地表达其结构形状，同时也便于标注尺寸。

4. 箱体类零件

1) 结构特点

箱体类零件的外形及内腔结构复杂，其毛坯多为铸件。此类零件多有带安装孔的底板，上面常有凹坑或凸台结构，支承孔处常设有加厚凸台或加强肋，表面过渡线较多，如图 6-7 所示。

2) 视图选择

(1) 主视图。箱体类零件的加工部位多，加工工序也较多，各工序加工位置不同，较难区分主次工序，因此这类零件选择主视图投射方向时，应在符合形体特征原则的前提下，按照工作位置放置。主视图常采用各种剖视图表达主要结构。

(2) 其他视图。箱体类零件的内外结构形状都很复杂，常需三个或三个以上的基本视图，并以适当的剖视表达主体内部的结构。基本视图尚未表达清楚的局部结构可用局部视图、断面图等表达。对加工表面的截交线、相贯线和非加工表面的过渡线应认真分析，正确绘图。

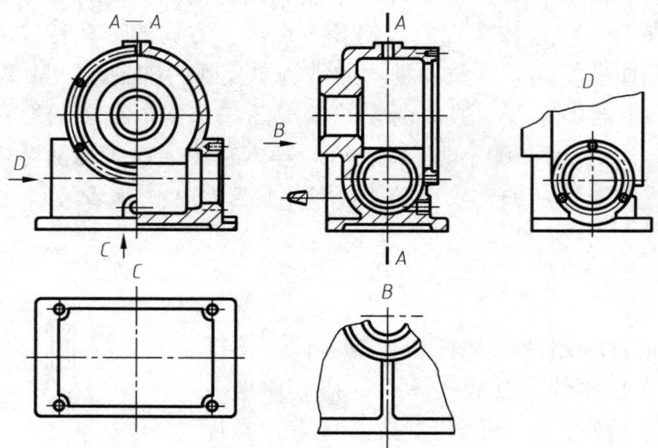

图6-7　箱体类零件的视图选择举例

任务 6.3　零件图的尺寸标注

零件图中的视图用来表达零件的结构形状，而零件各部分结构的大小则要由标注的尺寸来确定，它是加工和检验零件的重要依据，因此，对零件图上标注尺寸的要求是正确、完整、清晰、合理。对于零件图而言，主要介绍标注尺寸的合理性。

6.3.1　正确地选择尺寸基准

尺寸基准可以选择平面(如零件的安装底面、端面、对称面、结合面)、直线(如零件的轴线和中心线)和点(如圆心、坐标原点)等。

根据作用的不同，尺寸基准可分为设计基准和工艺基准。

1. 设计基准

根据机器的结构和设计要求，用以确定零件在机器中位置的一些点、线、面，称为设计基准。如图 6-8(a)所示，依据轴线及右轴肩确定齿轮轴在机器中的位置(标注尺寸 *A*)，因此该轴线和右轴肩端平面分别为齿轮轴的径向和轴向的设计基准。

2. 工艺基准

根据零件加工制造、测量和检测等工艺要求所选定的一些点、线、面，称为工艺基准。如图 6-8(b)所示的齿轮轴，加工、测量时是以轴线和左右端面分别作为径向和轴向的基准，因此该零件的轴线和左右端面为工艺基准。为了减少误差，保证设计要求，应尽可能使设计基准和工艺基准重合。

每个零件都要标注长、宽、高三个方向的尺寸，因此每个方向都应该有一个主要基准。如上例齿轮轴的轴线既是径向设计基准，也是径向工艺基准，即工艺基准与设计基准是重合的，这样既能满足设计要求，又能满足工艺要求。一般情况下，工艺基准与设计基准是可以做到统一的，当两者不能统一起来时，要按设计要求标注尺寸，在满足设计要求的前提下，力求满足工艺要求。

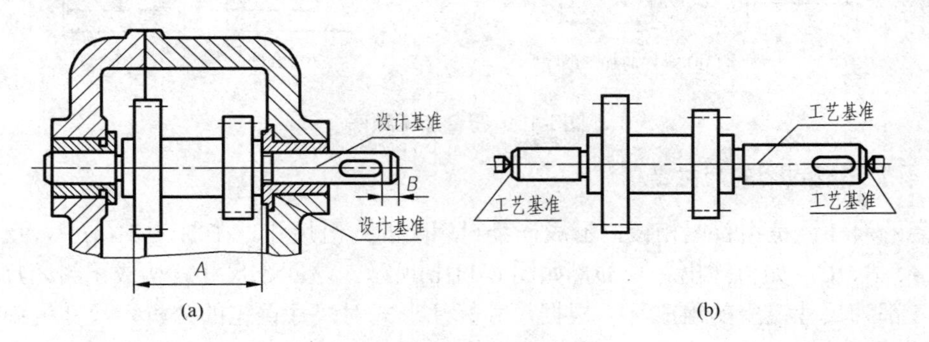

图6-8　设计基准与工艺基准

6.3.2　标注尺寸时应注意的几个问题

1. 重要尺寸要直接注出

零件上的配合尺寸、安装尺寸、特性尺寸等，即影响零件在机器中的工作性能和装配精度等要求的尺寸，都是设计上必须保证的重要尺寸，必须直接注出，以保证设计要求。

图 6-9 所示轴承座的中心高，是一个重要尺寸，必须直接由安装底面注出。同理，安装时，为保证轴承上两个$\phi 6$ 孔与机座上的孔正确装配，两个$\phi 6$ 孔的定位尺寸应该直接注出中心距，如图 6-9(a)所示，而图 6-9(b)所示的标注是错误的。

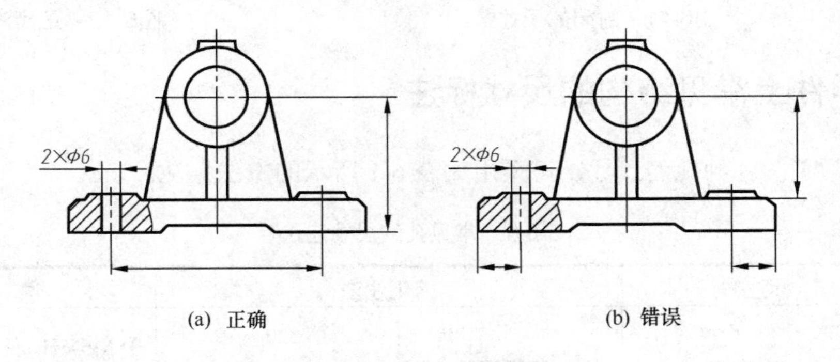

图6-9　重要尺寸直接标注

2. 符合加工顺序

按加工顺序标注尺寸，便于看图、测量，且容易保证加工精度。

图 6-10(a)所示为一个零件在加工过程中的尺寸标注情况，按这个加工顺序标注的尺寸如图 6-10(b)所示，而图 6-10(c)所示的尺寸注法不符合加工顺序，是不合理的。

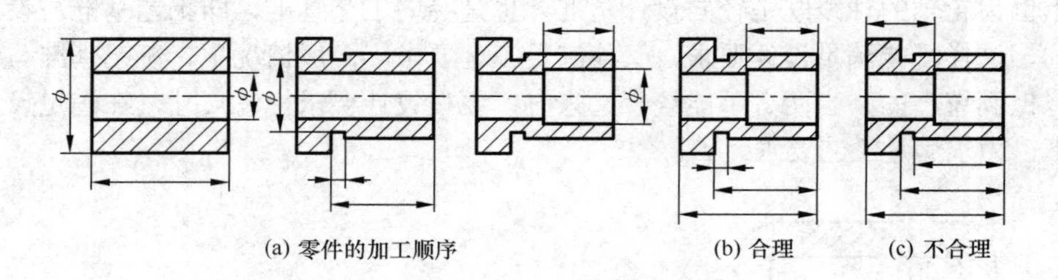

(a) 零件的加工顺序　(b) 合理　(c) 不合理

图6-10　符合加工顺序

3. 不能注成封闭的尺寸链

封闭的尺寸链是指首尾相接，形成一个封闭圈的一组尺寸。在图 6-11(a)中，已注出各段尺寸 A、B、C，如再注出总长 D，如图 6-11(b)所示，这四个尺寸就构成了封闭尺寸链，每个尺寸都为尺寸链中的组成环。根据尺寸标注形式对尺寸误差的分析，尺寸链中任一环的尺寸误差，都等于其他各环的尺寸误差之和。因此，如注成封闭的尺寸链，就不能同时满足各组成环的尺寸精度。

因此，标注尺寸时应在尺寸链中选一个不重要的环不注尺寸，如图 6-12 所示。

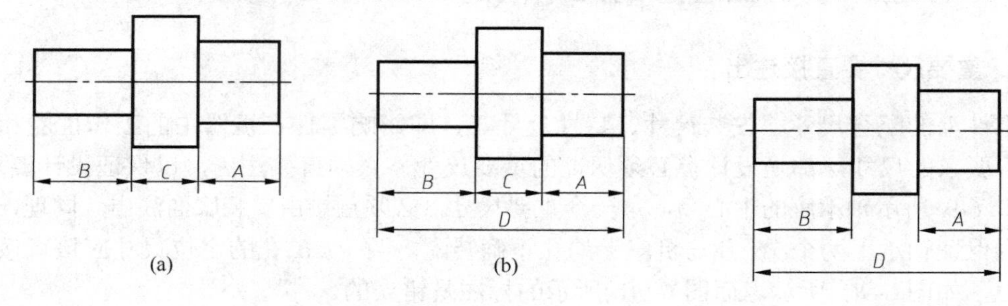

(a)　(b)

图6-11　封闭的尺寸链　　图6-12　正确注法

6.3.3　零件上常见结构的尺寸标注

零件上常见的各种孔的尺寸，可采用如表 6-1 所示的方法标注。

表6-1　常见孔的尺寸注法

类　型	标注方法	简化注法		说　明
螺纹孔	3×M6-6H	3×M6-6H	3×M6-6H	3×M6-6H 表示螺纹大径为 6mm，均匀分布的 3 个螺纹孔
	3×M6-6H 10 12	3×M6-6H↧10 孔↧12	3×M6-6H↧10 孔↧12	“↧”为深度符号，本表各行均同

续表

类 型	标注方法	简化注法		说 明
	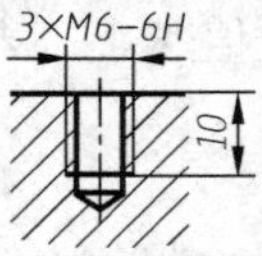 3×M6-6H 10	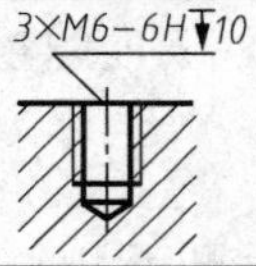 3×M6-6H↧10	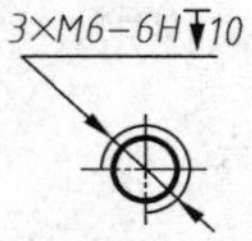 3×M6-6H↧10	如对钻孔深度无一定要求，可不必标注，一般加工到螺孔稍深即可
光孔	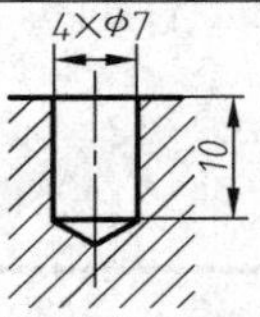 4×Φ7 10	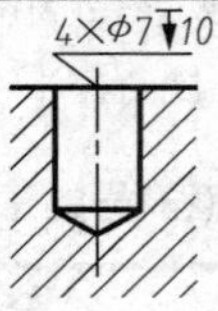 4×Φ7↧10	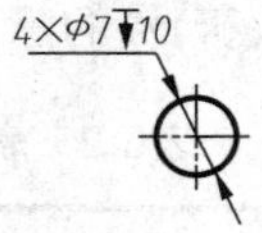 4×Φ7↧10	“4”指同样直径的孔数
沉孔	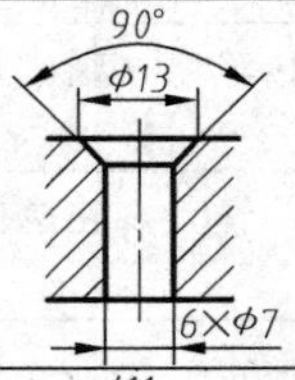 90° Φ13 6×Φ7	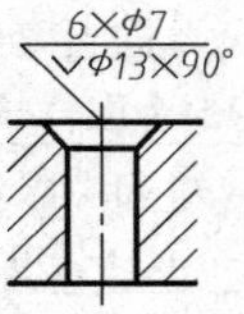 6×Φ7 ⌵Φ13×90°	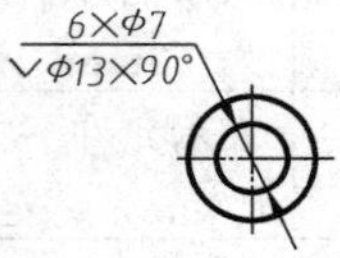 6×Φ7 ⌵Φ13×90°	“⌵”为埋头孔符号
	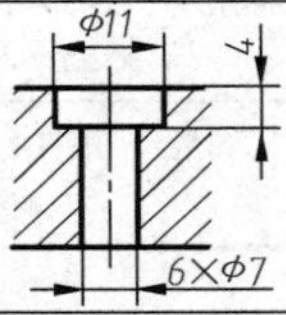 Φ11 4 6×Φ7	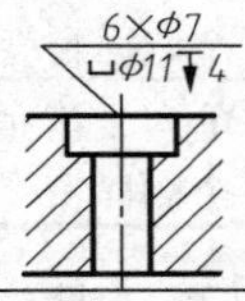 6×Φ7 ⌴Φ11↧4	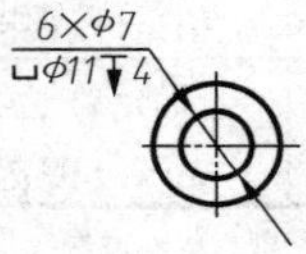 6×Φ7 ⌴Φ11↧4	“⌴”为沉孔或锪平孔符号
	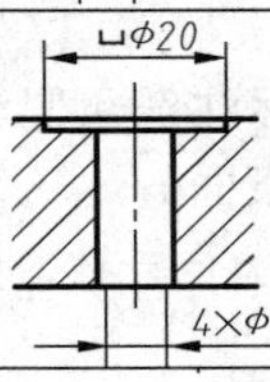 ⌴Φ20 4×Φ9	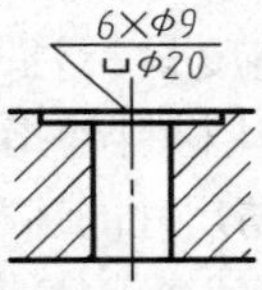 6×Φ9 ⌴Φ20	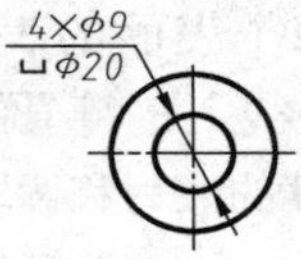 4×Φ9 ⌴Φ20	锪平孔ϕ20 的深度不需标注，只是将大孔底圆加工到没有毛坯面为止
圆锥销孔	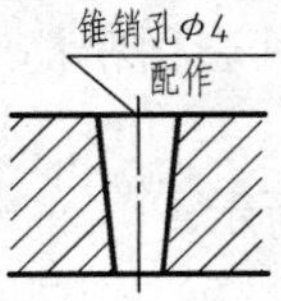 锥销孔Φ4 配作 或 锥销孔Φ4 配作			圆锥销孔直径是指配用的圆锥销的公称直径

任务6.4 零件图上技术要求的注写

6.4.1 表面粗糙度轮廓

1. 表面粗糙度轮廓的概念

在加工零件时，由于刀具、零件的震动以及材料的塑性变形等因素，被加工表面会存在着具有很小间距的微小峰、谷所形成的微观几何形状特征，当相邻峰、谷的间距小于1mm时属于表面粗糙度轮廓。

表面粗糙度轮廓是评定零件表面质量的一项技术指标，它对零件的配合性质、耐磨性、抗腐蚀性、接触刚度、抗疲劳强度、密封性质和外观等都会有影响。因此，图样上要根据零件的功能要求，对零件的表面粗糙度轮廓做出相应的规定。

表面粗糙度轮廓高度方向的评定参数有轮廓算术平均偏差 R_a、轮廓最大高度 R_z 和轮廓单元平均高度 R_c。常用 R_a 来评定，数值越大，表面越粗糙；数值越小，表面越光滑。

2. 表面粗糙度轮廓的注法

表面粗糙度轮廓代(符)号由规定的符号和有关参数组成，在零件的每个表面上应按设计要求标注。表面粗糙度代(符)号的意义如表 6-2 所示。

表6-2　表面粗糙度代(符)号的意义

符　号	含　义
Ra 3.2	表示允许不去除材料，单向上限值，默认传输带，轮廓算术平均偏差为 3.2μm，评定长度为 5 个取样长度
Rz 0.4	表示允许不去除材料，单向上限值，默认传输带，轮廓的最大高度为 0.4μm，评定长度为 5 个取样长度
Ra 6.3	表示允许去除材料，单向上限值，默认传输带，轮廓算术平均偏差为 6.3μm，评定长度为 5 个取样长度
Ra 1.6	表示允许去除材料，单向上限值，默认传输带，轮廓的最大高度为 1.6μm，评定长度为 5 个取样长度

在标注表面粗糙度的过程中，要注意以下几种情况。

(1) 在同一图样上，每个表面的表面粗糙度只标注一次，标注在可见轮廓线、尺寸线、尺寸界线或它们的延长线上，符号的尖端从材料外指向标注表面。

(2) 在图样上表面粗糙度的注写和读取方向与尺寸的注写和读取方向一致，如图 6-13(a)和(b)所示。

(3) 当零件的多数表面具有相同的粗糙度要求时，其表面粗糙度可统一标注在图样的右下方附近，如图 6-13(c)所示。

(4) 螺纹、键槽的表面粗糙度标注方式如图 6-13(d)所示。

(5) 齿轮的表面粗糙度标注方式如图 6-13(e)所示。

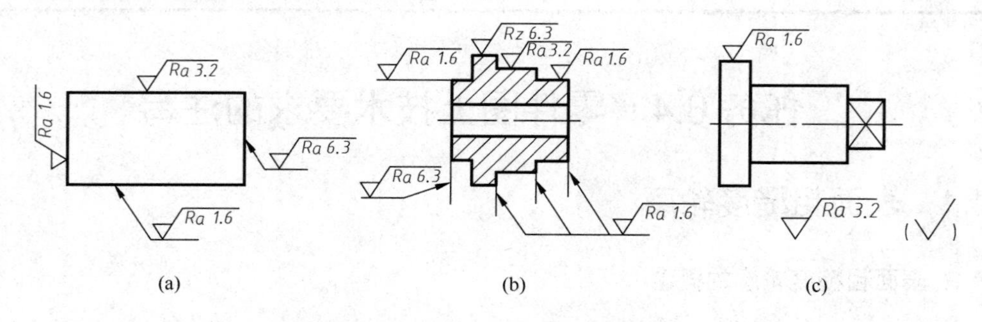

图6-13　表面粗糙度在图样上的标注

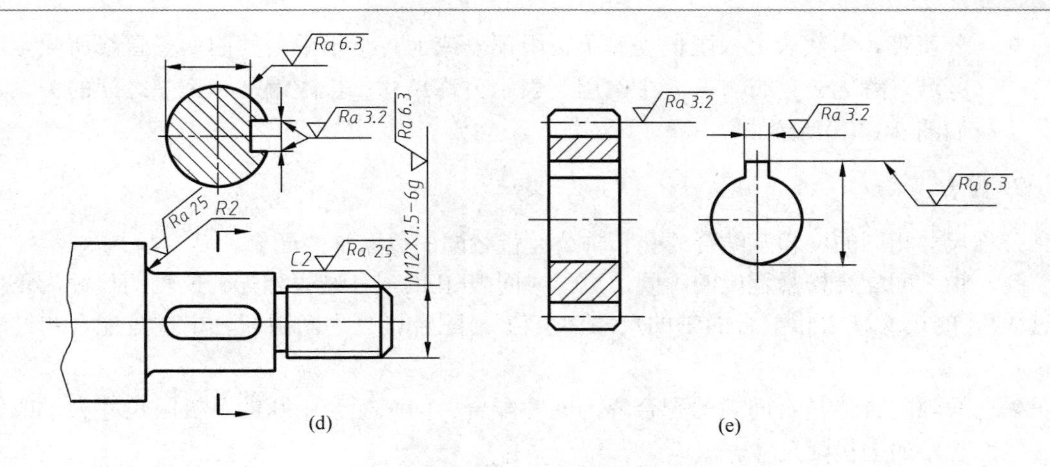

图6-13　表面粗糙度在图样上的标注(续)

6.4.2　极限与配合

1. 基本概念

各基本概念的含义如图 6-14(a)所示。

- 尺寸要素。由一定大小的线性尺寸或角度尺寸确定的几何形状。
- 公称尺寸。设计零件时所确定的尺寸。

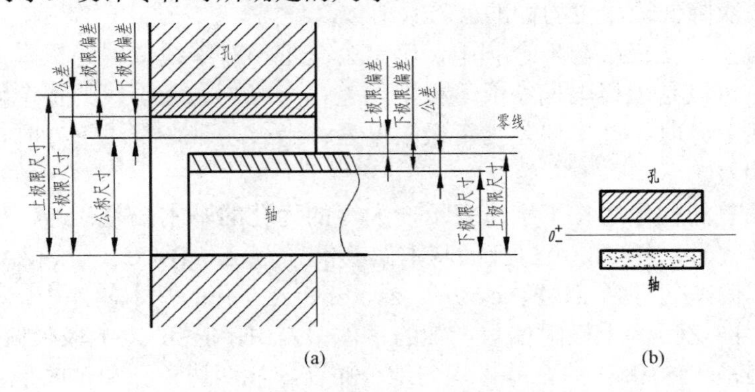

图6-14　极限与配合的基本概念

- 极限尺寸。一个孔或轴允许尺寸变化的两个界限值。孔或轴允许的最大尺寸，称为上极限尺寸。孔或轴允许的最小尺寸，称为下极限尺寸。
- 极限偏差。极限尺寸减去其公称尺寸所得的代数差。上极限尺寸减去其公称尺寸所得的代数差，称为上极限偏差；下极限尺寸减去其公称尺寸所得的代数差，称为下极限偏差。

  轴的上、下极限偏差代号分别用小写字母 *es*、*ei* 表示；孔的上、下极限偏差代号分别用大写字母 *ES*、*EI* 表示。
- 公差。允许尺寸的最大变动量称为尺寸公差，简称公差。等于上极限尺寸减去下极限尺寸之差，或上极限偏差减去下极限偏差之差。

- 公差带。由代表上极限偏差和下极限偏差或上、下极限尺寸的两条直线所限定的区域，称为公差带。公差带常用于表示公称尺寸、极限偏差和公差之间的关系，如图 6-14(b)所示。

2. 配合

公称尺寸相同的、相互结合的孔和轴公差带之间的关系称为配合。

孔、轴之间配合松紧程度的不同，可形成间隙(孔的尺寸减去相配合的轴的尺寸为正值)或过盈(孔的尺寸减去相配合的轴的尺寸为负值)。配合可分为间隙配合、过盈配合和过渡配合。

- 间隙配合。具有间隙的配合称为间隙配合。间隙配合中孔的下极限尺寸大于或等于轴的上极限尺寸。
- 过盈配合。具有过盈的配合称为过盈配合。过盈配合中孔的上极限尺寸小于或等于轴的下极限尺寸。
- 过渡配合。具有间隙或过盈的配合。

3. 标准公差与基本偏差

- 标准公差(IT)。标准公差是国家标准规定的确定公差带大小的任一公差。“IT”是标准公差代号，阿拉伯数字表示其公差等级。
  标准公差分为 20 个等级，即 IT01、IT0、IT1、…、IT18。从 IT01 到 IT18，公差等级依次降低，相应的标准公差数值依次增大。
- 基本偏差。在极限与配合制中，确定公差带相对零线位置的极限偏差称为基本偏差。它可以是上极限偏差或下极限偏差，一般为靠近零线的那个偏差。当公差带在零线上方时，基本偏差为下极限偏差；当公差带在零线下方时，基本偏差为上极限偏差。
  基本偏差的代号用拉丁字母表示，大写的为孔的基本偏差代号，小写的为轴的基本偏差代号，各 28 个。孔的基本偏差代号为 A、B、C、…、ZA、ZB、ZC；轴的基本偏差代号为 a、b、c、…、za、zb、zc。孔的基本偏差中，A～H 为下极限偏差，J～ZC 为上极限偏差；轴的基本偏差中，a～h 为上极限偏差，j～zc 为下极限偏差；JS 和 js 的公差带均匀地分布在零线两边，孔和轴的上、下极限偏差分别为+IT/2 和−IT/2。基本偏差只表示公差带在公差带图中的位置，而不表示公差带的大小，因此公差带一端是开口的，开口的一端由标准公差限定。基本偏差系列如图 6-15 所示。轴的基本偏差数值见附表 13，孔的基本偏差数值见附表 14。
- 孔、轴的公差代号。孔、轴的公差代号由基本偏差和公差等级代号组成，如 ϕ50F8 表示孔的公称尺寸为 50，公差代号为 F8；ϕ30cd6 表示轴的公称尺寸为 30，公差代号为 cd6。

4. 配合制度

- 基孔制配合。基本偏差为一定的孔的公差带，与不同基本偏差的轴的公差带形成各种配合的一种制度。基孔制配合的孔，称为基准孔，代号为“H”，其上极限偏差为正值，下极限偏差为零。

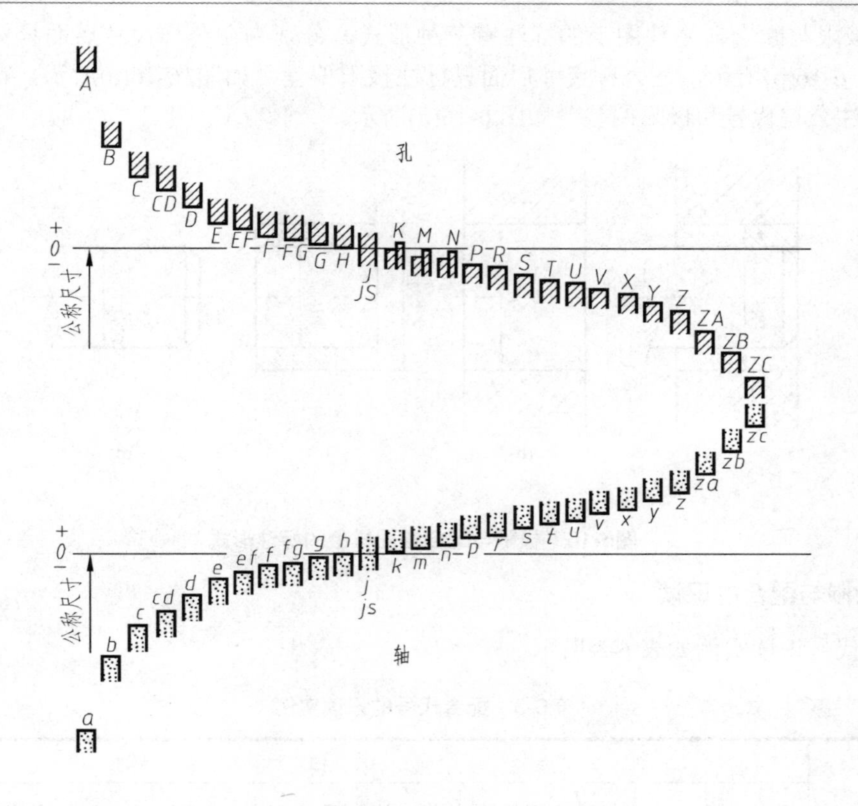

图6-15　基本偏差系列

- 基轴制配合。基本偏差为一定的轴的公差带，与不同基本偏差的孔的公差带形成各种配合的一种制度。基轴制配合的轴，称为基准轴，代号为“h”，其上极限偏差为零，下极限偏差为负值。
- 配合代号。配合代号由孔、轴的公差带代号组成，写成分子分母的形式，分子为孔的公差带代号，分母为轴的公差带代号，如 ϕ50F7/h6。

在基孔制中，基准孔 H 与轴配合，a～h(共 11 种)用于间隙配合；j～n(共 5 种)主要用于过渡配合；n、p、r 可能为过渡配合或过盈配合；p～zc(共 12 种)主要用于过盈配合。

在基轴制中，基准轴 h 与孔配合，A～H(共 11 种)用于间隙配合；J～N(共 5 种)主要用于过渡配合；N、P、R 可能为过渡配合或过盈配合；P～ZC(共 12 种)主要用于过盈配合。

5. 极限与配合的标注

(1) 极限与配合在装配图上的标注，如图 6-16(a)所示。在装配图中标注线性尺寸配合代号时，必须在公称尺寸的后面用分数的形式注出，其分子为孔的公差代号，分母为轴的公差带代号。

(2) 极限与配合在零件图上的标注有三种形式，分别为在公称尺寸后面只标注公差代号，如图 6-16(b)所示，在公称尺寸后面只标注极限偏差，如图 6-16(c)所示；在公称尺寸的后面标注公差代号和极限偏差，如图 6-16(d)所示。

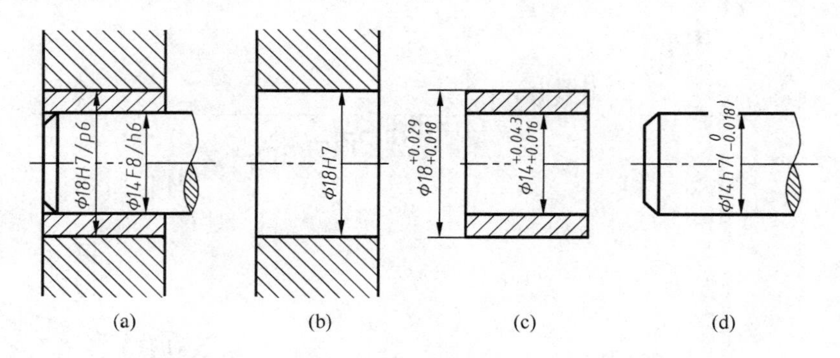

图6-16　极限与配合在图样上的标注形式

6. 极限与配合的识读

配合代号识读实例如表 6-3 所示。

表6-3　配合代号的识读实例

代　号	项　目				
	孔的极限偏差	轴的极限偏差	公　差	配合制度与类别	公差带图解
$\phi 60\frac{H7}{n6}$	+0.030 0		0.033	基孔制过渡配合	
		+0.039 +0.020	0.019		
$\phi 20\frac{H7}{s6}$	+0.021 0		0.021	基孔制过盈配合	
		+0.048 +0.035	0.013		
$\phi 30\frac{H8}{f7}$	+0.033 0		0.033	基孔制间隙配合	
		−0.020 −0.041	0.021		
$\phi 24\frac{G7}{h6}$	+0.028 +0.007		0.021	基轴制间隙配合	
		0 −0.013	0.013		
$\phi 100\frac{K7}{h6}$	+0.010 −0.025		0.035	基轴制过渡配合	
		0 −0.022	0.022		

续表

代　号	项　目				
	孔的极限偏差	轴的极限偏差	公　差	配合制度与类别	公差带图解
$\phi75\frac{R7}{h6}$	−0.032 −0.062		0.030	基轴制过盈配合	
		0 −0.019	0.019		
$\phi50\frac{H6}{h5}$	+0.016 0		0.016	基孔制，也可视为基轴制，是最小间隙为零的一种间隙配合	
		0 −0.011	0.011		

【例 6-1】 查表写出配合ϕ25H7/g6 中的孔、轴极限偏差数值，并说明配合性质。

解：(1) 查ϕ25H7 基准孔。在附表 14 中由公称尺寸 24～30 的横行与 H7 的纵列相交处，查得上、下极限偏差分别为+0.021 和 0，所以ϕ25H7 可写成$\phi 25^{+0.021}_{0}$。0.021 就是该基准孔的公差。也可在标准公差数值表附表 12 中查得，在公称尺寸＞18～30 的横行与 IT7 的纵列相交处找到 21μm，即 0.021mm，可知该基准孔的上极限偏差为+0.021，下极限偏差为“0”。

(2) 查ϕ25g6 轴。在附表 13 中，由基本尺寸＞24～30 的横行与 g6 的纵列相交处，查得上、下极限偏差分别为−0.007 和−0.020，所以ϕ25g6 可写成$\phi 25^{-0.007}_{-0.020}$。

(3) 从配合代号中可以看出孔为基准孔，公差等级为 7 级；相配合的轴基本偏差代号为 g，公差等级为 6 级，属基孔制间隙配合。

6.4.3　几何公差

1. 几何公差的概念

加工后的零件不仅尺寸存在误差，而且几何形状和相对位置也存在误差。几何公差是指实际被测要素对图样上给定的理想形状、理想方位的允许变动量。GB/T 1182—2008 规定的几何公差分为形状公差、方向公差、位置公差和跳动公差四类，共 19 个，它们的项目名称和符号如表 6-4 所示。

形状公差是指单一实际要素的形状所允许的变动量。

方向、位置和跳动公差是指关联实际要素相对于基准的方位所允许的变动量。

表6-4　几何公差的分类、项目及符号

公　差	特征项目	符　号	有或无基准要求	公　差	特征项目	符　号	有或无基准要求
形状公差	直线度	—	无	位置公差	同心度	◎	有
	平面度	▱	无		同轴度	◎	有
	圆度	○	无		对称度	⌯	有
	圆柱度	⌭	无		位置度	⌖	有或无
	线轮廓度	⌒	无		线轮廓度	⌒	有
	面轮廓度	⌓	无		面轮廓度	⌓	有

续表

公　差	特征项目	符　号	有或无基准要求	公　差	特征项目	符　号	有或无基准要求
方向公差	平行度	∥	有	跳动公差	圆跳动	↗	有
	垂直度	⊥	有				
	倾斜度	∠	有		全跳动	⌰	有
	线轮廓度	⌒	有				
	面轮廓度	⌓	有				

2. 几何公差的标注

零件几何公差的要求应按规定的方法标注在图样上。对被测要素给定几何公差要求时，采用水平绘制的矩形框格的形式给出该要求。该方框由两格或多格组成，框格中的内容从左到右按公差特性符号、公差值、基准要素的次序填写，如图 6-17 所示。

(1) 形状公差框格如图 6-17 所示。

(2) 方向、位置和跳动公差框格如图 6-18 所示。

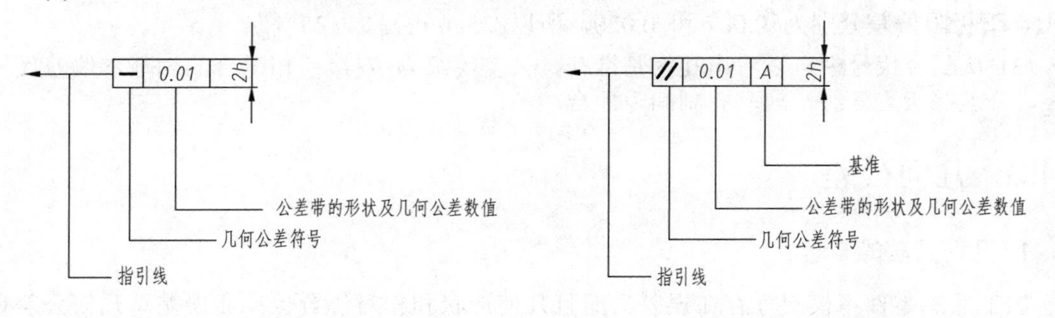

图6-17　形状公差框格　　图6-18　方向、位置和跳动公差框格

(3) 基准符号如图 6-19 所示。

(4) 几何公差的标注示例如图 6-20 所示。

(5) 几何公差的标注图例及说明如表 6-5 所示。

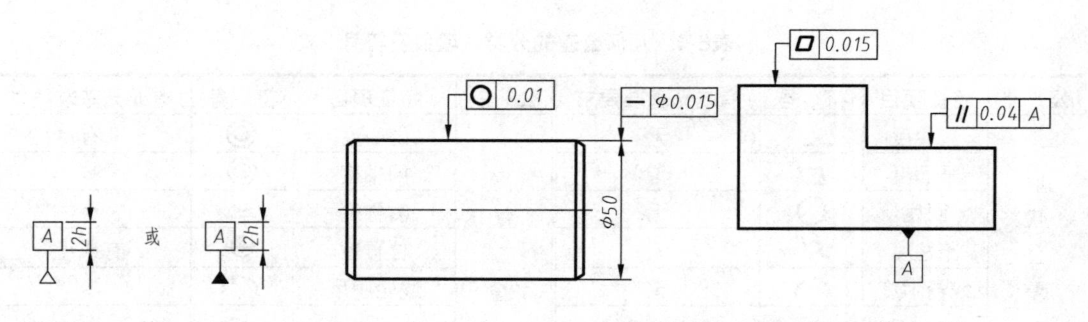

图6-19　基准符号　　图6-20　几何公差的标注示例

表6-5　几何公差的标注图例及说明

图　例	解释说明
	直线度公差为 0.01mm，即被测轴线必须位于直径为 0.01mm 的圆柱之间
	平面度公差为 0.06mm，即被测表面必须位于距离为 0.06mm 的两平行平面之间
	圆度公差为 0.03mm，即被测圆柱面任一正截面的圆周必须位于距离差为 0.03 mm 的两同心圆之间
	平行度公差为 0.01mm，即被测要素为上表面，基准为底面，被测平面必须位于距离为 0.01mm 且平行于基准平面的两平行平面之间
	对称度公差为 0.08mm，即被测要素为槽的中心平面，基准为整个机件的中心平面，被测平面必须位于距离为 0.08mm 且相对于基准平面对称配置的两平行平面之间
	径向圆跳动公差为 0.1mm，即被测要素为大圆柱表面上某一固定位置，基准为小圆柱轴线，被测要素绕基准轴线旋转一周时，在任一测量圆柱面上的跳动量均不得大于 0.1mm

【例 6-2】 识读图 6-21 所示活塞杆上所注的各项技术要求内容，并解释其含义。

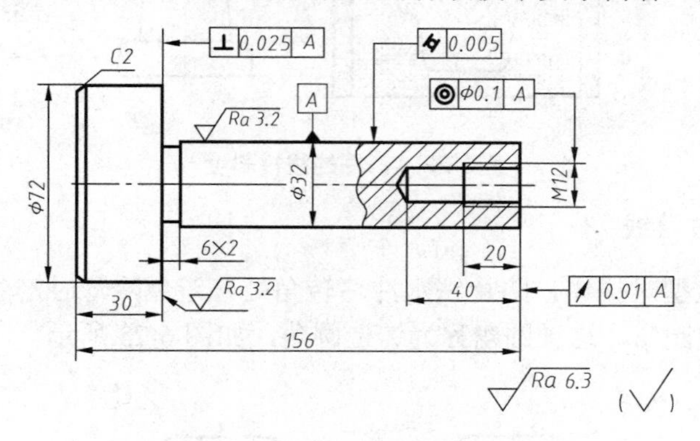

图6-21　活塞杆

⌭ 0.005：表示圆柱度公差，公差值为 0.005mm，被测要素为 φ32 圆柱面，即 φ32 圆柱表面的圆柱度公差为 0.005mm。

⊥ 0.025 A：表示垂直度公差，公差值为 0.025mm，被测要素为 φ72 轴的右端面，基准要素为 φ32 圆柱轴线，即 φ72 轴的右端面相对于 φ32 圆柱轴线的垂直度公差为 0.025mm。

◎ φ0.1 A：表示同轴度公差，公差值为 φ0.1mm，被测要素为 M12 螺纹孔中心线，基准要素为 φ32 圆柱轴线，即 M12 螺纹孔中心线相对于 φ32 圆柱轴线的同轴度公差为 φ0.1mm。

[↗|0.01|A]：表示端面圆跳动公差，公差值为 0.01mm，被测要素为 M12 螺纹孔的右端面，基准要素为 ϕ32 圆柱轴线，即 M12 螺纹孔的右端面相对于 ϕ32 圆柱轴线的端面圆跳动公差为 0.01mm。

[A]：表示基准，基准要素为 ϕ32 圆柱轴线。

√Ra 3.2：用去除材料方法加工，轮廓算术平均偏差 R_a 的上限值是 3.2μm。

√Ra 6.3 (√)：其余未注表面，用去除材料方法加工，轮廓算术平均偏差 R_a 的上限值是 6.3μm。

任务 6.5 零件上常见的工艺结构

零件的结构形状除了要满足工作要求、设计要求外，还必须考虑一系列工艺结构要求，否则可能使制造工艺复杂化甚至无法制造或造成废品。因此，应了解零件常见的工艺结构。

6.5.1 铸造工艺对结构的要求

1. 拔模斜度

造型时，为了将木模从砂型中顺利取出，经常在铸件的内外壁上沿拔模方向设计出一定的斜度，称为拔模斜度。拔模斜度通常为 1∶100～1∶20。如图 6-22 所示，铸造零件的拔模斜度在图中可不画出，但应在技术要求中加以注明。

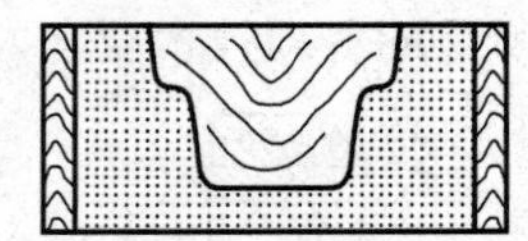

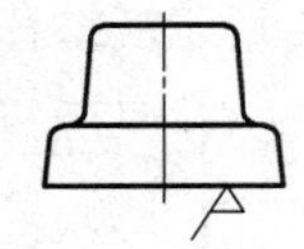

图6-22 铸件的拔模斜度

2. 铸造圆角和过渡线

为了便于铸件造型时拔模，防止铁水冲坏转角处，避免冷却时产生缩孔和裂纹，常将铸件在转角处加工成圆角，这种圆角称为铸造圆角，如图 6-23 所示。

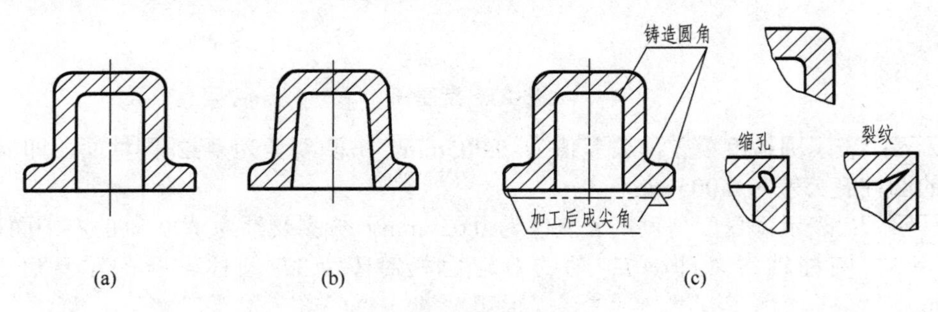

图6-23 铸造圆角

由于铸件表面铸造圆角的存在，使表面交线看起来不太明显，为了看图时便于区分不同表面，交线仍要画出。这种交线通常称为过渡线。

图 6-24 所示为过渡线的画法。

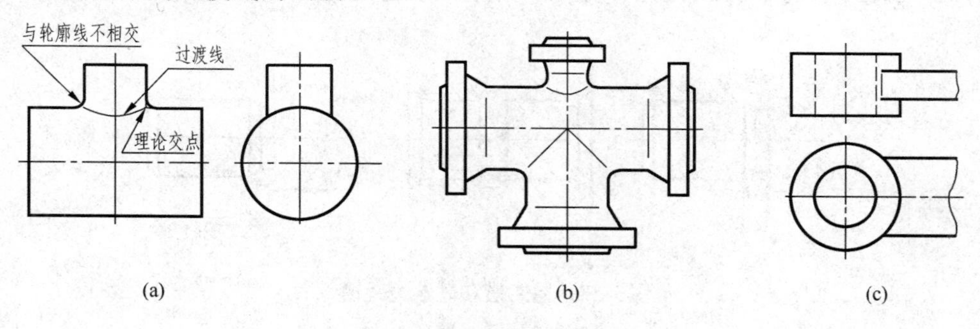

图6-24　过渡线的画法

3. 铸件壁厚

在浇注铸型时，为了避免各部分因铁水冷却速度不同而产生缩孔和裂缝，铸件壁厚应均匀或逐渐过渡，如图 6-25 所示。

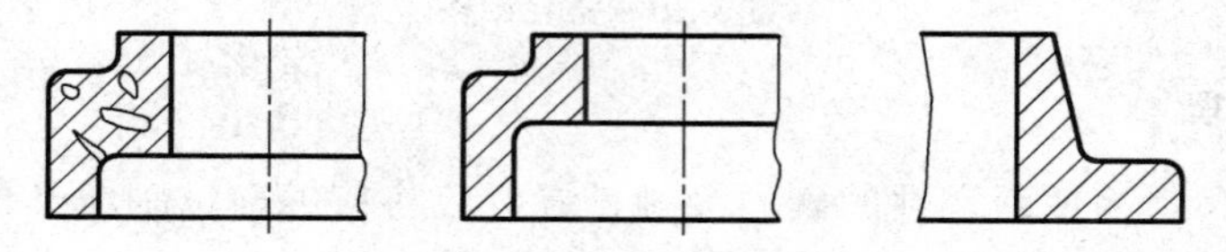

图6-25　铸件壁厚要均匀或逐渐变化

6.5.2　机械加工工艺结构

1. 倒角和倒圆

为了去除零件加工表面的毛刺、锐边，便于装配，在轴或孔的端部一般加工成与水平方向成 45° 或 30°、60° 的倒角。为避免阶梯轴轴肩的根部因应力集中而产生裂纹，在轴肩处加工成圆角过渡，称为倒圆，如图 6-26 所示。

2. 退刀槽和砂轮越程槽

零件在切削(特别是在车螺纹和磨削)加工中，为了便于在退出刀具时保护刀具不被破坏，同时保证相关的零件在装配时能够靠紧，预先在待加工表面的末端(台肩处)制出退刀槽或砂轮越程槽，如图 6-27 所示。

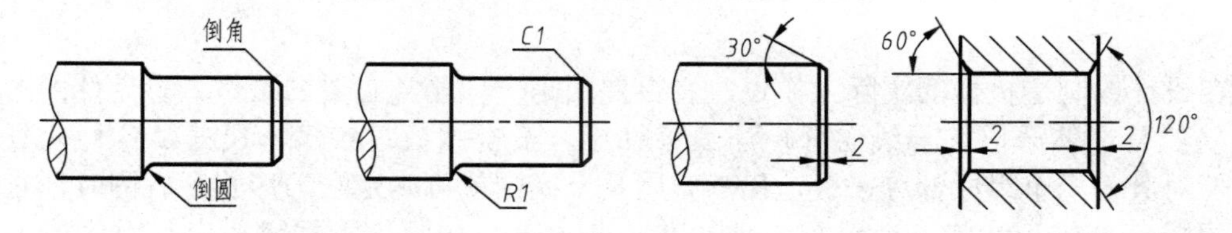

图6-26　倒角和倒圆

3. 钻孔结构

如图 6-28 所示，钻孔加工时，钻头应与孔的端面垂直，以保证钻孔精度，避免钻头歪斜、折断。如必须在斜面或曲面上钻孔时，应先把该表面铣平或预先铸出凸台或凹坑，然后再钻孔。

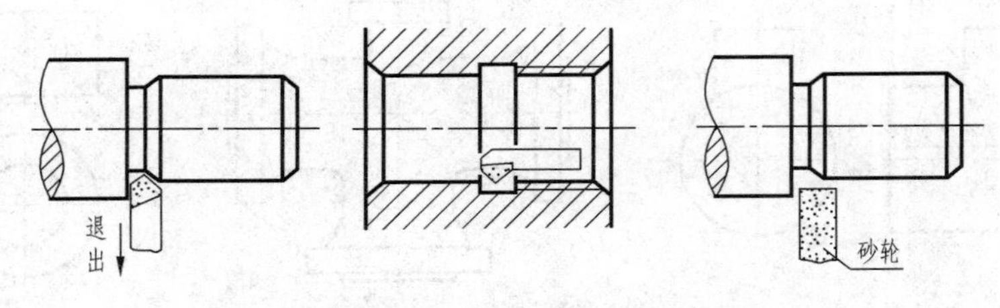

图6-27　退刀槽和砂轮越程槽

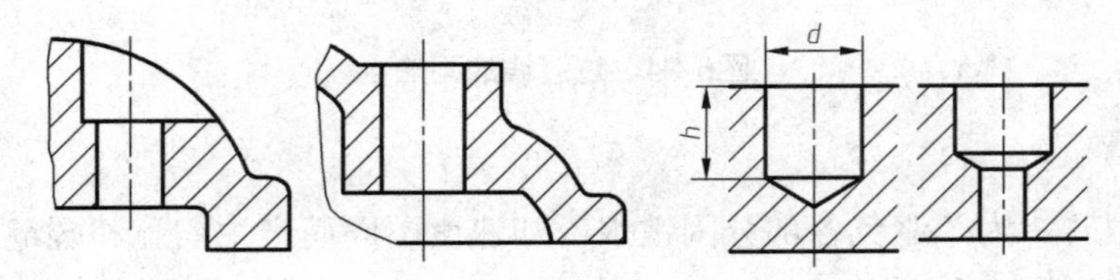

图6-28　钻孔结构

4. 凸台和凹坑

在机械加工时，为使两零件的表面接触良好，应将接触部位制成凸台或凹坑、凹槽等结构，以减少切削加工的面积，如图 6-29 所示。

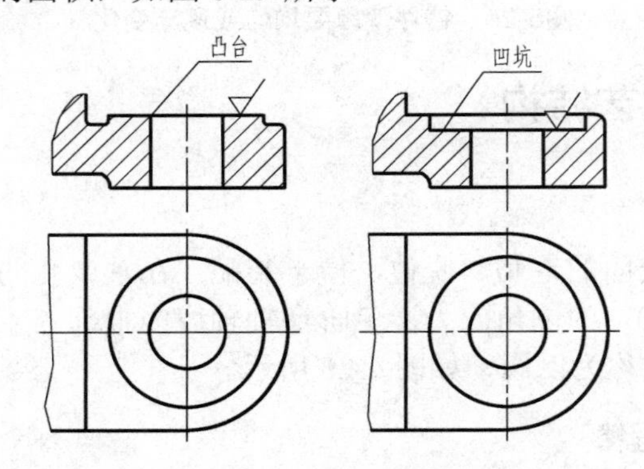

图6-29　凸台和凹坑

任务 6.6　读 零 件 图

在设计、制造机器的实际工作中，看零件图是一项非常重要的工作。看零件图的基本方法仍然是形体分析法与线面分析法。零件图一般视图数量较多，尺寸及各种代号也较多，但对其每一个组成部分来说，仍然只用几个视图就可确定它的形状。看图时，首先找出各组成部分的形状特征或位置特征，并从此入手，按照投影规律找出其对应的另外投影，便能很快将各个部分逐一“分离”出来，对于局部投影难理解之处，要用线面分析法仔细分析。最后将其综合，想象出零件的完整形状。

现以图 6-30 所示齿轮油泵泵体为例，说明看零件图的方法和步骤。

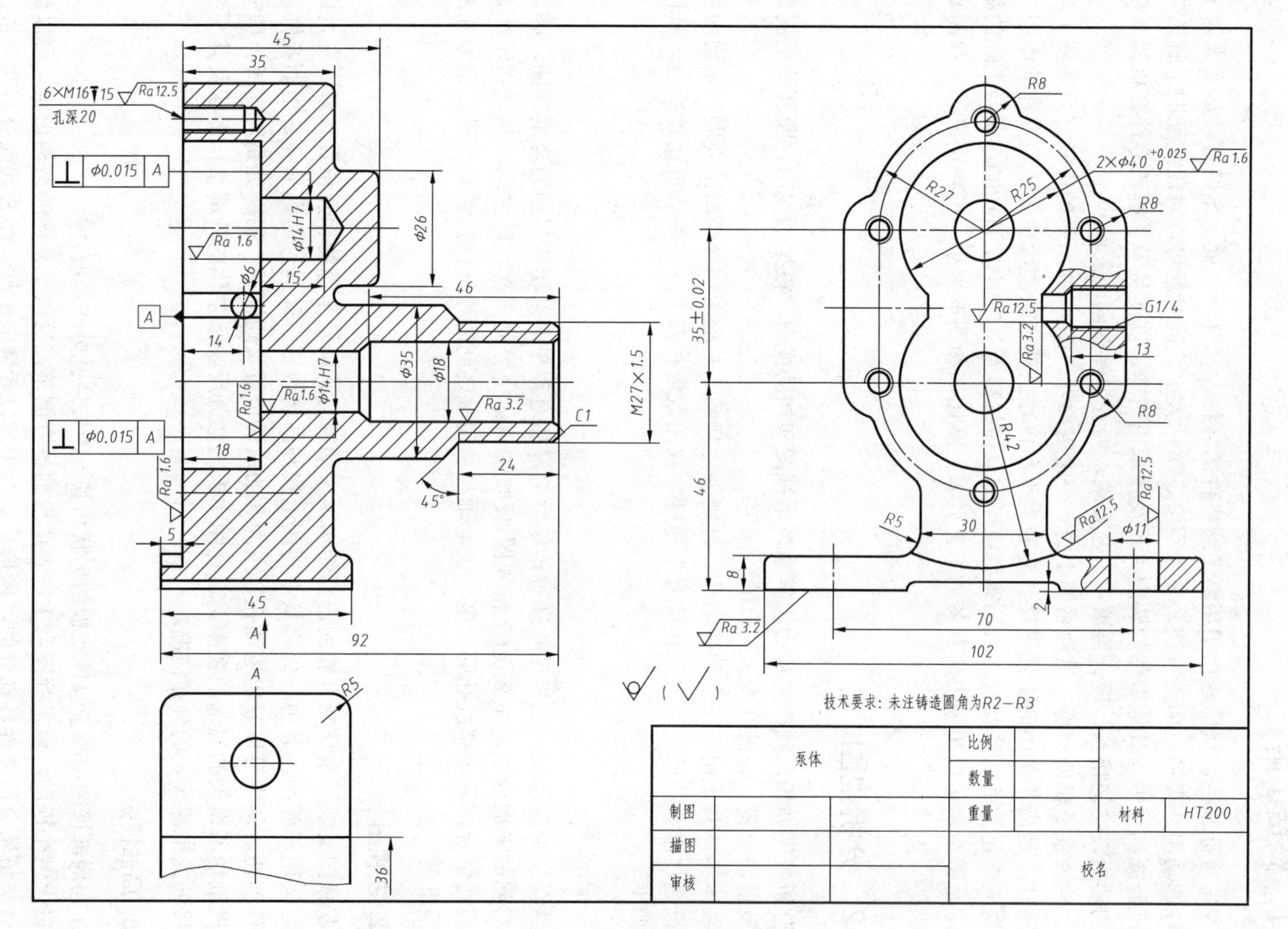

图6-30　齿轮油泵泵体零件图

6.6.1 概括了解

首先看标题栏，从标题栏中粗略了解零件的名称、材料、数量、比例等，从而大体了解零件的功用、类型、加工方法、复杂程度、实际大小。同时还可以对照装配图了解该零件在机器或部件中与其他零件的装配关系及技术说明等，以便从中了解该零件在机器或部件中的功用、结构特点、设计要求和工艺要求，为看零件图创造条件。

齿轮油泵是机器润滑、供油系统中的一个常用部件。图 6-30 所示的齿轮泵泵体属于箱体类零件，是齿轮泵中的主体零件，起着支承和包容主动、从动齿轮等传动零件的作用，其结构应满足这些功能要求。从标题栏中可知泵体材料为灰口铸铁 HT200，说明毛坯的制造方法是铸造，可以想象出应具备的工艺要求。从比例和图形大小，可判定出该零件的真实大小。

6.6.2 分析视图

分析视图布局，找出主视图、其他基本视图和辅助视图。根据剖视图、断面图的剖切方法及剖切位置，分析其表达的目的和作用。

泵体零件共采用了三个视图表达，分别为主视图、左视图和一个局部视图。主视图的选择符合“形状特征”和“工作位置”原则，视图数量和表达方法都选得比较恰当。具体分析如下。

1. 主视图

结合左视图可知，主视图是通过该零件的前后对称平面剖切所得到的全剖视图，因其前后对称故未加标注。主视图(全剖视图)反映了箱体空腔的层次，即主动、从动齿轮啮合腔的贯通情况，六个螺纹孔的深度，主动轴与从动轴之间的相互位置关系，进、出油孔的位置情况等。

2. 左视图

左视图反映了泵体啮合腔的内部结构，主动轴与从动轴平行的相互位置关系。左视图的两处采用局部剖，其中一处可从主视图上找到剖切位置，即通过对进油孔、出油孔轴向方向作剖切，从中可以看出进油孔、出油孔的前后位置贯通情况；另一处是对底板上的安装孔做剖切所得到的局部剖视图。左视图中未剖部分反映了泵体的外部结构形状及其与泵盖连接的六个螺纹孔的分布情况。

3. 局部视图

A 向局部视图反映了泵体底板的形状和其上的安装孔分布情况。

以上三个视图，以主视图为主，表达目的各有侧重，反映了泵体的结构形状。可以运用形体分析法分析零件各部分的结构形状，对于难以看懂的结构，结合线面分析法分析，最后想出整个零件的结构形状。若能同时结合零件结构的功能进行分析，会更加容易。

6.6.3　分析尺寸

零件图上的尺寸是制造、检验零件的重要依据。分析尺寸的主要目的是：根据零件的结构特点、设计和制造工艺要求，找出尺寸基准，分清设计基准和工艺基准，明确尺寸种类和标注形式；分析影响性能的功能尺寸是否合理，标准结构要素的尺寸标注是否符合要求，其余尺寸是否满足工艺要求；校核尺寸标注是否齐全等。

通过看图分析可知，泵体零件长度方向的主要基准为泵体左端面，以此来确定进、出油孔的位置 14，底板尺寸 45，底板相对于啮合腔外壳左端面的距离 5，啮合腔的深度 18，六个内螺纹深 18，孔深 20，安装从动轴处泵体长度 45，泵体总长 92 等。主动轴孔右端面为长度方向的辅助基准，以此来确定外螺纹深度 24，内孔深 46 等。

宽度方向的主要基准为前后对称平面，以此来确定底板宽度为 102，底板上两孔的定位尺寸为 70，啮合腔处螺纹孔之间的距离为 50，啮合腔与底板之间的连接板尺寸为 30 等。

高度方向的主要基准为底板的下底面，以此来确定底板厚度为 8，主动轴孔的定位尺寸为 46，从动轴孔的定位尺寸为 35±0.02，螺孔的定位尺寸为 *R*25 等。

图中所注的功能尺寸有进、出油孔的尺寸 G1/4，主动轴孔、从动轴孔直径 ϕ14H7。

6.6.4　分析技术要求

通过看图分析可知，整个泵体零件的表面粗糙度共分四个等级，其中泵体左端面、啮合腔、两个 ϕ14H7 孔的 R_a 上限值为 1.6μm；底板底面、ϕ18 孔的 R_a 上限值为 3.2μm；两个 ϕ11 安装孔、6×M16 螺纹孔、*R*42 圆弧、G1/4 的 R_a 上限值为 12.5μm；其余为不加工表面。另外两个 ϕ14H7 孔的中心线要与泵体左端面垂直，垂直度公差为 0.015mm，说明是为了保证主动、从动轴线与左端面正交。从标注可以看出主动轴、从动轴穿过的孔表面粗糙度 R_a 值较小，说明表面要求光滑，并且 ϕ14H7 尺寸都带有公差代号，且基本偏差为 H，说明是基孔制配合的基准孔。由于泵体为铸件，铸造圆角较多，未注铸造圆角均为 *R*2～*R*3。

通过上述看图步骤，对零件已有了较全面了解，但还应综合分析零件的结构和工艺是否合理，表达方案是否恰当，以及检查有无看错或漏看等，以便对所看的零件图加深印象，彻底弄懂弄通。综合各个视图，经过对泵体零件的结构形状、尺寸、技术要求等分析，综合起来考虑，就能形成对泵体较全面的认识。如图 6-31 所示为泵体轴测图。

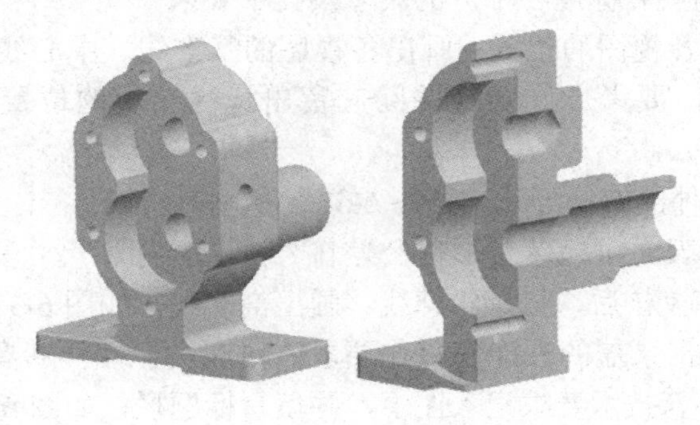

图6-31　泵体轴测图

任务 6.7　零件测绘

依据实际零件，通过分析选定表达方案，画出它的图形，测量并标注尺寸，制定必要的技术要求，从而完成零件图绘制的过程，称为零件测绘。零件测绘对改造设备、修配零件、推广先进技术、交流革新成果等都起着重要作用，是工程技术人员必须掌握的技术绘画技能。

零件测绘对象主要指一般零件。凡属标准件，不必画它的零件草图和零件工作图，只需测量主要尺寸，查有关标准写出规定标记，并注明材料、数量。

6.7.1　零件测绘的方法和步骤

零件测绘一般先画零件草图，再根据零件草图整理之后画零件工作图，简称零件图。下面以图 6-32 所示齿轮泵泵盖为例说明零件测绘的方法和步骤。

图6-32　齿轮泵泵盖轴测图

1. 绘制零件草图的步骤

首先了解零件的名称和材料，分析零件在机器中的作用和装配关系，再根据它的结构特点确定表达方案，测量并标注各部分的尺寸及技术要求。

(1) 在图纸上定出各视图的位置。画出各视图的基准线、中心线，如图 6-33(a)所示。确定各视图的位置时，要考虑到各视图间应留出标注尺寸的位置及右下角放置标题栏的位置。

(2) 详细地画出零件的结构形状，如图 6-33(b)所示。

(3) 标注出零件各表面粗糙度及形位公差符号，选择标注尺寸基准并画尺寸线、尺寸界线及箭头。经过仔细校核后，描深轮廓线，画出剖面线，如图 6-33(c)所示。

(4) 测量尺寸，根据泵盖的性能和工作要求，对照类似图样和有关资料，制订出技术要求内容，将尺寸数字、技术要求记入图中，并填写标题栏，如图 6-33(d)所示。

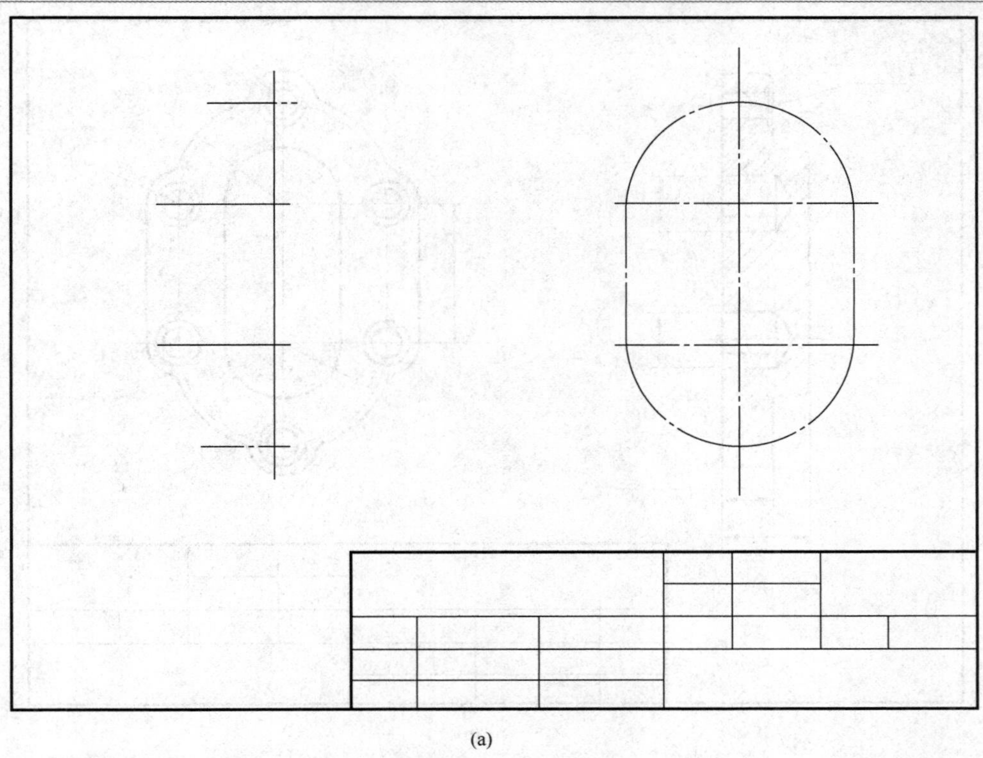

(a)

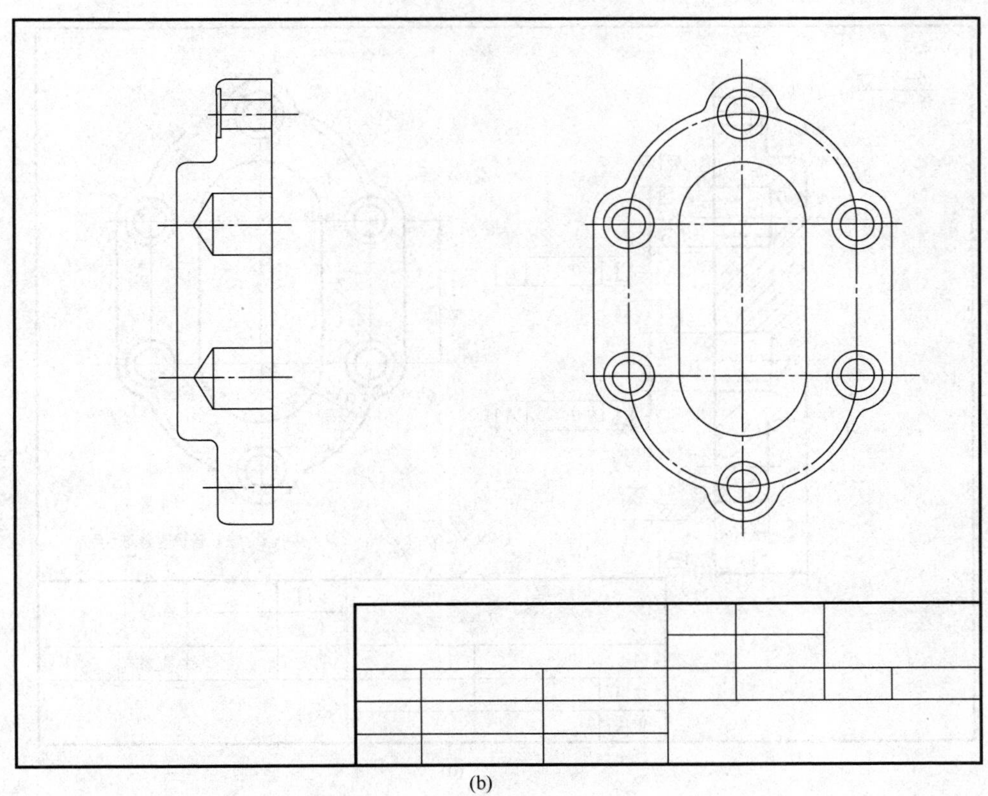

(b)

图6-33　绘制泵盖零件草图的步骤

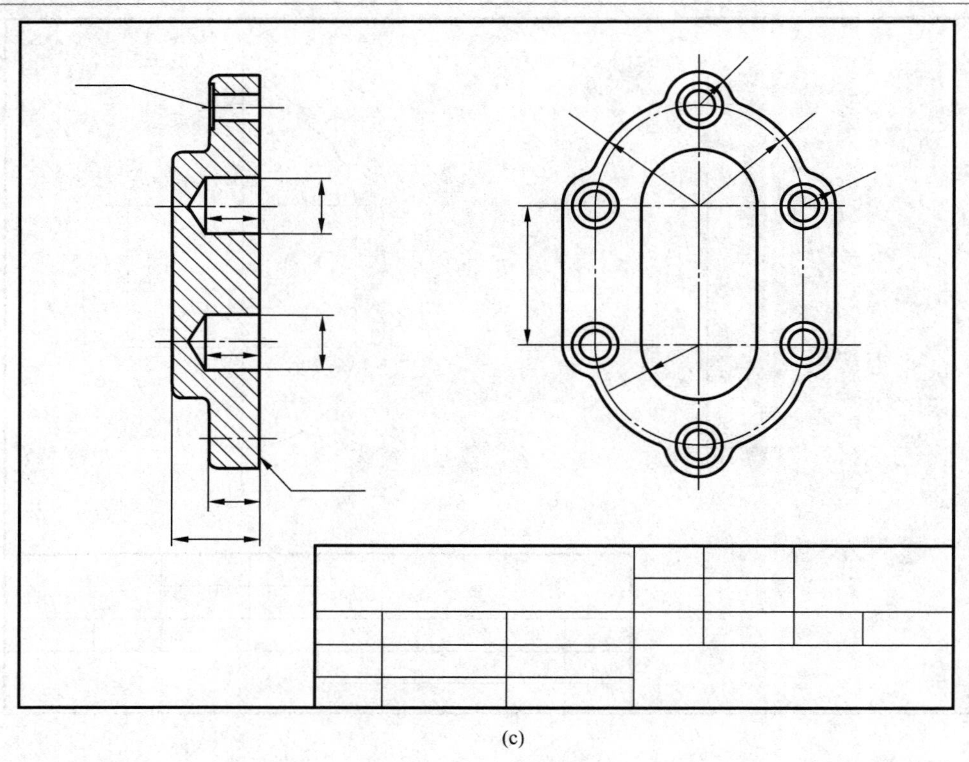

(c)

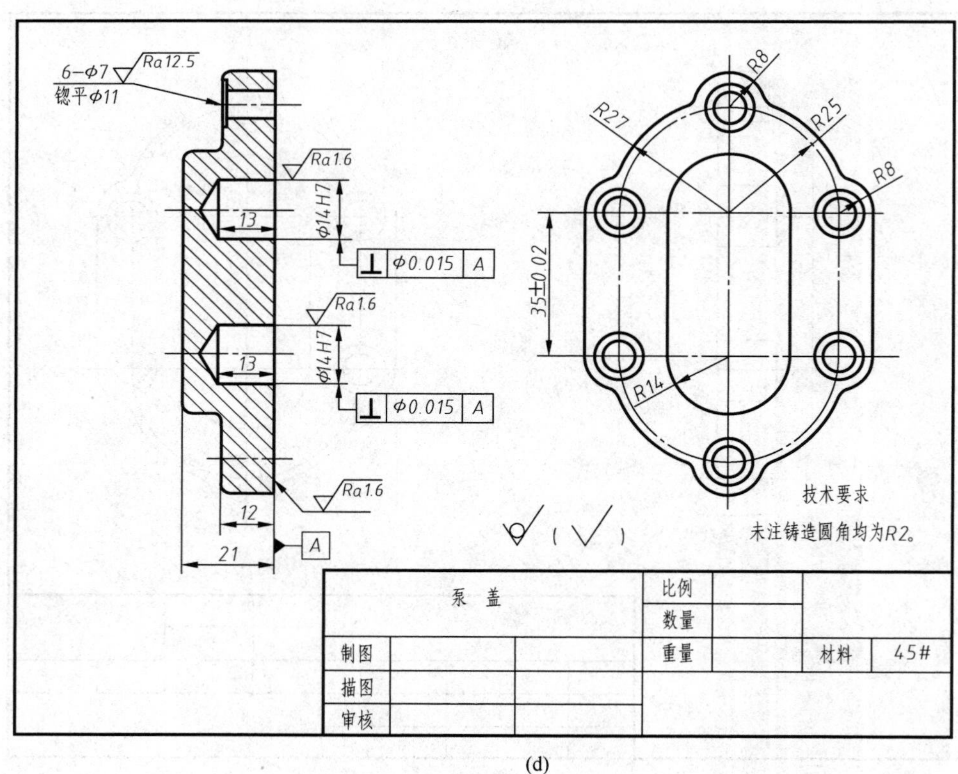

(d)

图6-33 绘制泵盖零件草图的步骤(续)

2. 绘制零件图

零件草图绘制完成后，应对草图进行校核、整理，进行必要的修改和补充，最后画出零件工作图。零件工作图的绘图步骤与零件草图类似，不同的是，要在图纸上用尺规按比例绘制，或根据零件草图在计算机上绘制，如图 6-34 所示。

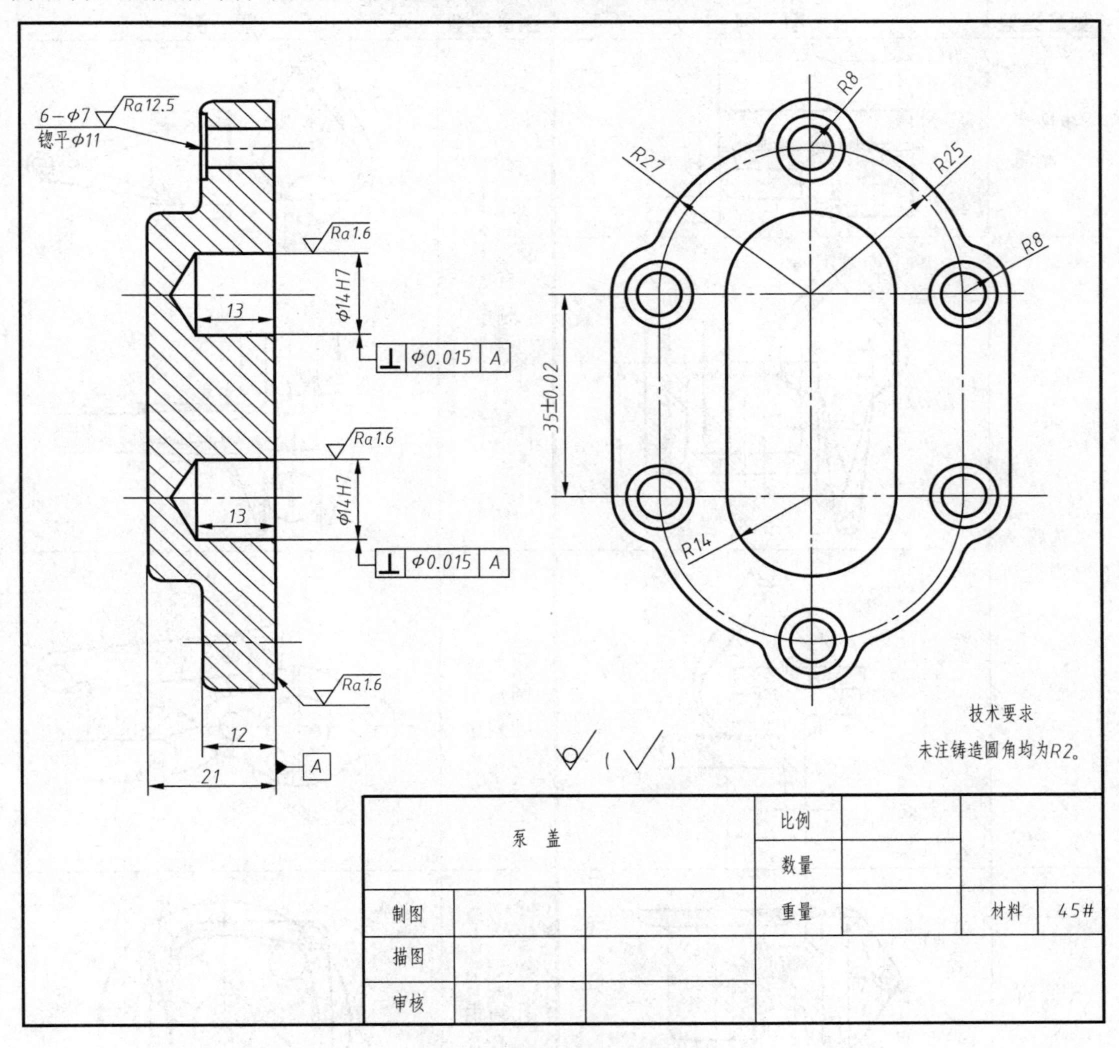

图6-34　绘制泵盖零件图

6.7.2　零件尺寸的测量方法

1. 测量工具

测量尺寸的常用工具有钢板尺、内外卡钳、游标卡尺、千分尺等。其中，内外卡钳须借助直尺才能获得被测零件的尺寸。

2. 常用的测量方法

常用的测量方法如表 6-6 所示。

表6-6　常用的测量方法

测量类型	图　例	测量类型	图　例
线性尺寸测量	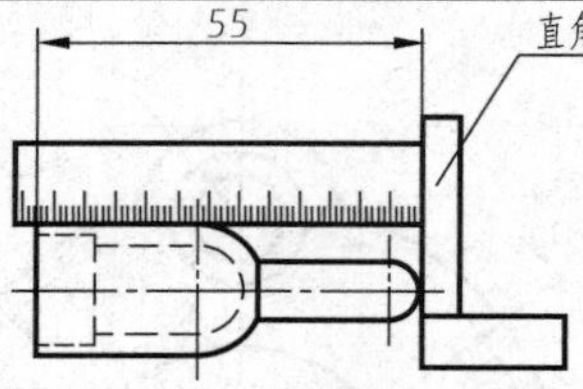	直径测量	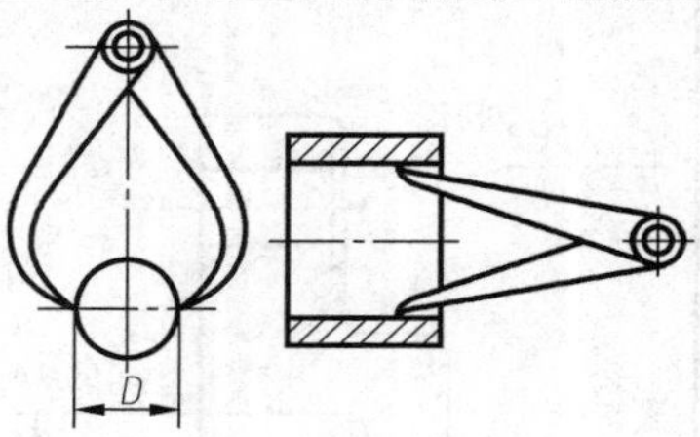
壁厚测量	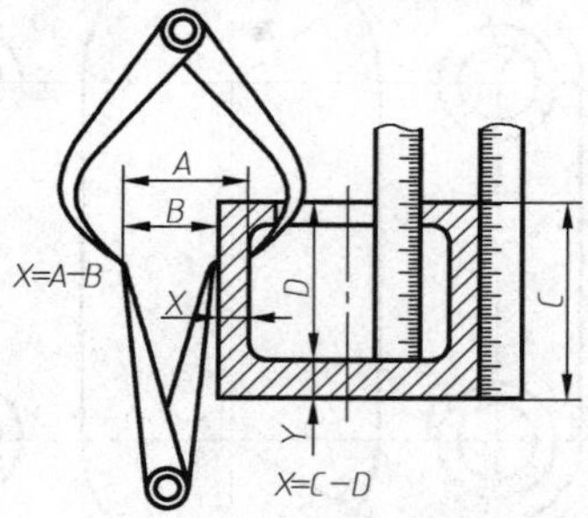		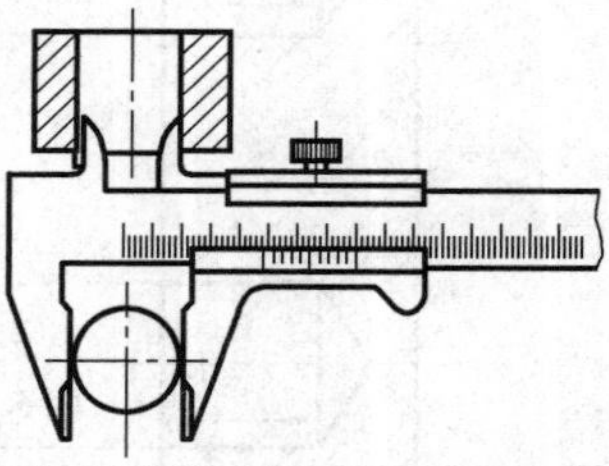
	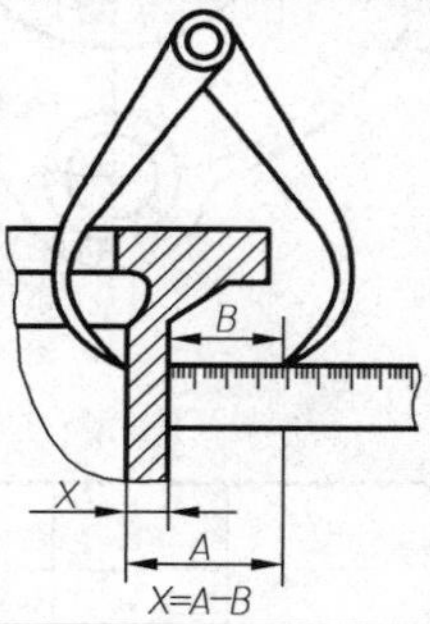	圆角尺寸测量	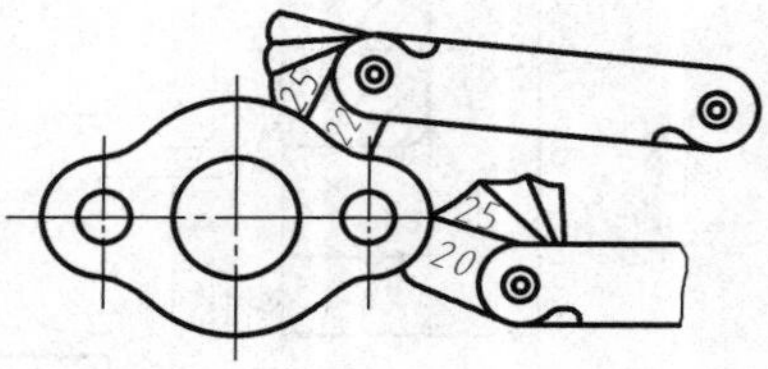
中心高尺寸测量	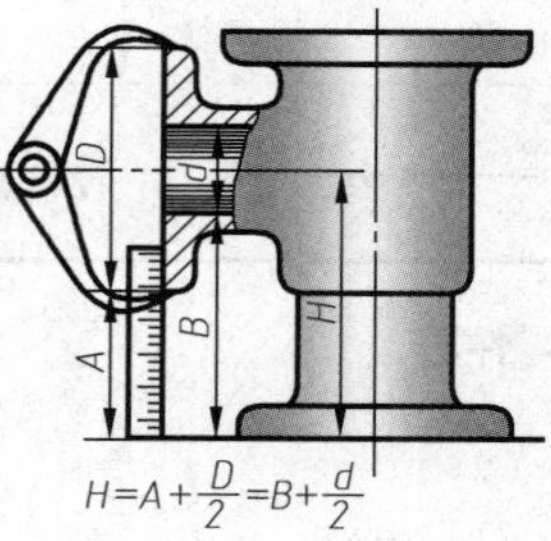	孔间距测量	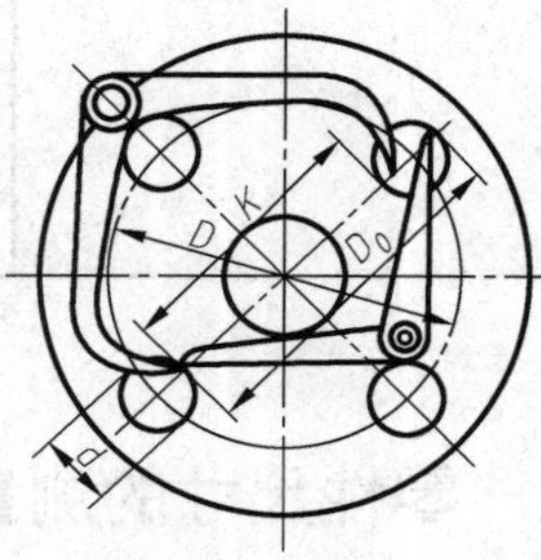
螺纹测量	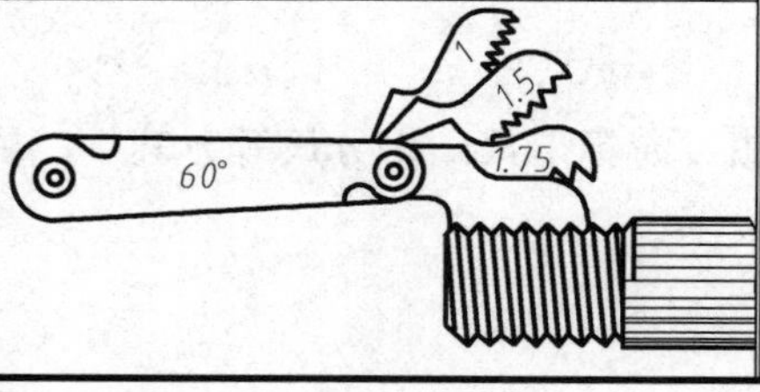		

6.7.3　零件测绘应注意的几个问题

(1) 零件的制造缺陷(如砂眼、气孔、刀痕)和零件在工作中造成的磨损等，都不应画出。

(2) 零件上因制造、装配需要而形成的工艺结构，如铸造圆角、倒角等必须画出。

(3) 有配合关系的尺寸(如配合的孔与轴的直径)，一般只需测出它的基本尺寸，其配合性质和相应的公差值，应在进行综合分析后，查阅有关手册确定。没有配合关系的尺寸或不重要的尺寸，允许将测量所得尺寸作适当调整。

(4) 对螺纹、键槽、沉头孔、齿轮等标准结构的尺寸，应把测量的结果与标准值对照，采用标准的结构尺寸。

【项目实施】　画球阀阀体零件图

如图 6-35 所示的球阀阀体主要用来支承和包容球形阀芯、阀杆等传动零件。可以看出阀体内外形都较复杂，毛坯为铸件，机加工工序较多，且加工位置多变。阀体内腔装球形阀芯，以控制液体的流量，其内部为球形，外部左端为方形凸缘，上部和右部均为圆柱状带内螺纹的管道。

在选择主视图时，主要根据形体特征原则和工作位置原则来考虑，并采用剖视的方法，重点反映其内部结构。表达球形空腔与左、右和上方孔的相通情况。

对于主视图没有表达清楚的结构，还应该采用其他视图来表达，这类零件结构相对复杂，因此采用的视图数量较多，可以根据结构特点采用全剖视图、半剖视图或者局部视图、斜视图等。在图 6-35 中，球形主体结构的左端是方形凸缘，右端和上部都是圆柱凸缘，凸缘内部的阶梯孔与中间的球形空腔相通。由于阀体前后结构对称，所以左视图采用半剖视图表达，这样不仅可以反映出左端方形凸缘的外形和四个安装孔的形状位置，同时又兼顾表达了球形内腔的形状，俯视图主要用于表达外形。

选择尺寸基准，长度方向选择左端面为主要基准，高度方向取球形内腔轴线为基准，宽度方向以前后对称的平面为基准。标注尺寸时应考虑正确、完整、清晰、合理。对技术要求的标注可以根据零件的作用、表面的重要性等，用类比法标注。

球阀阀体零件图如图 6-36 所示。

图6-35　球阀阀体轴测图

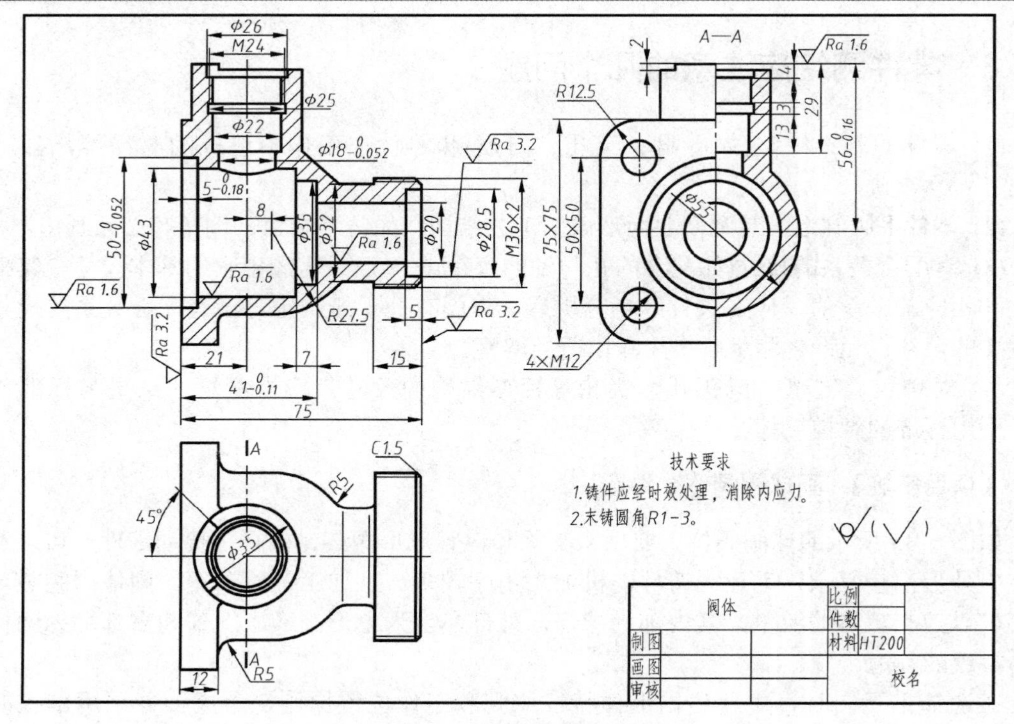

图6-36 球阀阀体零件图

【技能训练】

根据图 6-37 所示阀体的轴测图，选择合理的表达方案，画出阀体零件工作图。

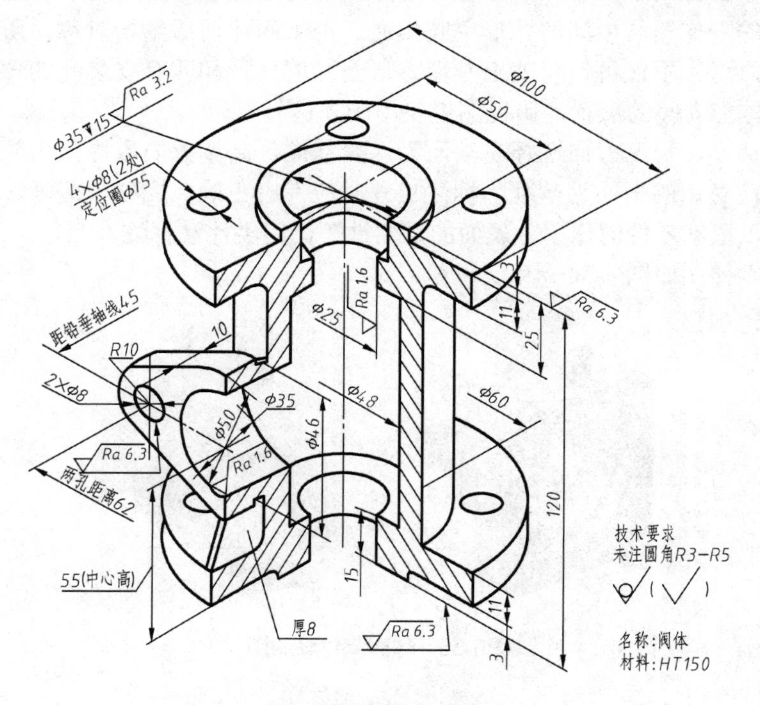

图6-37 阀体轴测图

【项目小结】

通过本项目的学习，要着重注意各类零件的结构特点，绘制图样时为了读图方便，一定要选择合理的表达方案。选择主视图时从表达主要形体入手，以主视图为核心，其他视图进行补充，每个视图应具备各自的表达重点，并注意考虑方案的全局性和关联性，零件的结构形状要表达完全，并且要唯一确定。零件图上尺寸标注的重点在于合理，尺寸基准应从长、宽、高三个方向考虑，选择在各方向上主要的几何要素为基准。在实施本项目的过程中，易出现表达方案不合理、草图太草、技术要求不当的现象，应多做些练习以解决这些问题。

项目 7　画球阀装配图

【项目目标】

- 掌握装配图的作用、内容、规定画法和特殊表达方法。
- 掌握装配体的视图选择原则和方法，能够根据给定零件图灵活运用表达方法画出装配图。
- 掌握看装配图的方法和步骤，能阅读中等以上复杂程度的装配图。
- 熟悉装配体的测绘方法和步骤，能够拆装简单机器中的零部件，能够正确使用测量工具完成对装配体的测绘。

【基本知识】

- 装配图的表达方法。
- 装配图的尺寸标注、技术要求及零件编号。
- 装配结构简介。
- 读装配图和拆画零件图。

【任务引入】

生产实际中，装配图是表达机器、部件或组件的图样。表达一台完整机器的装配图，称为总装配图(总图)；表达机器中某个部件或组件的装配图，称为部件装配图或组件装配图。通常总图只表示各部件间的相对位置和机器的整体情况，而把整台机器按各部件分别画出部件装配图。

任务 7.1　装　配　图

7.1.1　装配图的作用和内容

1. 装配图的作用

表示产品及其组成部分的连接、装配关系的图样，称为装配图。

在工业生产中，不论是开发新产品，还是对其他产品进行仿制改造，一般都先由设计部门画出装配图，然后根据装配图画出零件图；生产部门则先根据零件图制造出零件，再根据装配图把零件装配成机器或部件。同时，装配图还是安装、调试、操作和检修机器或部件的重要资料。因此，装配图是表达设计思想、指导生产和进行技术交流的重要技术文件。

2. 装配图的内容

图 7-1 是千斤顶的轴测装配图。图 7-2 是它的装配图。

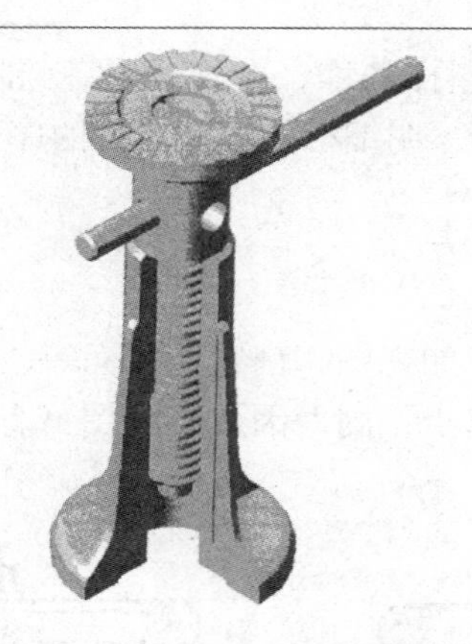

图7-1　千斤顶轴测装配图

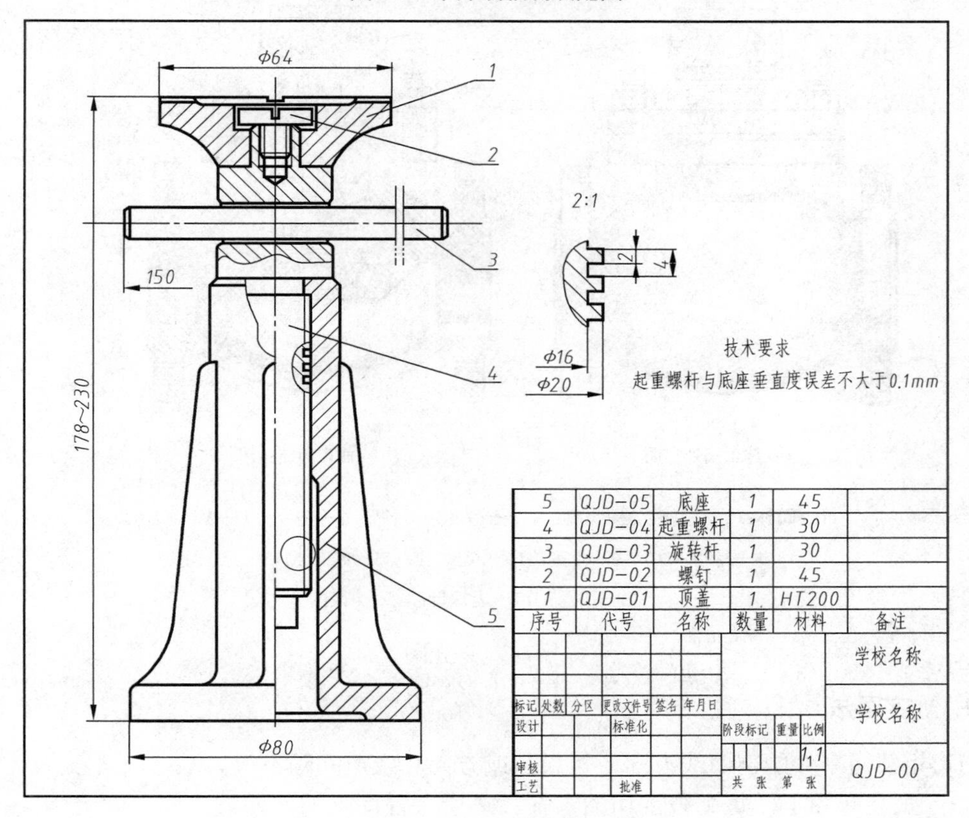

图7-2　千斤顶装配图

从图 7-2 中可以看到，一张完整的装配图应包括以下几项内容。

(1) 一组图形。用来表达装配体的工作原理，零件间的装配关系、连接方式及主要零件的结构形状等。

(2) 必要的尺寸。标注出表示装配体性能、规格及装配、检验、安装时所需的尺寸。

(3) 技术要求。用文字说明装配体在装配、检验、调试、使用和维护时需遵循的技术条件和要求等。

(4) 零件序号、标题栏和明细栏。零件序号是对装配体上的每一种零件按顺序编号；

标题栏一般应注明单位名称、图样名称、图样代号、绘图比例、装配体的质量，以及设计、审核人员签名和签名日期等；明细栏应填写零件的序号、名称、数量、材料等内容。

7.1.2 装配图的表达方法

零件图上的各种表达方法，如视图、剖视、断面等，在装配图中都同样适用。但由于装配图和零件图所需要表达的重点不同，因此装配图另有一些规定画法和特殊画法，参照图 7-3 所示的截止阀。

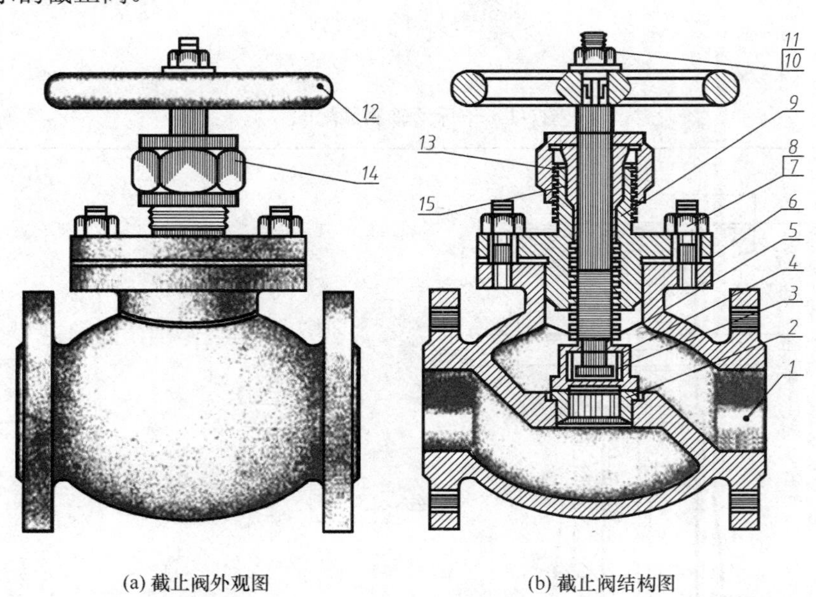

(a) 截止阀外观图　　(b) 截止阀结构图

1—阀体；2—阀座；3—阀盘；4—插销；5—阀杆；6—垫片；7—螺柱 M10×30
8—螺母 M10；9—阀盖；10—垫圈 12；11—螺母 M12；12—手轮
13—压盖；14—盖螺母；15—填料

图7-3 截止阀

1. 规定画法

(1) 相邻两零件的剖面线方向应相反，或方向一致但间隔不等。

在一张装配图上，每个被剖切的零件，在所有视图上的剖面线方向、间隔、倾斜角度都应一致，以便于对照视图，识别零件。如图 7-4 所示截止阀装配图中的件 9、13、14。

当零件厚度小于 2mm 时，允许以涂黑来代替剖面符号。如图 7-4 所示的垫片。

(2) 相接触和相配合的两零件表面接触处，规定只画一条线；凡是非接触、非配合的两表面，不论间隙多小，都必须画出两条线。

(3) 在装配图中，对于紧固件以及轴、实心杆件、球、键、销等实心零件，若按纵向剖切，且剖切平面通过其对称平面或轴线时，这些零件均按不剖绘制。如果需要特别表明零件的结构，如凹槽、键槽、销孔等，则可采用局部剖视表示。如图 7-4 所示的零件 5、7、8、10、11。

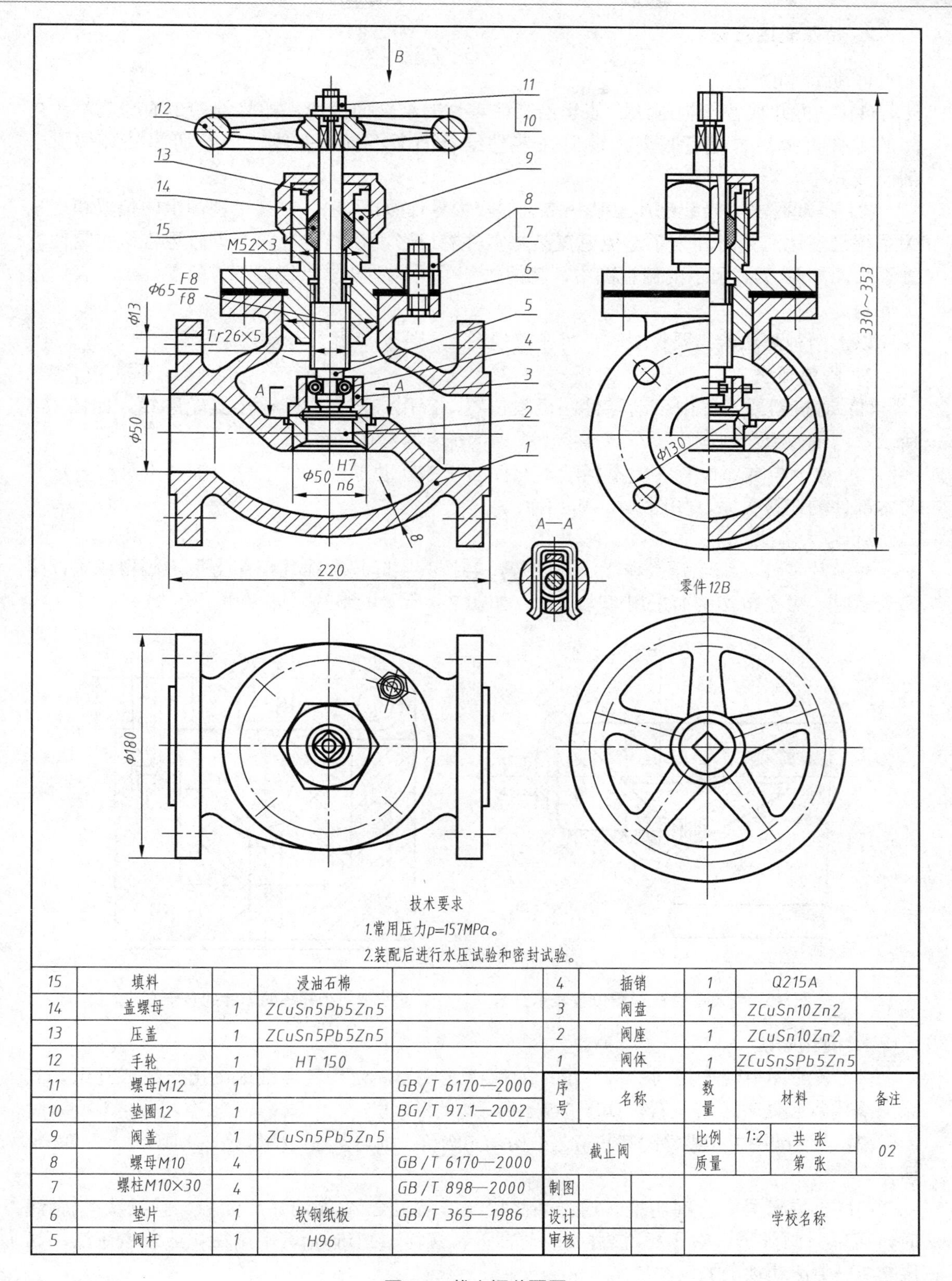

技术要求

1.常用压力p=157MPa。

2.装配后进行水压试验和密封试验。

15	填料		浸油石棉		4	插销	1	Q215A	
14	盖螺母	1	ZCuSn5Pb5Zn5		3	阀盘	1	ZCuSn10Zn2	
13	压盖	1	ZCuSn5Pb5Zn5		2	阀座	1	ZCuSn10Zn2	
12	手轮	1	HT 150		1	阀体	1	ZCuSnSPb5Zn5	
11	螺母M12	1		GB/T 6170—2000	序号	名称	数量	材料	备注
10	垫圈12	1		BG/T 97.1—2002					
9	阀盖	1	ZCuSn5Pb5Zn5		截止阀		比例 1:2	共 张	02
8	螺母M10	4		GB/T 6170—2000			质量	第 张	
7	螺柱M10×30	4		GB/T 898—2000	制图		学校名称		
6	垫片	1	软钢纸板	GB/T 365—1986	设计				
5	阀杆	1	H96		审核				

图7-4　截止阀装配图

2. 特殊表达方法

1) 拆卸画法

(1) 以拆卸代替剖视画法。假想沿某些零件的结合面剖切，即将剖切平面与观察者之间的零件拆掉后再进行投射。此时在零件结合面上不画剖面线，但被切部分必须画出剖面线。

(2) 拆卸画法。当装配体上某些常见的较大零件(如手轮)，在某个视图上的位置和连接关系等已表达清楚时，为了避免遮盖某些零件的投影，在其他视图上可假想将这些零件拆去不画。如图 7-4 所示的俯视图中，就拆去了手轮等零件，以便将下方的零件形状表达得更清楚。

以上两种画法若需要说明时，可在其视图上方注明“拆去××等”字样。

2) 假想画法

(1) 对机器或部件中可动零件的极限位置，应用细双点画线画出其轮廓线。如图 7-5 所示，用细双点画线画出了车床尾座上手柄的另一个极限位置。

(2) 对于与本部件有关但不属于本部件的相邻辅助零、部件，可用细双点画线表示其与本部件的连接关系，如图 7-6 中的工件。

3) 夸大画法

对薄片零件、细丝弹簧和微小间隙等，若按其实际尺寸在装配图上很难画出或难以明确表示时，可不按比例而采用夸大画法。如图 7-4 所示的垫片，即采用了夸大画法。

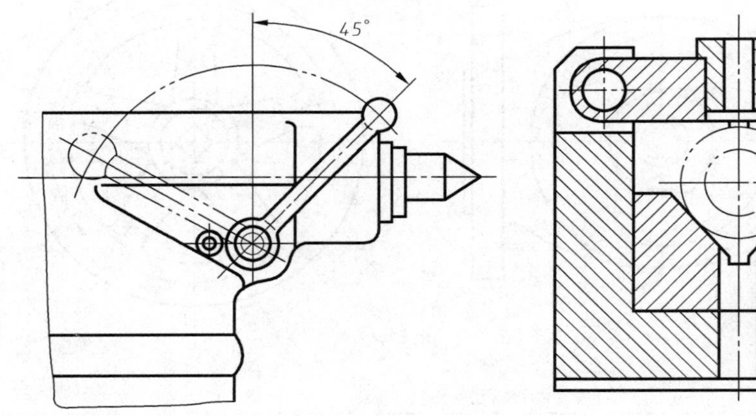

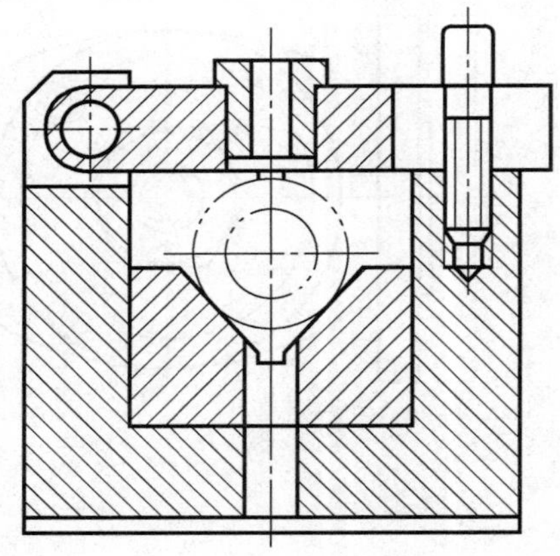

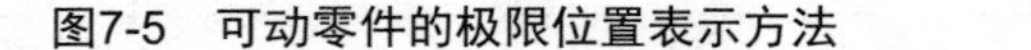
图7-5　可动零件的极限位置表示方法　　图7-6　相邻辅助零件的表示方法

4) 简化画法

(1) 装配图中若干相同的零件组，如螺栓连接等，允许仅详细地画出一组或几组，其余只需用点画线表示其位置，如图 7-7(a)所示。

(2) 在装配图中，零件的某些工艺结构，如倒角、圆角、退刀槽等允许不画，如图 7-7(b)所示。

(3) 在装配图中，剖切平面通过某些标准产品组合体(如油杯、油标、管接头等)轴线时，可以只画外形。对于标准件(如滚动轴承、螺栓、螺母等)可采用简化或示意画法，如图 7-7(b)中滚动轴承的画法等。

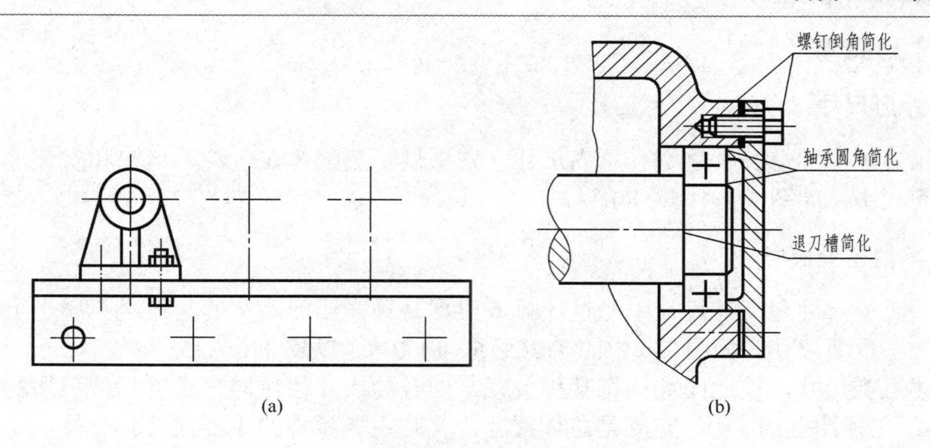

图7-7　简化画法

5) 单独表示某个零件的画法

在装配图中，可以单独地画出某一零件的视图，但必须在所画视图的上方注出该零件的视图名称，在相应视图附近用箭头指明投射方向，并注上同样的字母，如图 7-4 中手轮的 *B* 向视图。

任务 7.2　装配图的尺寸标注、技术要求及零部件编号

7.2.1　装配图中的尺寸标注

装配图与零件图不同，不需要注出每个零件的所有尺寸，而只要求注出与装配体的装配、检验、安装或调试等有关的尺寸。装配图中的尺寸可分为以下几类。

1. 性能尺寸

性能(或规格)尺寸是表示装配体性能或规格的尺寸。它作为设计的一个重要数据，在画图之前就已确定。如图 7-2 所示中间部分的直径$\phi 64$，它反映了该部件与其他物体接触的尺寸；图 7-4 截止阀的通孔直径$\phi 50$，表明了管路的通径。

2. 装配尺寸

装配尺寸是表示装配体各零件之间装配关系的尺寸，通常包含配合尺寸和相对位置尺寸。

(1) 配合尺寸。用来表示两个零件之间配合性质的尺寸，如图 7-4 中的$\phi 50\dfrac{\mathrm{H7}}{\mathrm{n6}}$、$\phi 65\dfrac{\mathrm{F8}}{\mathrm{F8}}$。

(2) 相对位置尺寸。零件在装配时，需要保证的相对位置尺寸，如两齿轮的中心距、主要轴线到基准面的定位尺寸等。

3. 安装尺寸

装配体安装到地基或其他机器上时所需的尺寸，如图 7-4 中的安装孔尺寸$\phi 13$ 和孔的

定位尺寸ϕ130 等。

4. 外形尺寸

表示装配体的总长、总宽、总高尺寸。它提供了装配体在包装、运输和安装过程中所占的空间大小，如图 7-2 中的ϕ80。

5. 其他重要尺寸

其他重要尺寸包括在设计中经过计算或根据某种需要而确定的、但又不属于上述几类尺寸的一些重要尺寸。如图 7-4 中的 Tr26 × 5、M52 × 3 以及 330～353 等。

上述五类尺寸，彼此间往往有某种关联，即有的尺寸往往同时具有几种不同的含义，如图 7-2 主视图上的ϕ80，它既是总体尺寸，又是主要零件的主要尺寸。此外，一张装配图中，也不一定都要标全这五类尺寸，在标注尺寸时应根据装配体的构造情况，具体分析而定。

7.2.2 技术要求

不同性能的装配体，其技术要求也不相同。拟订技术要求一般可从以下几个方面考虑。

(1) 装配要求。装配体在装配过程中需注意的事项，装配后应达到的要求，如准确度、装配间隙、润滑要求等。

(2) 检验要求。对装配体基本性能的检验、试验及操作时的要求。

(3) 使用要求。对装配体的规格、参数及维护、保养、使用时的注意事项及要求。

装配图上的技术要求应根据装配体的具体情况而定，并将其用文字注写在明细栏的上方或图样下方的空白处。

7.2.3 装配图中零、部件的序号

在生产中，为了便于读图和管理图样，对装配图中各零、部件都必须编写序号，并填写明细表。明细表可直接画在装配图标题栏的上面，也可另列零、部件明细表，内容应包含零件的名称、材料及数量等，这样有利于读图时对照查阅，并可根据明细表做好生产准备工作。

零、部件序号的编排方法有以下几种。

1) 一般规则

装配图中所有的零、部件都必须编写序号。规格相同的零件只编一个序号，标准化组件如油杯、滚动轴承、电动机等，可看作一个整体编一个序号。装配图中零、部件的序号应与明细栏中的序号一致。

2) 零、部件序号的通用表示方法

零、部件序号的通用表示方法如图 7-8 所示。

(1) 在所指零、部件的可见轮廓内画一圆点，自圆点画指引线(细实线)。指引线的另一端画出水平细实线或细实线圆，在水平线上或圆内注写序号，序号字高比装配图中所注尺寸数字高度大一号或两号，如图 7-8(a)所示。

(2) 在指引线附近直接注写序号，序号字高比装配图中所注尺寸数字高度大两号，如图 7-8(b)所示。

(3) 若所指部分是很薄的零件或涂黑的剖面，不便于画圆点，则可用箭头代替圆点并指向该部分轮廓，如图 7-8(c)所示。

但应注意，同一张装配图中编注序号的形式应一致。

3) 其他规则

(1) 指引线之间不能相交，也不要与剖面线平行。必要时可画成折线，但只允许转折一次，如图 7-8(d)所示。对于一组紧固件及装配关系清楚的零件组，可采用公共指引线，如图 7-9 所示。

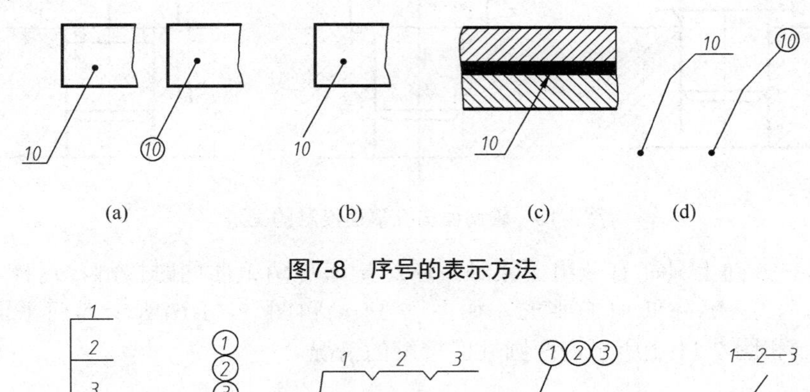

图7-8　序号的表示方法

图7-9　零件组的编号形式

(2) 序号应按顺时针或逆时针方向顺次排列整齐。如在整个图上无法连续排列时，应尽量在每个水平或垂直方向顺次排列。

7.2.4　明细栏

明细栏一般由序号、代号、名称、数量、材料、备注等组成，也可按实际需要设置内容。学生作业中所用的明细栏建议采用如图 1-2 所示的格式。

明细栏一般配置在装配图标题栏的上方，按由下而上的顺序填写。当位置不够时，可紧靠在标题栏的左边自下而上延伸。若不能在标题栏的上方配置明细栏时，可作为装配图的续页按 A4 幅面单独给出，但其顺序应由下而上填写。

任务 7.3　装配结构简介

装配结构是否合理，不仅关系到部件或机器能否顺利装配以及装配后能否达到预期的性能要求，还关系到检修时拆装是否方便等问题。因此，在设计装配体时，应考虑零件之间装配结构的合理性，在装配图上要把这些结构正确地反映出来。下面简要介绍常见的装配结构。

7.3.1 零件的接触面结构

(1) 轴肩面与孔端面相接触时，应将孔边倒角或将轴的根部切槽，以保证轴肩面与孔端面接触良好，如图 7-10 所示。

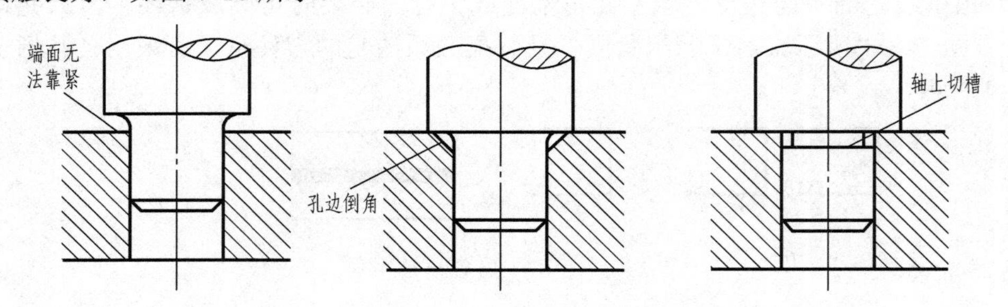

图7-10 轴肩面与孔端面接触的画法

(2) 在同一方向上只能有一组面接触，应尽量避免两组面同时接触，这样，既可保证两面接触良好，又可降低加工要求。如图 7-11(a)和图 7-11(b)所示为两平面接触的情况；图 7-11(c)和图 7-11(d)所示为两圆柱面接触的情况。

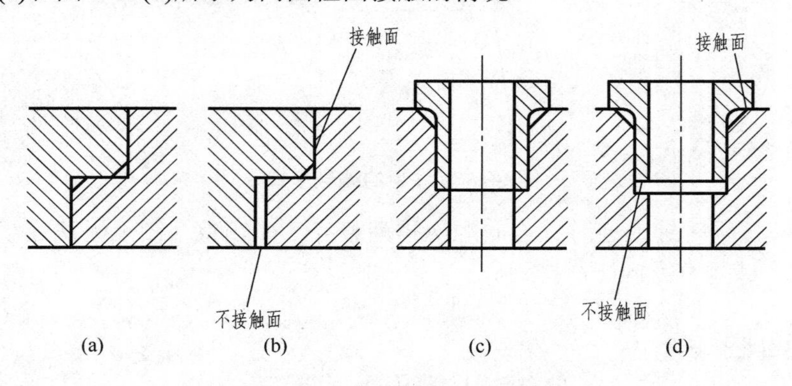

图7-11 两零件接触面的结构

(3) 在螺栓等紧固件的连接中，被连接件的接触面应制成沉孔或凸台，且需经机械加工，以保证接触良好，如图 7-12 所示。

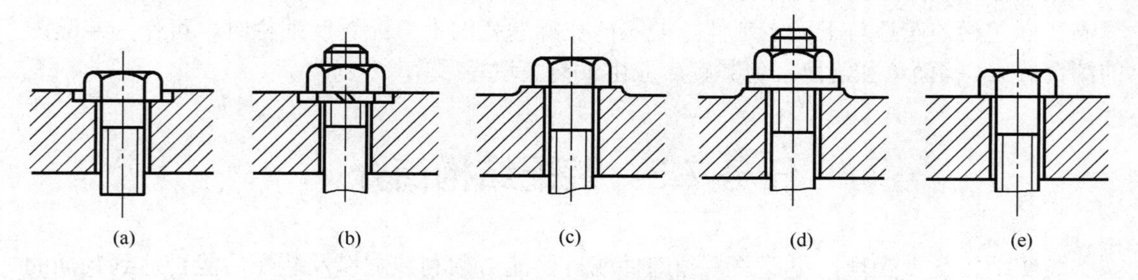

图7-12 紧固件与被连接件接触面的结构

7.3.2　零件的紧固与定位

(1) 为了紧固零件，可适当加长螺纹尾部，在螺杆上加工出退刀槽，在螺孔上作出凹坑或倒角，如图 7-13 所示。

轮毂孔的轴向长度应大于与其配合轴段的长度，以便于紧固，如图 7-13(a)所示。

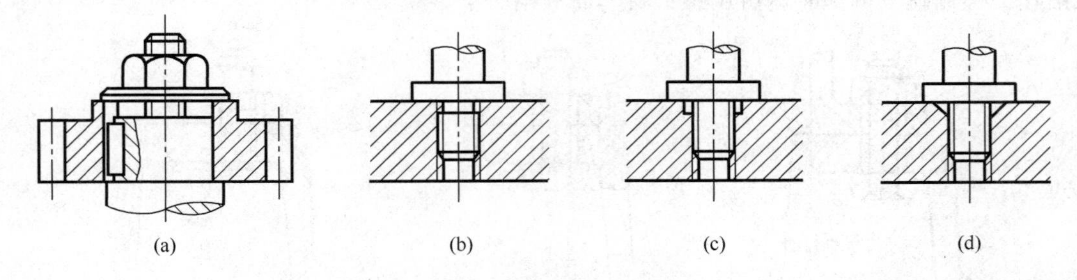

图7-13　螺纹尾部结构

(2) 为防止滚动轴承在运动中产生窜动，应将其内、外圈沿轴向顶紧，如图 7-14 所示。

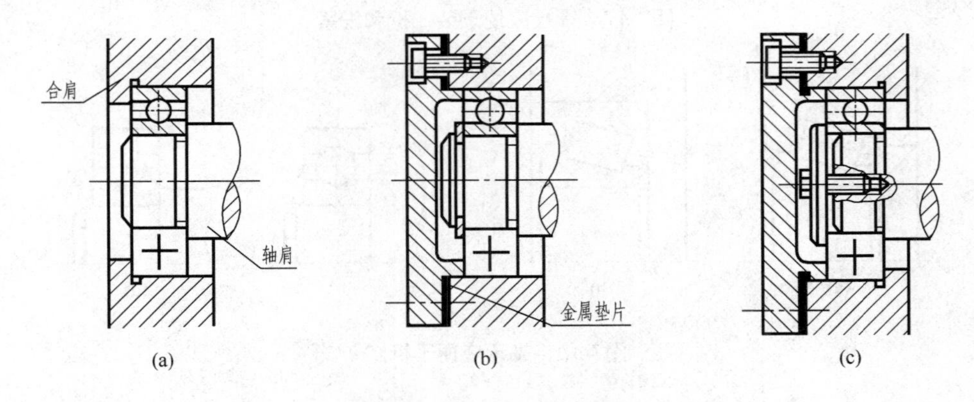

图7-14　滚动轴承的紧固

7.3.3　零件的安装与拆卸

(1) 考虑到装拆的方便与可能性，一是要留出扳手的转动空间，如图 7-15 所示；二是要保证有足够的装拆空间，如图 7-16 所示。

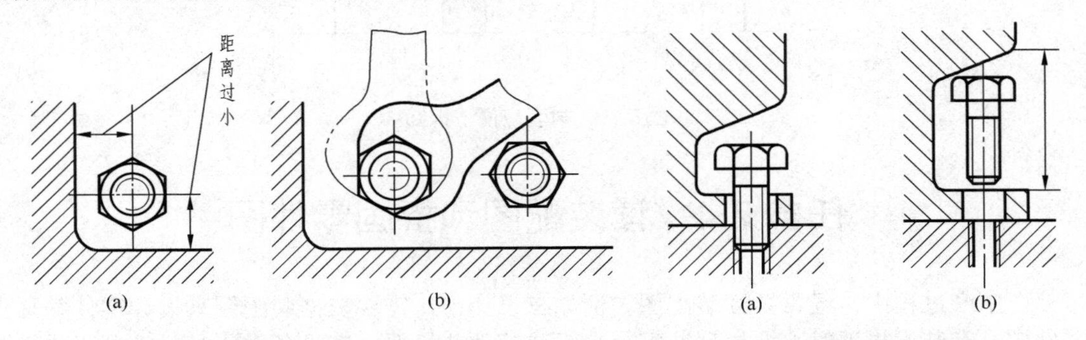

图7-15　紧固件的位置应便于装拆

图7-16　应留出紧固件的装拆空间

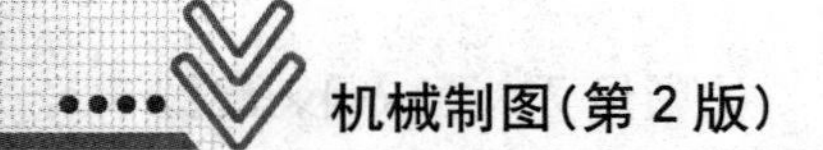

(2) 对于图 7-17(a)所示的结构，螺栓不便于装拆和拧紧，若在箱壁上开一手孔(如图 7-17(b)所示)或改用双头螺柱(如图 7-17(c)所示)，即可解决问题。

(3) 图 7-18 所示为滚动轴承在箱体轴承孔中及轴上的安装情况，设计成图 7-18(a)和图 7-18(c)那样，将无法拆装，若改成图 7-18(b)和图 7-18(d)的形式，就很容易将轴承顶出。

(4) 在图 7-19 中，图 7-19(a)所示的套筒很难拆卸，若设计成图 7-19(b)那样，在箱体上钻几个螺钉孔，拆卸时就可用螺钉将套筒顶出。

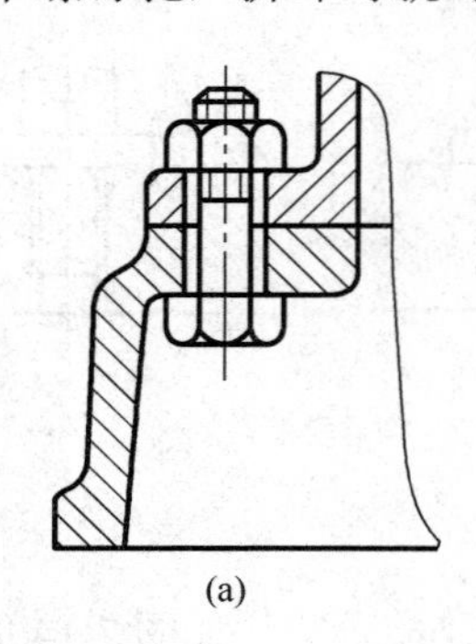

(a)

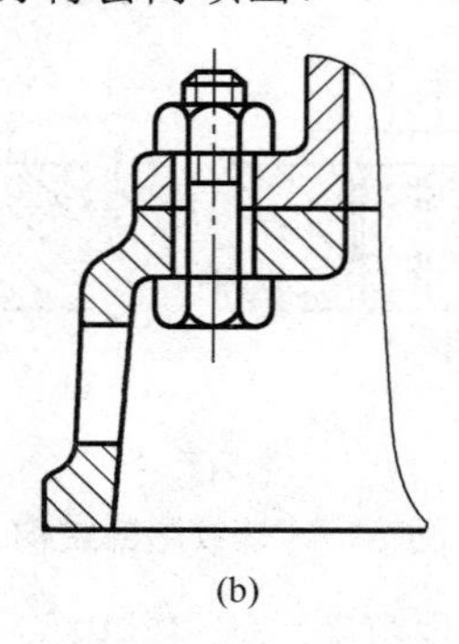

(b)

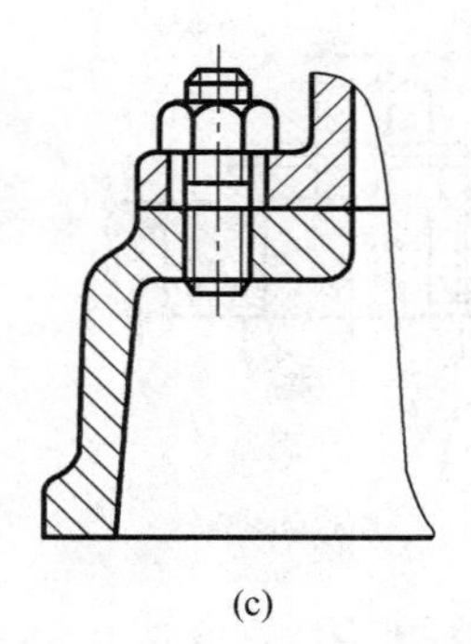

(c)

图7-17　螺栓应便于装、拆和拧紧

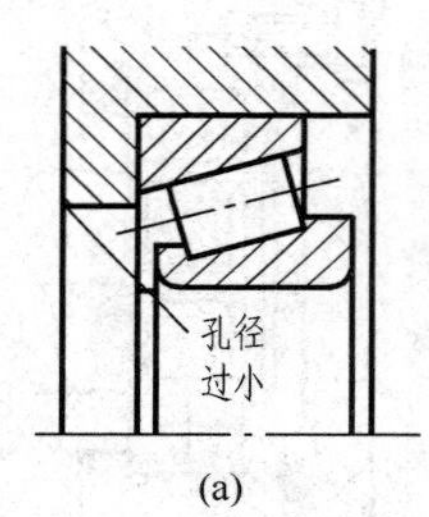

(a)

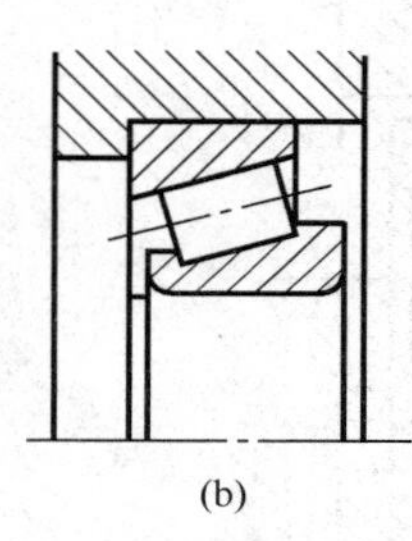

(b)

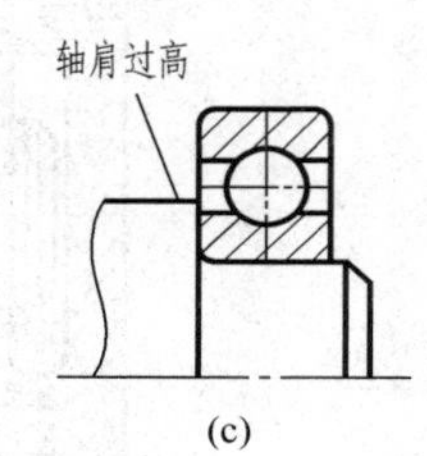

(c)

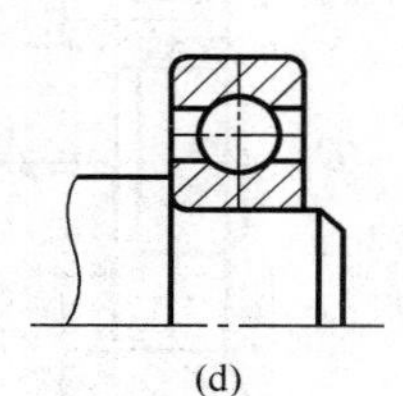

(d)

图7-18　轴承应便于拆卸

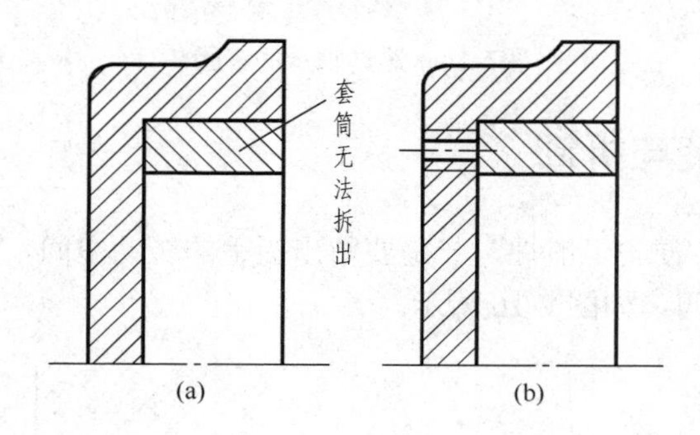

(a)　(b)

图7-19　衬套应便于拆卸

任务 7.4　读装配图和拆画零件图

在生产过程中，经常要读装配图。例如在设计中，需要依据装配图来设计零件并画出零件图；在装配机器时，要根据装配图来组装部件或机器；在设备维修时，需参照装配图进行拆卸和重装；在技术交流时，需参阅装配图来了解装配体的具体情况等。因此，工程技术人员必须具备读装配图的能力。

7.4.1　读装配图的方法与步骤

读装配图的目的是搞清装配体的性能、工作原理、装配关系和各零件的主要结构、作用以及拆装顺序等。

图 7-20 所示为机用台虎钳的装配图，现以该装配图为例，说明读装配图的一般方法与步骤。

1. 概括了解

根据标题栏和产品说明书及有关技术资料，了解装配体的名称、大致用途；由明细栏了解组成该部件的零件名称、数量，以及标准件的规格等，并大致了解装配体的复杂程度；由总体尺寸了解装配体的大小和所占空间。

图 7-20 所示的机用台虎钳是机床上的一种夹紧通用装置，该虎钳由 11 种零件组成。

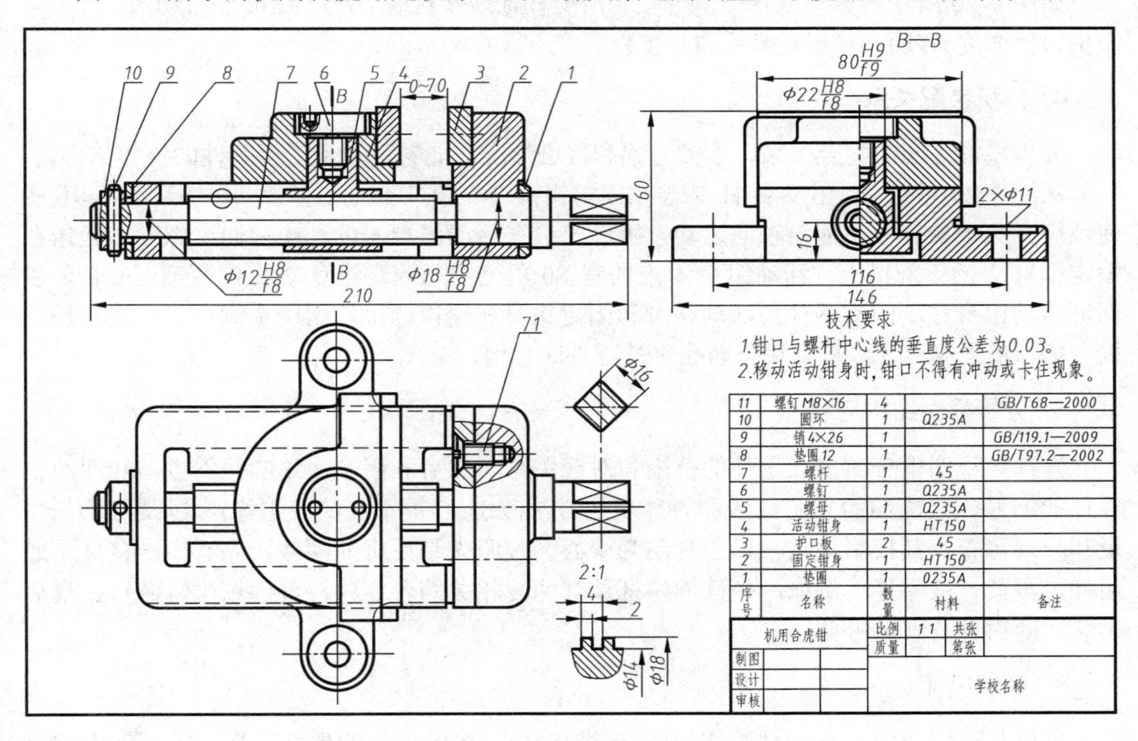

图7-20　机用台虎钳装配图

2. 分析视图

了解各视图、剖视图、断面图的数量，各自的示意图和它们之间的相互关系，找出视图名称、剖切位置、投射方向，为下一步深入读图作准备。

该台虎钳装配图共有 5 个图形，先从主视图入手，弄清它们之间的投影关系和每个图形所表达的内容。

主视图符合其工作位置，是通过虎钳前后对称面剖切画出的全剖视图，表达了螺杆 7 装配干线上各零件的装配关系、连接方式和传动关系，同时表达了螺钉 6、螺母 5 和活动钳身 4 的结构以及虎钳的工作原理。

俯视图主要反映机用虎钳的外形，并用局部剖视图表达了护口板 3 和固定钳身 2 的连接方式。

左视图采用半剖视图，剖切平面通过两个安装孔，除了表达固定钳身 2 的外形外，主要补充表达了螺母 5 与活动钳身 4 的连接关系。

局部放大图反映了螺杆 7 的牙型。

移出断面表达螺杆头部与扳手(未画出)相连接的断面形状。

3. 分析传动路线及工作原理

一般情况下，直接从图样上分析装配体的传动路线及工作原理。当部件比较复杂时，需参考产品说明书和有关资料。

如图 7-20 所示，旋动螺杆 7、螺母 5 沿螺杆轴线作直线运动，螺母 5 带动活动钳身 4 及护口板 3(左)移动，实现夹紧或放松工件。

4. 分析装配关系

分析零件之间的配合关系、连接方式和接触情况，能够进一步了解部件的整体结构。

从图 7-20 中可以看出，螺杆 7 装在固定钳身 2 的孔中，通过垫圈 8、圆环 10 和销 9 使螺杆 7 只能旋转但不能沿轴向运动。螺母 5 装在活动钳身 4 的孔中并通过螺钉 6 轻压在固定钳身 2 的下部槽上。活动钳身 4 上的宽 80 的通槽与固定钳身 2 上部两侧面配合，以保证活动钳身移动的准确性。活动钳身和固定钳身在钳口部位均用两个螺钉 11 连接护口板，护口板上制有牙纹槽，用以防止夹持工件时打滑。

5. 分析零件结构形状

先在各视图中分离出该零件的范围和对应关系，然后利用剖面线的倾斜方向和间距、零件的编号、装配图的规定画法和特殊表达方法(如实心轴不剖的规定等)，以及借助三角板和分规等查找其投影关系。以主视图为中心，按照先易后难的顺序，先看懂连接件、通用件，再读一般零件。例如，先读懂螺杆及其两端相关的各零件，再读螺母、螺钉，最后读懂活动钳身及固定钳身。

6. 分析尺寸

分析装配图上每一个尺寸的作用(即五类尺寸)，搞清部件的尺寸规格、零件间的配合性质和外形大小等。

图 7-20 中，0～70 为性能尺寸，表示钳口的张开度；$\phi 12\frac{H8}{f8}$ 和 $\phi 18\frac{H8}{f8}$ 是螺杆 7 与固定钳身 2 的配合尺寸；$80\frac{H9}{f9}$ 是活动钳身 4 与固定钳身 2 的配合尺寸；$\phi 22\frac{H8}{f8}$ 是螺母 5 与活动钳身 4 的配合尺寸；$2\times\phi 11$ 和 116 为安装尺寸；210、60、146 为总体尺寸。

7. 综合归纳

在上述分析的基础上，进一步分析装配体的工作原理、装配关系、零件结构形状和作用以及装拆顺序、安装方法。图 7-21 所示为机用台虎钳轴测图。

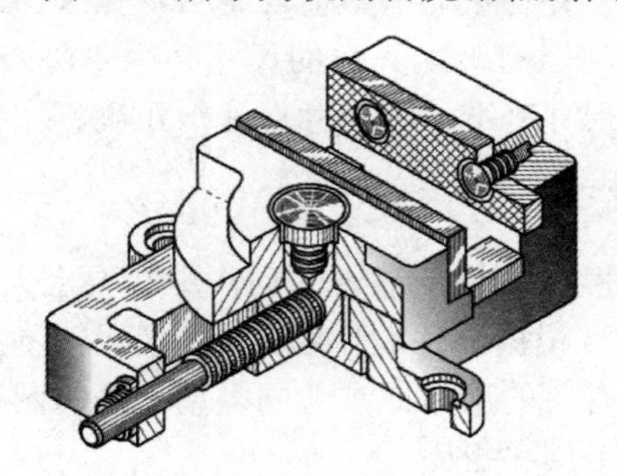

图7-21 机用台虎钳轴测图

7.4.2 由装配图拆画零件图

在设计过程中，根据机器或部件的使用要求、工作性能先画出装配图，再根据装配图设计零件，拆画出零件图，简称“拆图”。拆图时，通常先画主要零件，然后根据装配关系逐一拆画有关零件，以保证各零件的形状、尺寸等能协调一致。

画零件图的方法在前面章节中作了介绍，这里着重介绍拆图时应注意的一些问题。现以图 7-20 所示机用台虎钳的装配图，说明拆画零件 2 固定钳身的一般方法与步骤。

1. 零件视图表达方案的选定

拆画零件图时，零件的表达方案应根据零件本身的结构特点重新考虑，不可机械地照抄装配图。因为装配图的表达方案是从整个装配体来考虑的，无法符合每个零件的要求。如装配体中的轴套类零件，在装配图中可能有各种位置，但画零件图时，通常以轴线水平放置，长度方向为主视图的方向，以便符合加工位置，便于看图。

2. 完善零件的结构形状

在装配图中，对某些零件的局部结构，并不一定都能表达完全，在拆画零件图时，应根据零件功用加以补充、完善。在装配图上，零件的细小工艺结构，如倒角、圆角、起模斜度、退刀槽等往往被省略，拆图时，应将这些结构补全并标准化。

3. 零件图上的尺寸标注

在拆图时，零件图上的尺寸可用以下方法确定。

(1) 直接抄注装配图上已标出的尺寸。除了装配图上某些需要经过计算的尺寸外，其他已注出的零件的尺寸都可以直接抄录到零件图中，如 116、146；装配图上用配合代号注出的尺寸，也可查出偏差数值，注在相应的零件图上。例如，可根据螺杆 7 与固定钳身 2 的配合尺寸 ϕ12H8/f8，ϕ18H8/f8 查表确定固定钳身 2 中孔的尺寸为$\phi12_{0}^{+0.007}$、$\phi18_{0}^{+0.007}$。

(2) 查手册确定某些尺寸。对零件上的标准结构，如螺栓通孔、销孔、倒角、键槽、退刀槽等，均应从有关标准中查得，如螺纹孔 2×M8-H7。

(3) 计算某些尺寸数值。某些尺寸可根据装配图上给定的尺寸通过计算确定，如齿轮的分度圆、齿顶圆直径等。

(4) 在装配图上按比例量取尺寸。零件上大部分不重要或非配合的尺寸，一般都可以按比例在装配图上直接量取，并将量得的数值取整数，如R10、R6。

在标注过程中，首先要注意有装配关系的尺寸必须要协调一致；其次，每个零件应根据它的设计和加工要求选择尺寸基准，将尺寸标注得正确、完整、清晰、合理。

4. 零件图上的技术要求

零件各表面的表面粗糙度，应根据该表面的作用和要求来确定。有配合要求的表面要选择适当的精度及配合类别。根据零件的作用，还可标注其他必要的要求和说明。通常，技术要求制订的方法是查阅有关的手册或参考同类型产品的图样加以比较来确定的。

图7-22所示为固定钳身的零件图。

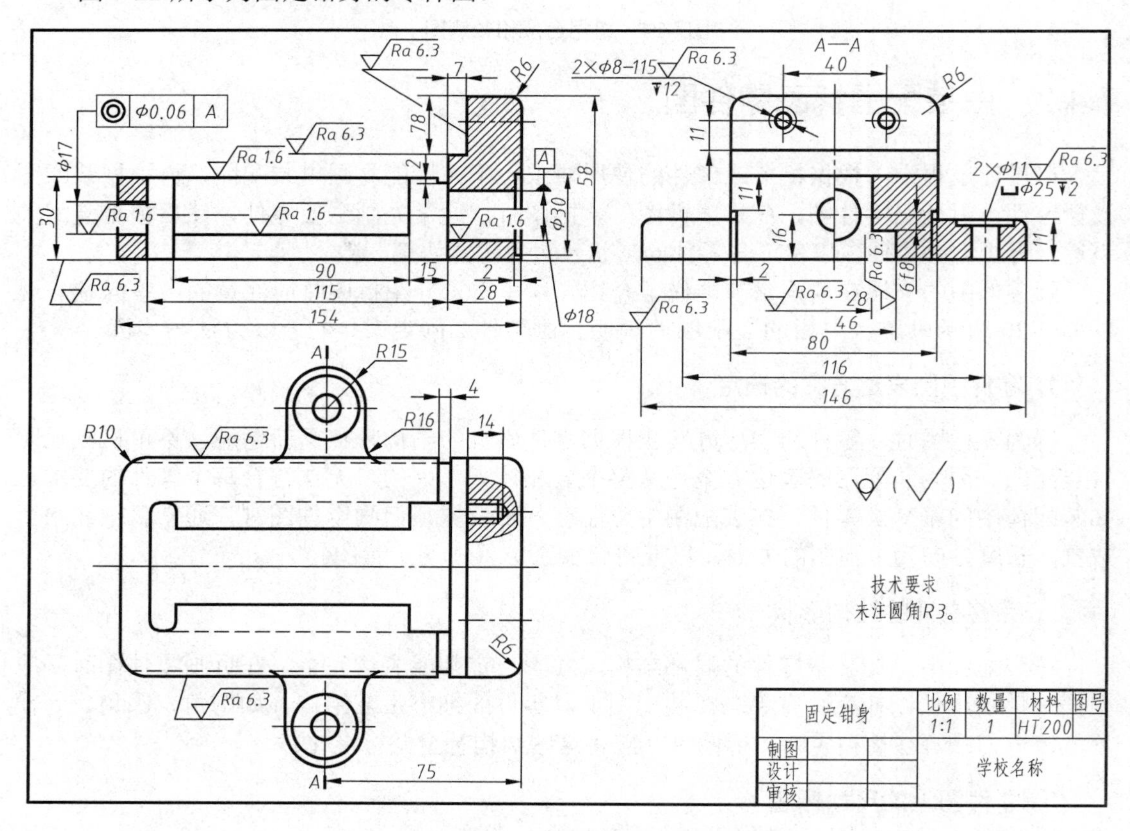

图7-22 固定钳身零件图

【项目实施】 画球阀装配图

画装配图之前需要对装配体进行部件测绘。部件测绘是根据现有的部件或机器，首先画出零件草图，再画出装配图和零件图的整套图样，这个过程称为部件测绘。现以球阀为例介绍部件测绘的方法与步骤。

1．了解和分析部件的性能、结构、工作原理及装配关系

可根据产品说明书、同类产品图纸等资料，或通过实地调查，初步了解装配体的用途、性能、工作原理、结构特点及零件之间的装配关系，为测绘工作的顺利进行做好准备。

球阀是管道系统中控制流体流量和启闭的部件，球阀的开启关闭及流量的控制是通过旋转球形阀芯来实现的。当阀芯处于图 7-23 所示的位置时，球阀完全打开；当阀芯旋转 90°时，球阀完全关闭；阀芯的旋转是通过转动扳手 13 带动阀杆 12 来实现的。上述零件的支承和密封依靠阀体和阀盖来实现，液体的密封通过填料、填料垫、密封圈等实现，而连接是通过螺柱、螺母完成的。

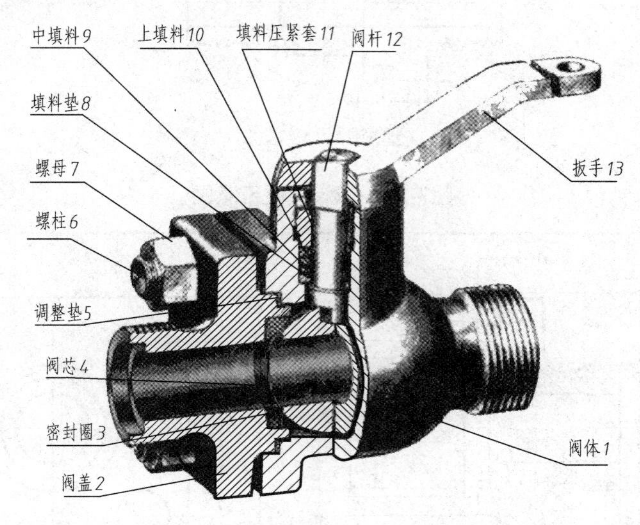

图7-23　球阀轴测装配图

2．拆卸零件，绘制装配示意图

在初步了解部件功能的基础上，按一定顺序拆卸零件，通过拆卸可以进一步了解部件的结构、工作原理及装配关系。零件较多的部件，为便于拆卸后重装和为画装配图提供参考，在拆卸的过程中，应同时画出装配示意图。

在拆卸零件时，为防止丢失和混淆，应将零件进行编号；不便拆卸的连接、过盈配合的零件应尽量不拆，以免损坏零件或影响装配精度；对标准件和非标准件最好分类保管。

装配示意图是用规定符号和较形象的图线绘制的图样，是一种表意性的图示方法，用以记录部件中各零件间的相互位置、连接关系和配合性质，注明零件的名称、数量和编号等。

装配示意图的画法：对一般零件可按其外形和结构特点形象地画出零件的大致轮廓。通常从主要零件和较大的零件入手，按装配顺序和零件的位置逐个画出。画示意图时，可将零件视作透明体，其表示可不受前后层次的限制，并尽量把所有零件都集中在一个视图上表达出来，必要时才画出第二个视图，并应与第一个视图保持投影关系。

球阀的装配示意图如图 7-24 所示。

3．画零件草图

组成部件的每一个零件，除标准件外，都应画出草图，草图应具备零件图的所有内容，画部件的零件草图时，应尽可能注意零件间尺寸的协调。标准件可不画草图，但应测

量出其规格尺寸，并与标准手册进行核对。画零件草图的方法和步骤见项目 6 中的任务 7。阀体零件图如图 6-36 所示，其余零件图如图 7-25 所示。

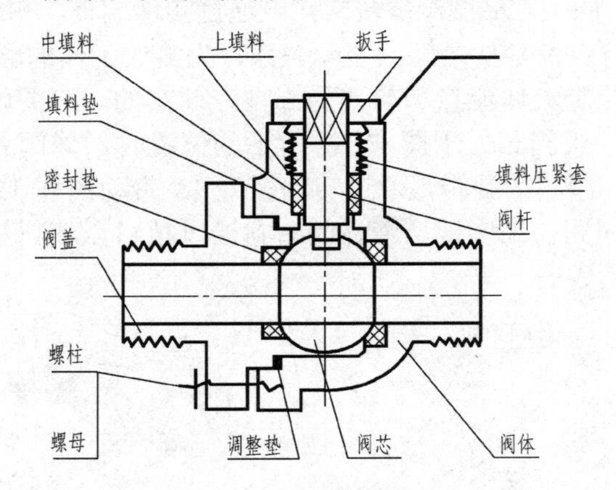

图7-24　球阀装配示意图

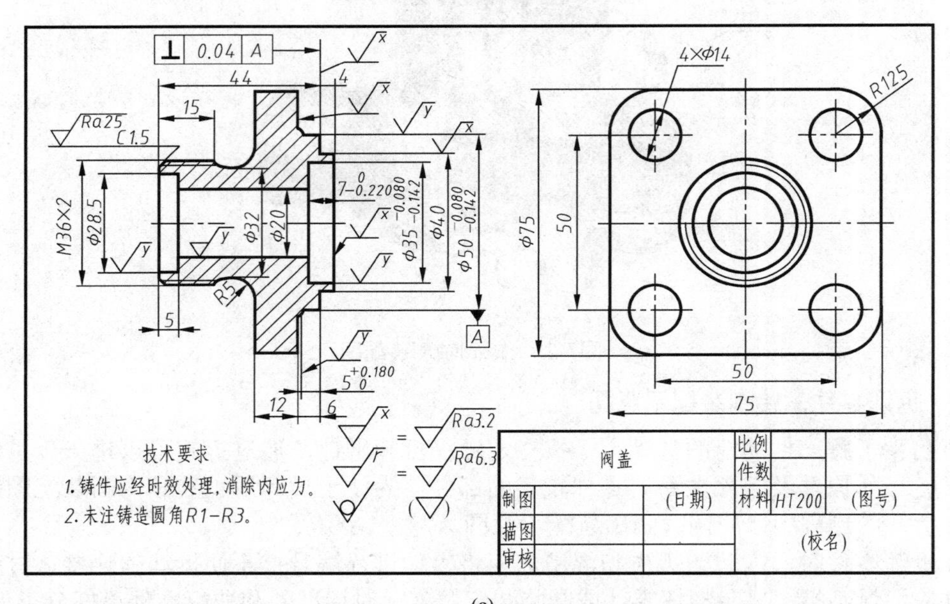

(a)

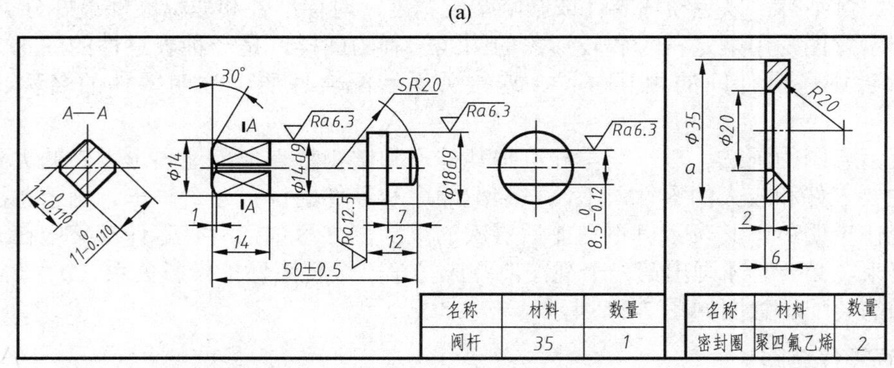

(b)

图7-25　球阀的部分零件草图

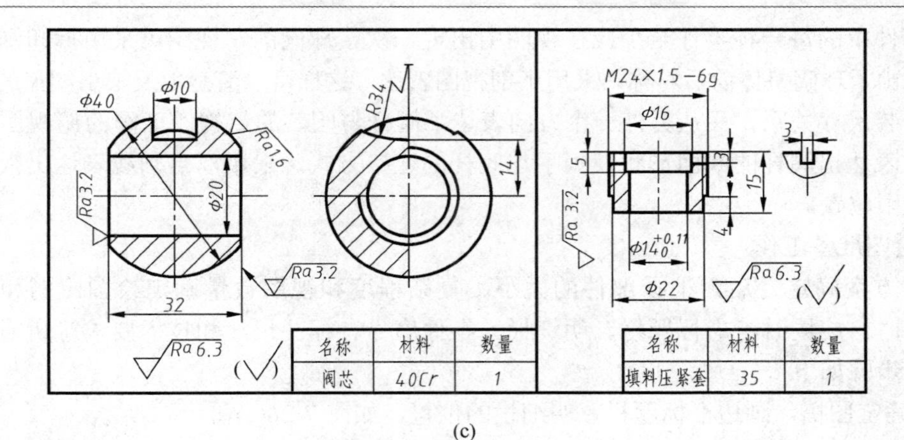

(c)

152
100
6
6
30
30°
Ra6.3
10
3
Ra6.3
11
Ra 3.2
Φ8
R8
Φ38
45°

技术要求
1. 未注圆角R1-R3。
2.去毛刺、锐边。

名称	材料	数量
扳手	ZG200-400	1

(d)

图7-25　球阀的部分零件草图(续)

4. 画球阀装配图

根据装配示意图和零件草图，画出装配图。画装配图的过程，是一次检验、校对零件形状、尺寸的过程。草图中的形状和尺寸如有错误或不妥之处，应及时改正，以保证零件之间的装配关系能在装配图上正确地反映出来，以便顺利地拆画零件图。

1) 选择表达方案

(1) 主视图的选择。主视图一般按部件的工作位置选择，要求能够尽量反映部件的工作原理、传动路线、装配关系及零件间的相互位置等，主视图通常取剖视。对球阀，可取由前向后作为主视图的投射方向，并采用与中心面重合的剖切面剖切而获得全剖视。这样主视图既可以反映零件间的动作关系，又可以将扳手与阀杆间的定位、连接方式以及阀体与阀杆、阀芯间的密封防漏结构表示得很清晰。

(2) 其他视图的选择。其他视图的选择应能补充主视图尚未表达清楚的内容。一般情况下，部件中的每一种零件至少应在视图中出现一次。球阀的左视图可采用拆卸画法，拆去扳手，由于球阀整体前后对称，采用半剖视图表达，这样可以清楚地反映出阀盖的外形轮廓以及安装尺寸关系，又从另外一个方向表达了阀杆与阀芯的结构。球阀的俯视图可采用局部剖，表达出阀杆的断面形状及扳手与阀杆的连接方式，采用双点画线表达出扳手活动的另一极限位置。

2) 绘图准备工作

表达方案确定之后，根据部件的大小、复杂程度和视图数量确定绘图比例和图纸幅面。布图时，应同时考虑标题栏、明细栏、零件序号、标注尺寸和技术要求等所需要的位置。画图步骤如下：

(1) 确定图幅，画边框标题栏、明细栏的位置，如图 7-26(a)所示。

(2) 绘制各视图的主要基准线，如图 7-26(b)所示，主要基准线一般是指主要的轴线(装配干线)、对称中心线、主要零件上较大的平面或端面等。

(3) 绘制主体结构和与之相关的重要零件。不同的机器或部件，其主体结构不尽相同，但在绘图时都应首先绘制出主体结构的轮廓。与主体结构相接的重要零件要相继画出。图 7-26(c)和图 7-26(d)分别画出了阀体和阀盖的轮廓。

(4) 绘制其他次要零件和细部结构。逐步画出主体结构与重要零件的细节，以及各种连接件等，如图 7-26(e)所示。

(5) 检查底稿，画剖面线，标注尺寸及公差配合，编写序号。加深图线，填写标题栏、明细栏，注写技术要求，完成全图，如图 7-27 所示。

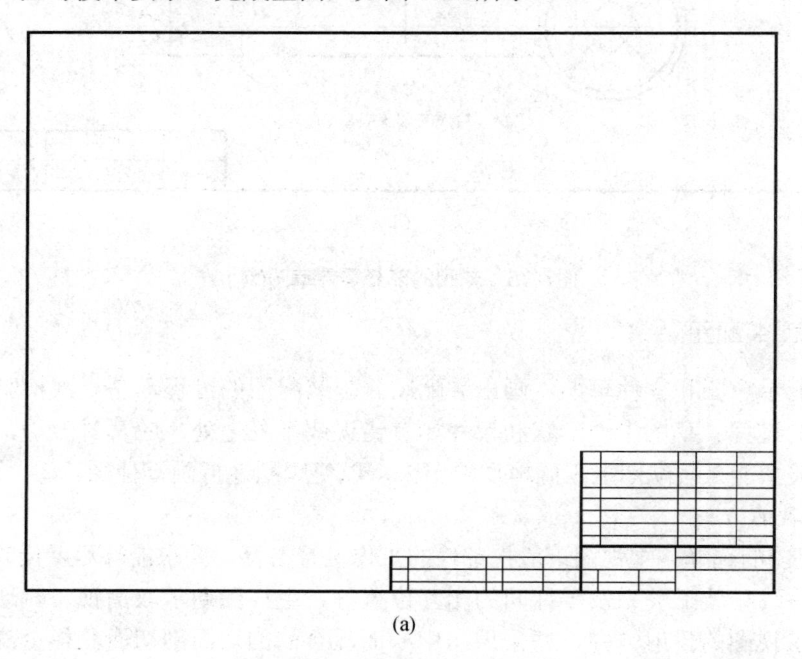

(a)

图7-26 球阀装配图画图步骤

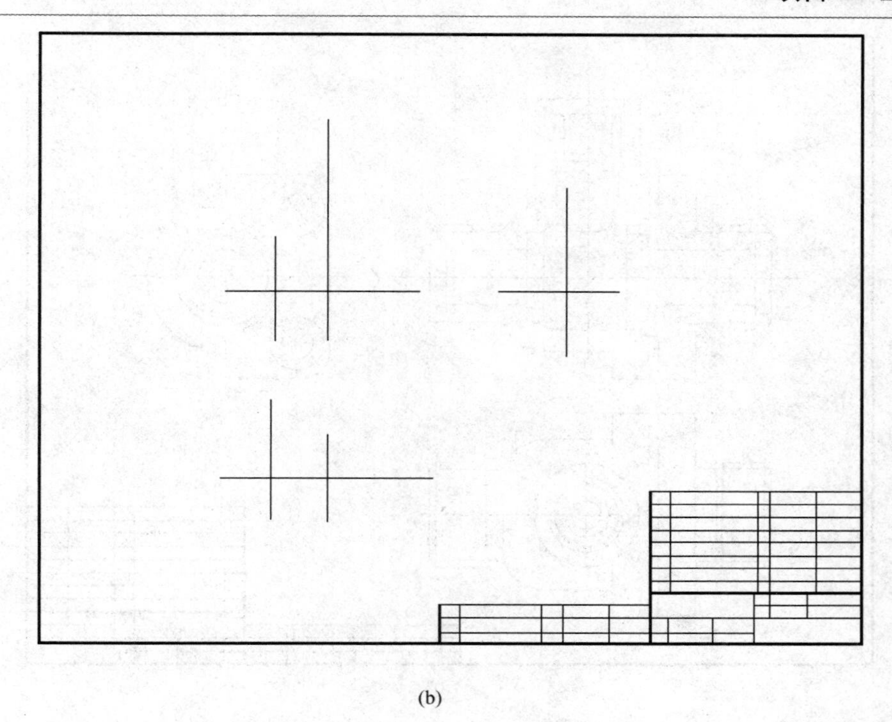

(b)

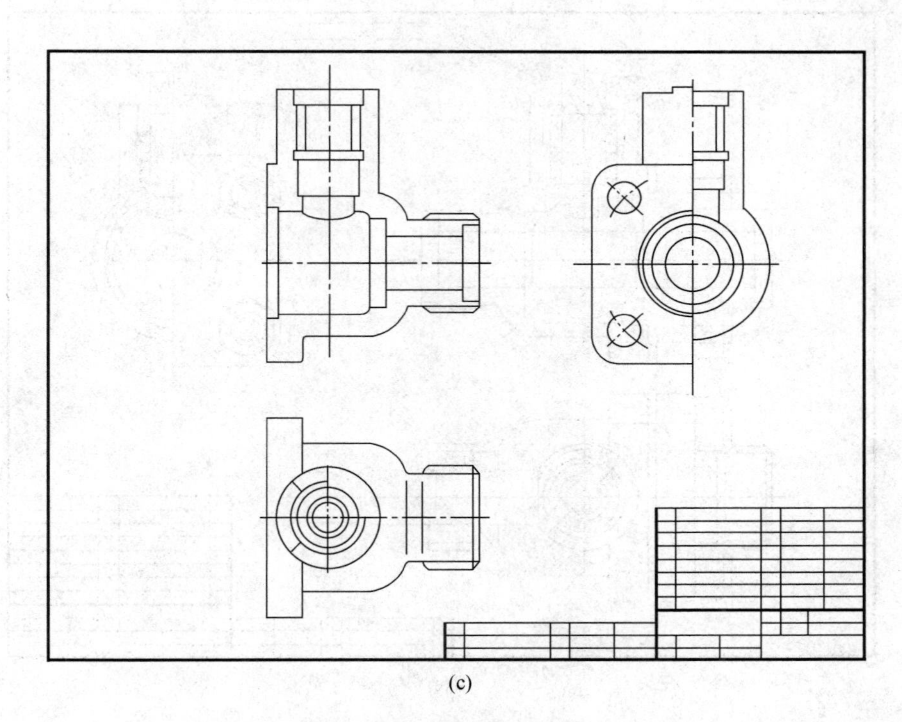

(c)

图7-26　球阀装配图画图步骤(续)

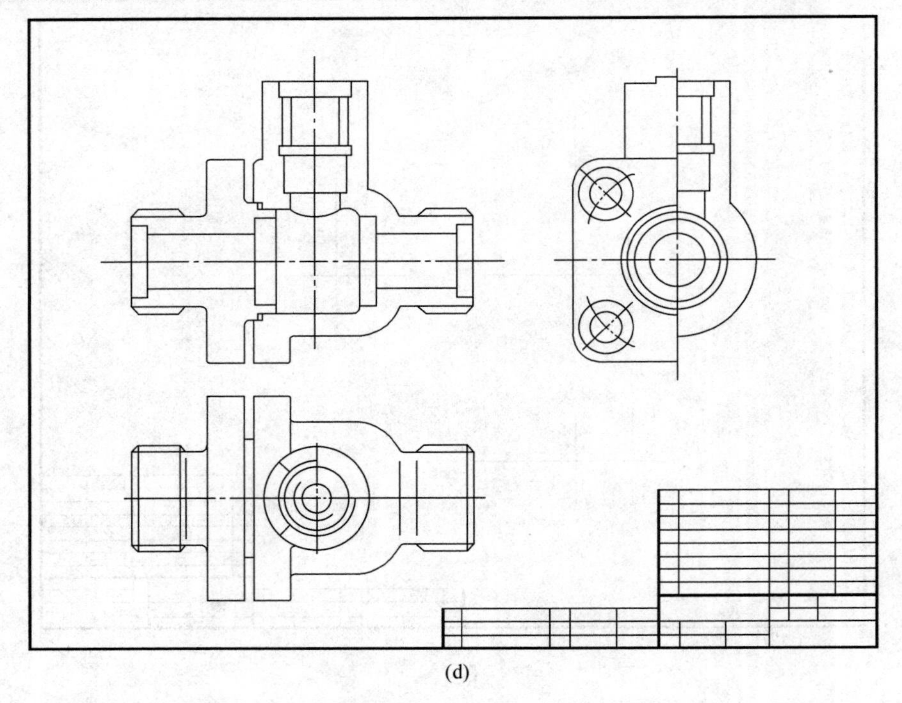

(d)

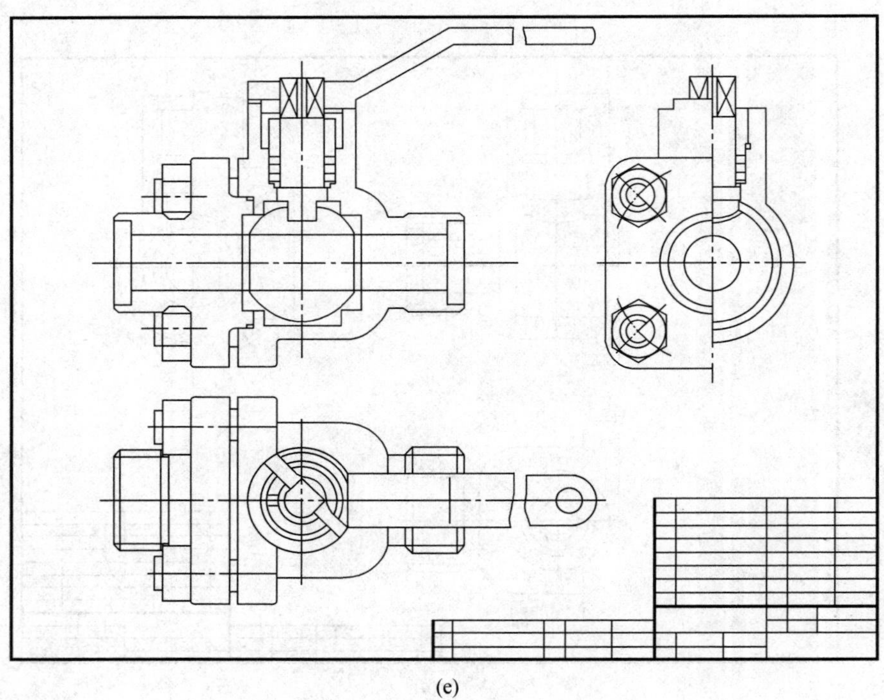

(e)

图7-26　球阀装配图画图步骤(续)

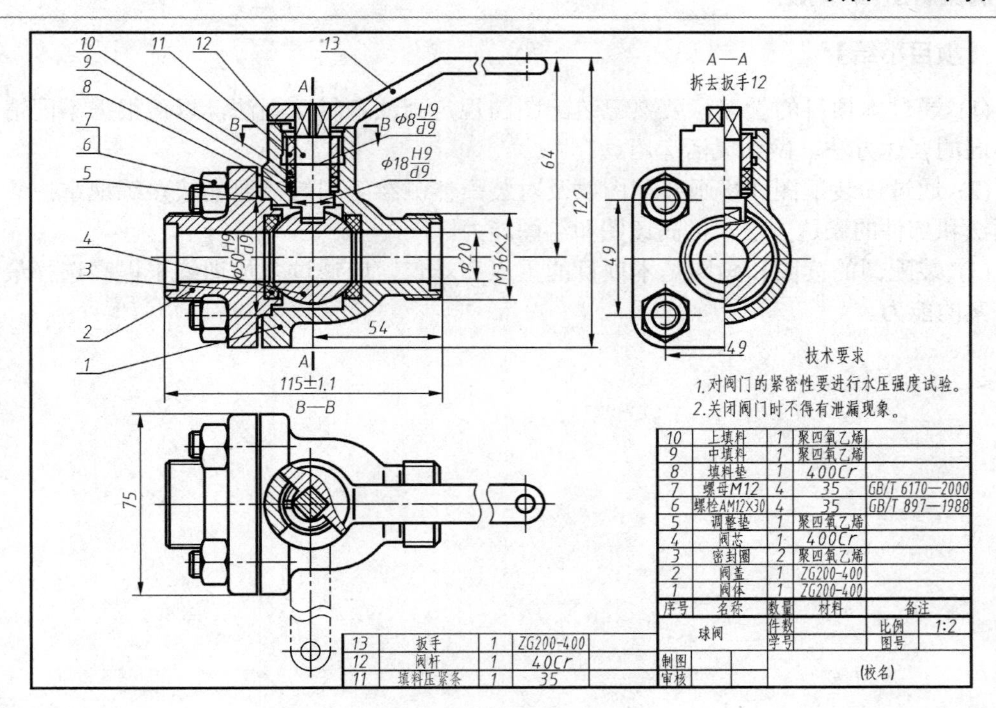

图7-27　球阀装配图

【技能训练】

识读图 7-28 所示的换向阀装配图，由装配图拆画零件 7 阀体的零件图。

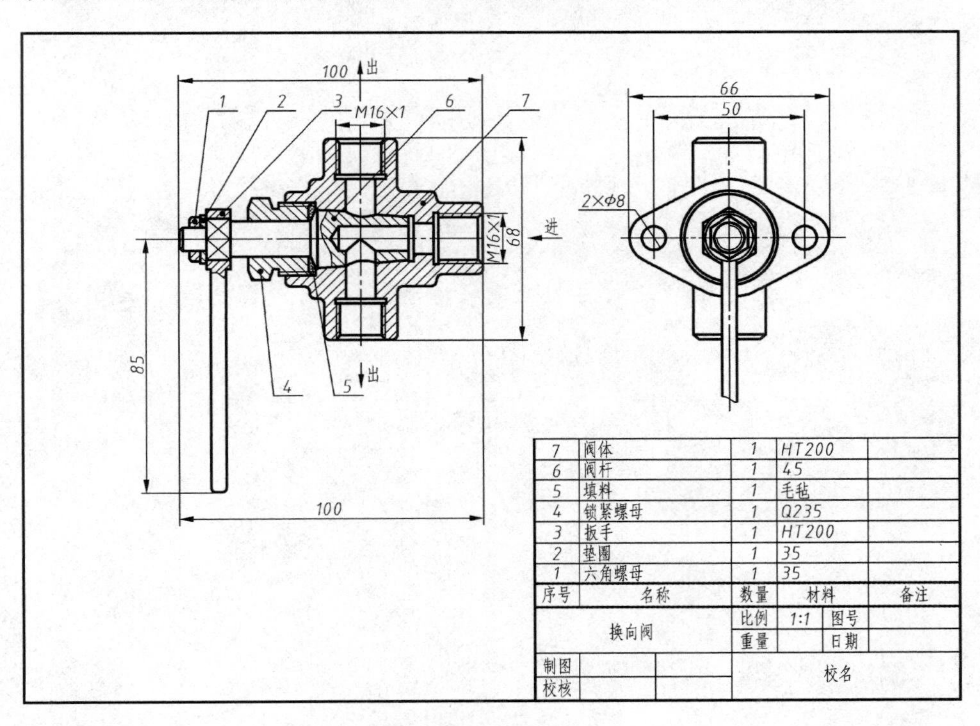

图7-28　换向阀装配图

【项目小结】

(1) 通过本项目的学习，要熟记装配图的规定画法和特殊画法，以便根据不同情况采取不同的表达方法，做到灵活运用。

(2) 通过读装配图和拼画装配图以及对装配体测绘等训练，要能较熟练地掌握装配图的画法和部件的表达方法，提高读图和绘图能力。

(3) 装配图的读图和画图是本项目的重点和难点，应通过多加训练来提高选择最佳表达方案的能力。

附　录

1．螺纹

附表1　普通螺纹

直径与螺距系列和基本尺寸(GB/T 193—2003，GB/T 196—2003)

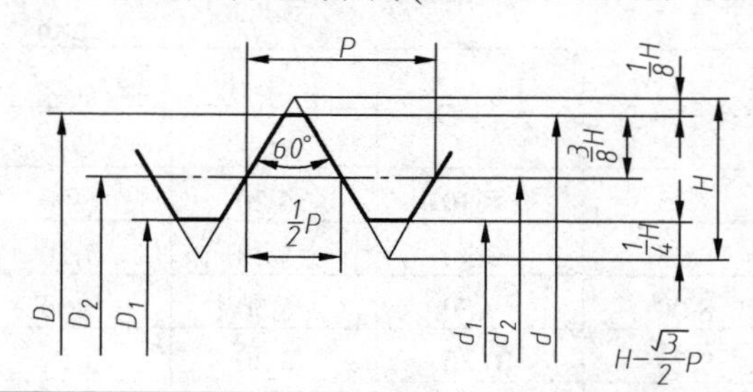

标记示例

公称直径 $d=10$，螺距 $P=1$，中径、顶径公差带代号 7H，中等旋合长度，单线细牙普通内螺纹：

M10×1—7H

mm

公称直径(大径)D、d		螺距 P		小径 D_1、d_1
第一系列	第二系列	粗　牙	细　牙	粗　牙
3		0.5	0.35	2.459
	3.5	0.6		2.850
4		0.7	0.5	3.242
	4.5	0.75		3.688
5		0.8		4.134
6		1	0.75	4.917
	7			5.917
8		1.25	1，0.75	6.647
10		1.5	1.25，1，0.75	8.376
12		1.75	1.25，1	10.106
	14	2	1.5，1.25[a]，1	11.835
16			1.5，1	13.835
	18	2.5	2，1.5，1	15.294
20				17.294
	22			10.294
24		3		20.752
	27			23.752
30		3.5	(3)，2，1.5，1	26.211
	33		(3)，2，1.5	29.211
36		4	3，2，1.5	31.670

注：1．螺纹公称直径应优先选用第一系列，第三系列未列入。

2．括号内的尺寸尽量不用。

3．M14×1.25 仅用于发动机的火花塞。

附表2 梯形螺纹

直径与螺距系列和基本尺寸(GB/T 5796.2—2005，GB/T 5796.3—2005)

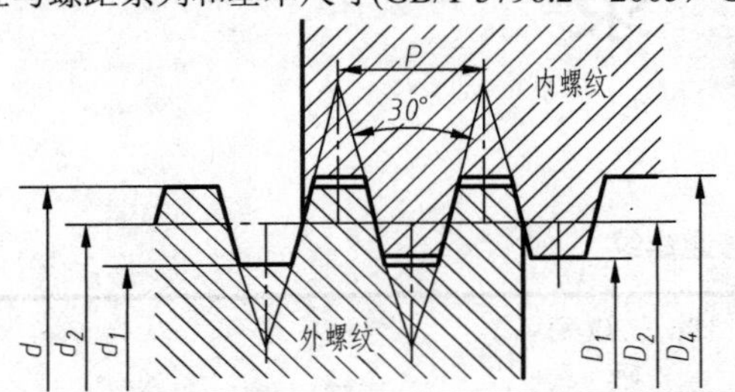

标记示例

公称直径 d=40，导程 P_h=14，螺距 P=7，中径公差带代号 8e，长旋合长度的双线左旋梯形螺纹：

Tr40×14(P7)LH－8e－L

mm

公称直径 d		螺距 P	中径 $d_2=D_2$	大径 D_4	小径	
第一系列	第二系列				d_1	D_1
8		1.5	7.25	8.30	6.20	6.50
	9	1.5	8.25	9.30	7.20	7.50
		2	8.00	9.50	6.50	7.00
10		1.5	9.25	10.30	8.20	8.50
		2	9.00	10.50	7.50	8.00
	11	2	10.00	11.50	8.50	9.00
		3	9.50	11.50	7.50	8.00
12		2	11.00	12.50	9.50	10.00
		3	10.50	12.50	8.50	9.00
	14	2	13.00	14.50	11.50	12.00
		3	12.50	14.50	10.50	11.00
16		2	15.00	16.50	13.50	14.00
		4	14.00	16.50	11.50	12.00
	18	2	17.00	18.50	15.50	16.00
		4	16.00	18.50	13.50	14.00
20		2	19.00	20.50	17.50	18.00
		4	18.00	20.50	15.50	16.00
	22	3	20.50	22.50	18.50	19.00
		5	19.50	22.50	16.50	17.00
		8	18.00	23.00	13.00	14.00
24		3	22.50	24.50	20.50	21.00
		5	21.50	24.50	18.50	19.00
		8	20.00	25.00	15.00	16.00
	26	3	24.50	26.50	22.50	23.00
		5	23.50	26.50	20.50	21.00
		8	22.00	27.00	17.00	18.00
28		3	26.50	28.50	24.50	25.00
		5	25.50	28.50	22.50	23.00
		8	24.00	29.00	19.00	20.00

续表

公称直径 d		螺距 P	中径 $d_2=D_2$	大径 D_4	小径	
第一系列	第二系列				d_1	D_1
	30	3	28.50	30.50	26.50	27.00
		6	27.00	31.00	23.00	24.00
		10	25.00	31.00	19.00	20.00
32		3	30.50	32.50	28.50	29.00
		6	29.00	33.00	25.00	26.00
		10	27.00	33.00	21.00	22.00
	34	3	32.50	34.50	30.50	31.00
		6	31.00	35.00	27.00	28.00
		10	29.00	35.00	23.00	24.00
36		3	34.50	36.50	32.50	33.00
		6	33.00	37.00	29.00	30.00
		10	31.00	37.00	25.00	26.00
	38	3	36.50	38.50	34.50	35.00
		7	34.50	39.00	30.00	31.00
		10	33.50	39.00	27.00	28.00
40		3	38.50	40.50	32.50	37.00
		7	36.50	41.00	32.00	33.00
		10	35.00	41.00	29.00	30.00

附表3　非密封管螺纹(GB/T 7307—2001)

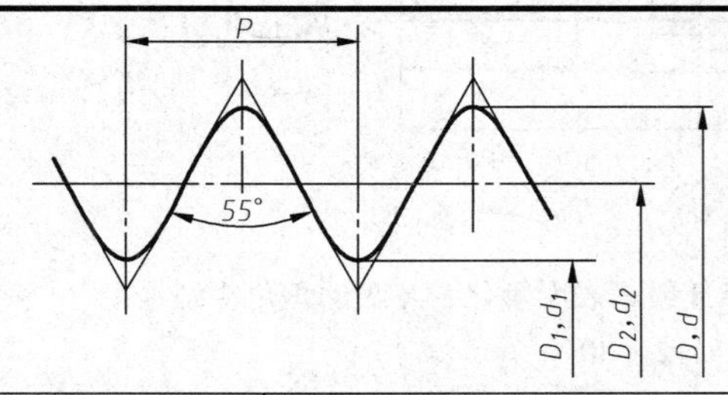

标记示例

尺寸代号 $1\frac{1}{2}$ 的左旋内螺纹：G$1\frac{1}{2}$ —LH

尺寸代号 $1\frac{1}{2}$ 的 B 级外螺纹：G$1\frac{1}{2}$ B

mm

尺寸代号	每 25.4mm 内所包含的牙数 n	螺距 P	基本直径	
			大径 $D=d$	小径 $D_1=d_1$
1/8	28	0.907	9.728	8.566
1/4	19	1.337	13.157	11.445
3/8	19	1.337	16.662	14.950
1/2	14	1.814	20.955	18.631
5/8	14	1.814	22.911	20.587
3/4	14	1.814	26.441	24.117
7/8	14	1.814	30.201	27.887
1	11	2.309	33.249	30.291
$1\frac{1}{8}$	11	2.309	37.897	34.939

续表

尺寸代号	每 25.4mm 内所包含的牙数 n	螺距 P	基本直径	
			大径 $D=d$	小径 $D_1=d_1$
$1\frac{1}{4}$	11	2.309	41.910	38.952
$1\frac{1}{2}$	11	2.309	48.803	44.845
$1\frac{3}{4}$	11	2.309	53.746	50.788
2	11	2.309	59.614	56.656
$2\frac{1}{4}$	11	2.309	65.710	62.752
$2\frac{1}{2}$	11	2.309	75.184	72.226
$2\frac{3}{4}$	11	2.309	81.534	78.576
3	11	2.309	87.884	84.926

2. 常用的标准件

附表4　螺栓

六角头螺栓—C 级(GB/T 5780—2000)，六角头螺栓—A 和 B 级(GB/T 5782—2000)

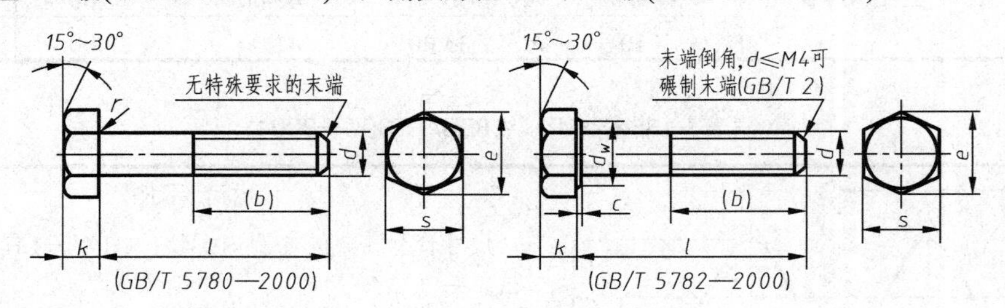

标记示例

螺纹规格 d=M12、公称长度 l=80、性能等级为 8.8 级、表面氧化、A 级的六角头螺栓：

螺柱 GB/T 5780　M12 × 80

mm

螺纹规格 d			M3	M4	M5	M6	M8	M10	M12	M16	M20	M24	M30
b 参考	l≤125		12	14	16	18	22	26	30	38	46	54	66
	125 < l≤200		18	20	22	24	28	32	36	44	52	60	72
	l < 200		31	33	35	37	41	45	49	57	65	73	85
c			0.4	0.4	0.5	0.5	0.6	0.6	0.6	0.8	0.8	0.8	0.8
d_w	产品等级	A	4.57	5.88	6.88	8.88	11.63	14.63	16.63	22.49	28.19	33.61	—
		B、C	4.45	5.74	6.74	8.74	11.47	14.47	16.47	22	27.7	33.25	42.75
e	产品等级	A	6.01	7.66	8.79	11.05	14.38	17.77	20.03	26.75	33.53	39.98	—
		B、C	5.88	7.50	8.63	10.89	14.20	17.59	19.85	26.17	32.95	39.55	50.85

续表

螺纹规格 d	M3	M4	M5	M6	M8	M10	M12	M16	M20	M24	M30
k 公称	2	2.8	3.5	4	5.3	6.4	7.5	10	12.5	15	18.7
r	0.1	0.2	0.2	0.25	0.4	0.4	0.6	0.6	0.8	0.8	1
s 公称	5.5	7	8	10	13	16	18	24	30	36	46
l(商品规格范围)	20～30	25～40	25～50	30～60	40～80	45～100	50～120	65～160	80～200	90～240	110～300
l 系列	12，16，20，25，30，35，40，45，50，55，60，65，70，80，90，100，110，120，130，140，150，160，180，200，220，240，260，260，280，300，320，340，360										

注：1．A 级用于 d≤24 和 l≤10d 或≤150 的螺栓；B 级用于 d>24 和 l>10d 或>150 的螺栓。

2．螺纹规格 d 的范围：GB/T 5780 为 M5～M64；GB/T 5782 为 M1.6～M64。

3．公称长度 l 的范围：GB/T 5780 为 25～500；GB/T 5782 为 12～500。

附表5　双头螺柱

双头螺柱-$b_m = 1d$(GB/T 897—1988)，双头螺柱-$b_m = 1.25d$(GB/T 898—1988)

双头螺柱-$b_m = 1.5d$(GB/T 899—1988)，双头螺柱-$b_m = 2d$(GB/T 900—1988)

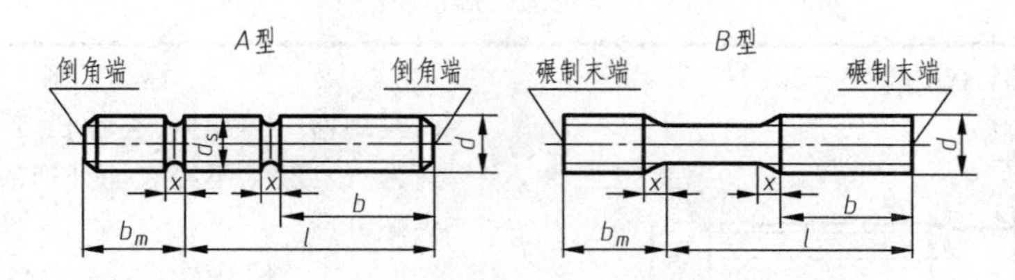

标记示例

两端均为粗牙普通螺纹、$d = 10$、$l = 50$、性能等级为 4.8 级、B 型、$b_m = 1d$ 的双头螺柱：

螺柱 GB/T 897　M10 × 50

旋入机体一端为粗牙普通螺纹、旋入螺母一端为螺距 $P = 1$ 的细牙普通螺纹、$d = 10$、$l = 50$、性能等级为 4.8 级、A 型、$b_m = 1d$ 的双头螺柱：

螺柱 GB/T897　AM10—M10 × 1 × 50

mm

螺纹规格 d		M5	M6	M8	M10	M12	M16	M20	M24	M30	M36	M42
b_m (公称)	GB/T897	5	6	8	10	12	16	20	24	30	36	42
	GB/T898	6	8	10	12	15	20	25	30	38	45	52
	GB/T899	8	10	12	15	18	24	30	36	45	54	65
	GB/T900	10	12	16	20	24	32	40	48	60	72	84
d_s(max)		5	6	8	10	12	16	20	24	30	36	42

续表

螺纹规格 d	M5	M6	M8	M10	M12	M16	M20	M24	M30	M36	M42
x(max)	2.5P										
$\frac{l}{b}$	$\frac{16 \sim 22}{10}$	$\frac{20 \sim 22}{10}$	$\frac{20 \sim 22}{12}$	$\frac{25 \sim 28}{14}$	$\frac{25 \sim 30}{16}$	$\frac{30 \sim 38}{20}$	$\frac{35 \sim 40}{25}$	$\frac{45 \sim 50}{30}$	$\frac{60 \sim 65}{40}$	$\frac{65 \sim 75}{45}$	$\frac{65 \sim 80}{50}$
	$\frac{25 \sim 50}{16}$	$\frac{25 \sim 30}{14}$	$\frac{25 \sim 30}{16}$	$\frac{30 \sim 38}{16}$	$\frac{32 \sim 40}{20}$	$\frac{40 \sim 55}{30}$	$\frac{45 \sim 65}{35}$	$\frac{55 \sim 75}{45}$	$\frac{70 \sim 90}{50}$	$\frac{80 \sim 110}{60}$	$\frac{85 \sim 110}{70}$
		$\frac{32 \sim 75}{18}$	$\frac{32 \sim 90}{22}$	$\frac{40 \sim 120}{26}$	$\frac{45 \sim 120}{30}$	$\frac{60 \sim 120}{38}$	$\frac{70 \sim 120}{46}$	$\frac{80 \sim 120}{54}$	$\frac{95 \sim 120}{60}$	$\frac{120}{78}$	$\frac{120}{90}$
				$\frac{130}{32}$	$\frac{130 \sim 180}{36}$	$\frac{130 \sim 200}{44}$	$\frac{130 \sim 200}{52}$	$\frac{130 \sim 200}{60}$	$\frac{130 \sim 200}{72}$	$\frac{130 \sim 200}{84}$	$\frac{130 \sim 200}{96}$
									$\frac{210 \sim 250}{85}$	$\frac{210 \sim 300}{91}$	$\frac{210 \sim 300}{109}$
l	16，(18)，20，(22)，25，(28)，30，(32)，35(38)，40，45，50，(55)，60，(65)，70，(75)，80，(85)，90，(95)100，110，120，130，140，150，160，170，180，190，200，210，220，220，240，250，280，300										

注：P 是粗牙螺纹的螺距。

附表6　螺钉

1．开槽圆柱头螺钉(GB/T 65—2000)

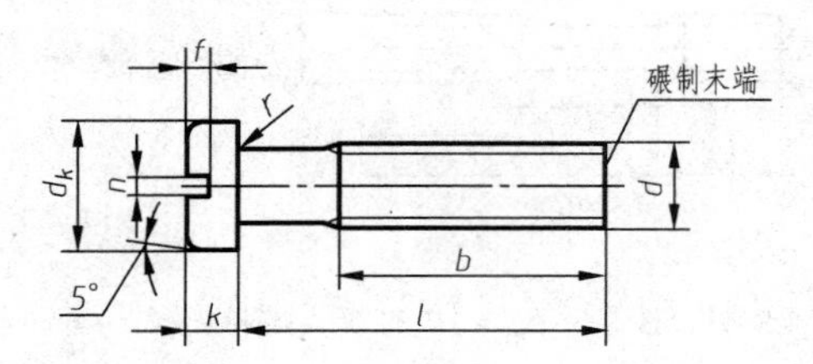

标记示例

螺纹规格 d = M5、公称长度 l = 20、性能等级为 4.8 级、不经表面处理的 A 级开槽圆柱头螺钉：

螺钉 GB/T 65　M5 × 20

mm

螺纹规格 d	M4	M5	M6	M8	M10
P(螺距)	0.7	0.8	1	1.25	1.5
b	38	38	38	38	38
d_k	7	8.5	10	13	16
k	2.6	3.3	3.9	5	6
n	1.2	1.2	1.6	2	2.5
r	0.2	0.2	0.25	0.4	0.4
t	1.1	1.3	1.6	2	2.4
公称长度 l	5～40	6～50	8～60	10～80	12～80
l 系列	5，6，8，10，12，(14)，16，20，25，30，35，40，45，50，(55)，60，(65)，70，(75)，80				

注：1．公称长度 $l \leqslant 40$ 的螺钉，制出全螺纹。

2．螺纹规格 d = M1.6～M10；公称长度 l = 2～80。

3．括号内的规格尽可能不采用。

续表

2．开槽盘头螺钉(GB/T 67—2000)

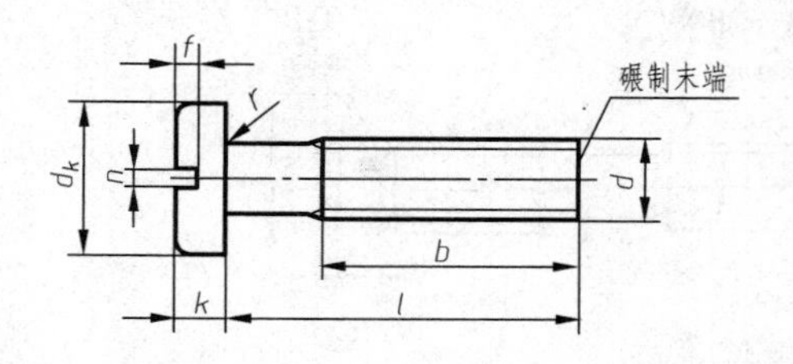

标记示例

螺纹规格 d = M5、公称长度 l = 20、性能等级为4.8级、不经表面处理的A级开槽盘头螺钉：

螺钉 GB/T 67　M5 × 20

mm

螺纹规格 d	M1.6	M2	M2.5	M3	M4	M5	M6	M8	M10
P(螺距)	0.35	0.4	0.45	0.5	0.7	0.8	1	1.25	1.5
b	25	25	25	25	38	38	38	38	38
d_k	3.2	4	5	5.6	8	9.5	12	16	20
k	1	1.3	1.5	1.8	2.4	3	3.6	4.8	6
n	0.4	0.5	0.6	0.8	1.2	1.2	1.6	2	2.5
r	0.1	0.1	0.1	0.1	0.2	0.2	0.25	0.4	0.4
t	0.35	0.5	0.6	0.7	1	1.2	1.4	1.9	2.4
公称长度 l	2～16	2.5～20	3～25	4～30	5～40	6～50	8～60	10～80	12～80
l 系列	2，2，5，3，4，5，6，8，10，12，(14)，16，20，25，30，35，40，45，50，(55)，60，(65)，70，(75)，80								

注：1．M1.6～M3 的螺钉，公称长度 $l \leqslant 30$ 的，制出全螺纹，M4～M10 的螺钉，公称长度 $l \leqslant 40$ 的，制出全螺纹。

2．括号内的规格尽可能不采用。

3．开槽沉头螺钉(GB/T 68—2000)

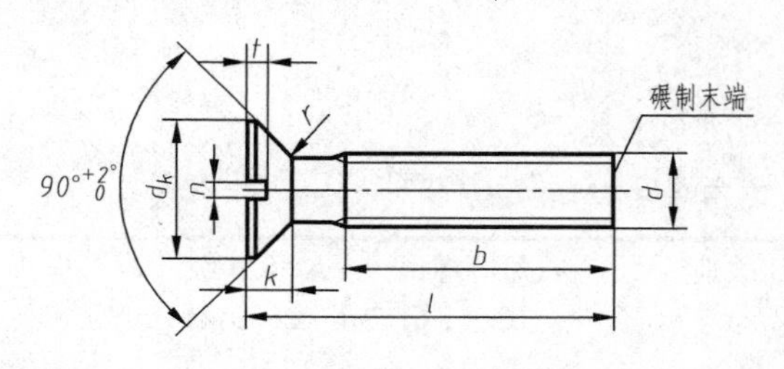

标记示例

螺纹规格 d = M5、公称长度 l = 20、性能等级为4.8级、不经表面处理的A级开槽沉头螺钉：

螺钉 GB/T 68　M5 × 20

mm

螺纹规格 d	M1.6	M2	M2.5	M3	M4	M5	M6	M8	M10
P(螺距)	0.35	0.4	0.45	0.5	0.7	0.8	1	1.25	1.5
b	25	25	25	25	38	38	38	38	38
d_k	3.6	4.4	5.5	6.3	9.4	10.4	12.6	17.3	20
k	1	1.2	1.5	1.65	2.7	2.7	3.3	4.65	5
n	0.4	0.5	0.6	0.8	1.2	1.2	1.6	2	2.5
r	0.4	0.6	0.6	0.8	1	1.3	1.5	2	2.5
t	0.5	0.6	0.75	0.85	1.3	1.4	1.6	2.3	2.6
公称长度 l	2.5～16	3～20	4～25	5～30	6～40	8～50	8～60	10～80	12～80
l 系列	2，5，3，4，5，6，8，10，12，(14)，16，20，25，30，35，40，45，50，(55)，60，(65)，70，(75)，80								

注：1．M1.6～M3 的螺钉，公称长度 $l \leqslant 30$ 的，制出全螺纹；M4～M10 的螺钉，公称长度 $l \leqslant 45$ 的，制出全螺纹。

2．括号内的规格尽可能不采用。

续表

4．开槽锥端紧定螺钉 (GB/T 71—2008)　　开槽平端紧定螺钉 (GB/T 73—2008)　　开槽长圆柱端紧定螺钉 (GB/T 75—2008)

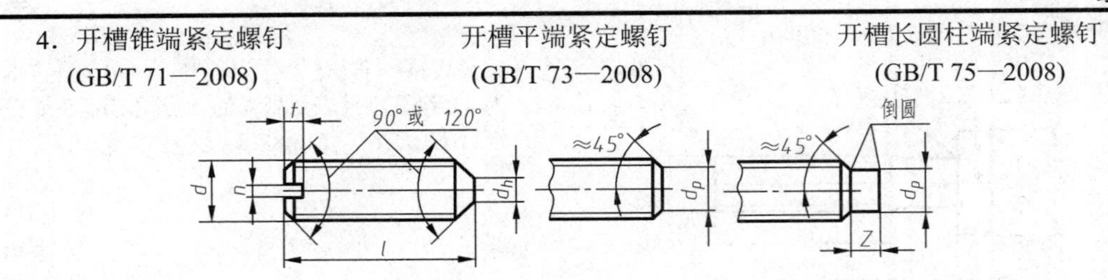

标记示例

螺纹规格 d = M5、公称长度 l = 12、性能等级为 14H 级、表面氧化的开槽长圆柱端紧定螺钉：

螺钉 GB/T75　M5 × 12

mm

螺纹规格 d		M1.6	M2	M2.5	M3	M4	M5	M6	M8	M10	M12
P(螺距)		0.35	0.4	0.45	0.5	0.7	0.8	1	1.25	1.5	1.75
n		0.25	0.25	0.4	0.4	0.6	0.8	1	1.2	1.6	2
l		0.74	0.74	0.95	1.05	1.42	1.63	2	2.5	3	3.6
d_n		0.16	0.2	0.25	0.3	0.4	0.5	1.5	2	2.5	3
d_p		0.8	1	1.5	2	2.5	3.5	4	5.5	7	8.5
z		1.05	1.25	1.5	1.75	2.25	2.75	3.25	4.3	5.3	6.3
l	GB/T 71—1985	2～8	3～10	3～12	4～16	6～20	8～25	8～30	10～40	12～50	14～60
	GB/T 73—1985	2～8	2～10	2.5～12	3～16	4～20	5～25	6～30	8～40	10～50	12～60
	GB/T 75—1985	2.5～8	3～10	4～12	5～16	6～20	8～25	10～30	10～40	12～50	14～60
l 系列		2，2，5，3，4，5，6，8，10，12，(14)，16，20，25，30，35，40，45，50，(55)，60									

注：1．l 为公称长度。

2．括号内的规格尽可能不采用。

附表7　六角螺母

六角螺母——C (CB/T 41—2000)　　I 型六角螺母——A 和 B 级别 (CB/T 6170—2000)　　六角薄螺母——A 和 B 级 (CB/T 6172.1—2000)

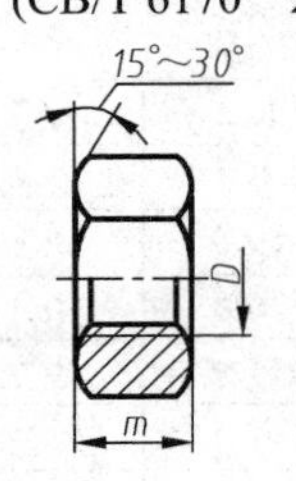

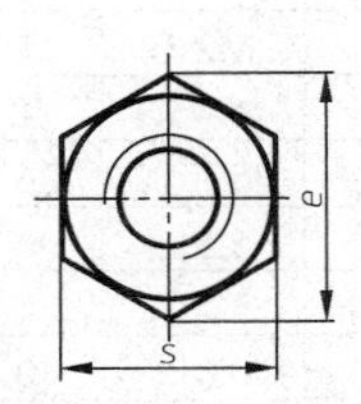

标记示例

螺纹规格 D=M12、C 级六角螺母　　记为：螺母 CB/T 41—2000 M12

螺纹规格 D=M12、A 级 I 型六角螺母　　记为：螺母 CB/T 6170.1—2000 M12

螺纹规格 D=M12、A 级六角薄螺母　　记为：螺母 CB/T 6172.1—2000 M12

mm

螺纹规格 D		M3	M4	M5	M6	M8	M10	M12	M16	M20	M24	M30	M36	M42
e_{min}	CB/T 41			8.63	10.89	14.20	17.59	19.85	26.17	32.95	39.55	50.85	60.79	72.02
	CB/T 6170	6.01	7.66	8.79	11.05	14.38	17.77	20.03	26.75	32.95	39.55	50.85	60.79	72.02
	CB/T 6172	60.1	7.66	8.79	11.05	14.38	17.77	20.03	26.75	32.95	39.55	50.85	60.79	72.02

续表

螺纹规格 D		M3	M4	M5	M6	M8	M10	M12	M16	M20	M24	M30	M36	M42
s_{max}	CB/T 41			8	10	13	16	18	24	30	36	46	55	65
	CB/T 6170	5.5	7	8	10	13	16	18	24	30	36	46	55	65
	CB/T 6172	5.5	7	8	10	13	16	18	24	30	36	46	55	65
m_{nax}	CB/T 41			5.6	6.4	7.9	9.5	12.2	15.9	18.7	22.3	26.4	31.9	34.9
	CB/T 6170	2.4	3.2	4.7	5.2	6.8	8.4	10.8	14.8	18	21.5	25.6	31	34
	CB/T 6172	1.8	2.2	2.7	3.2	4	5	6	8	10	12	15	18	21

附表8　垫圈

小垫圈——A 级(CB/T 848—2002)

平垫圈——A 级(CB/T 97.1—2002)

平垫圈　倒角型——A 级(CB/T 97.2—2002)

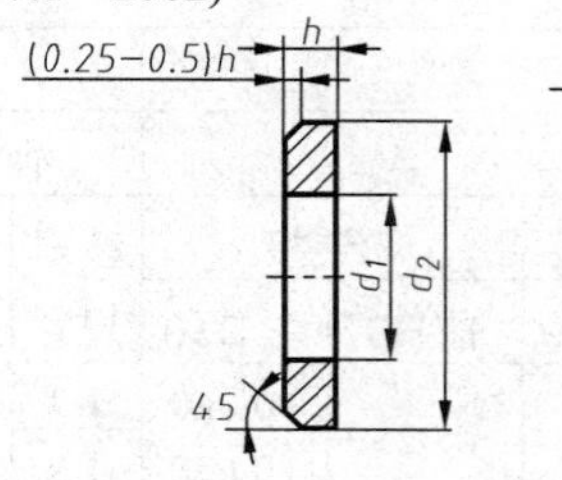

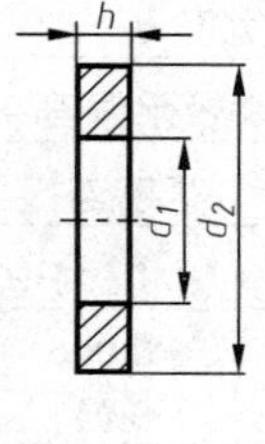

标记示例

标准系列、公称规格为 8mm、由钢制造的硬度等级为 200HV 级、不经表面处理的平垫圈

记为：垫圈 CB/T 97.1—2002 8

mm

公称规格 (螺纹大径 d)	内径 d_1		外径 d_1		厚度 h		
	公称(min)	max	公称(min)	max	公称	max	min
1.6	1.7	1.84	4	3.7	0.3	0.35	0.25
2	2.2	2.84	5	4.7	0.3	0.35	0.25
2.5	2.7	2.84	6	5.7	0.5	0.55	0.45
3	3.2	3.38	7	6.64	0.5	0.55	0.45
4	4.3	4.48	9	8.64	0.8	0.9	0.7
5	5.3	5.48	10	9.64	1	1.1	0.9
6	6.4	6.62	12	11.57	1.6	1.8	1.4
8	8.4	8.62	16	15.57	1.6	1.8	1.4
10	10.5	10.77	20	19.48	2	2.2	1.8
12	13	13.27	24	23.48	2.5	2.7	2.3
16	17	17.27	30	29.48	3	3.3	2.7
20	21	21.33	37	26.38	3	3.3	2.7
24	25	25.33	44	43.38	4	4.3	3.7
30	31	31.39	56	55.26	4	4.3	3.7
36	37	37.62	66	64.8	5	5.6	4.4
42	45	45.62	78	76.8	8	9	7
48	52	52.74	92	90.6	8	9	7
56	62	62.74	105	103.6	10	11	9
64	70	70.74	115	113.6	10	11	9

附表9 键

1. 平键和键槽的断面尺寸(GB/T 1095—2003)

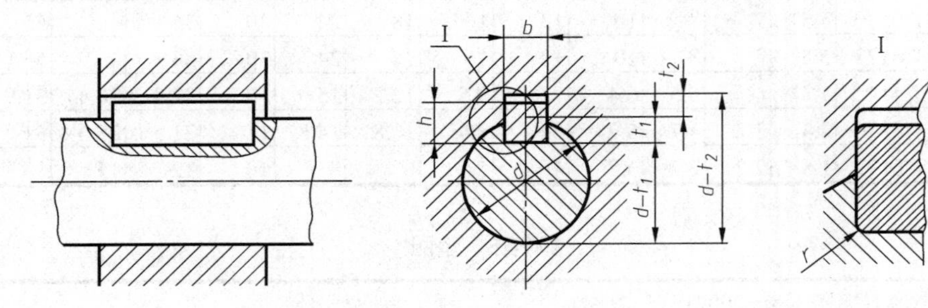

mm

键尺寸 $b\times h$	键槽											
	宽度 b						深度				半径 r	
	基本尺寸	极限偏差					轴 t_1		毂 t_2			
		正常连接		紧密连接	松连接		基本尺寸	极限偏差	基本尺寸	极限偏差		
		轴 N9	毂 JS9	轴和毂 P9	轴 H9	毂 D10					min	max
2×2	2	−0.004 −0.029	±0.0125	−0.006 −0.031	+0.0250	+0.060 +0.020	1.2	+0.10	1.0	+0.10	0.08	0.16
3×3	3						1.8		1.4			
4×4	4	0 −0.030	±0.015	−0.012 −0.042	+0.0300	+0.078 +0.030	2.5	+0.10	1.8	+0.10		
5×5	5						3.0		2.3		0.16	0.25
6×6	6						3.5		2.8			
8×7	8	0 −0.036	±0.018	−0.015 −0.051	+0.036 0	+0.098 +0.040	4.0	+0.20	3.3	+0.20		
10×8	10						5.0		3.3		0.25	0.40
12×8	12	0 −0.043	±0.0215	−0.018 −0.061	+0.0430	+0.120 +0.050	5.0		3.3			
14×9	14						5.5		3.8			
16×10	16						6.0		4.3			
18×11	18						7.0		4.4			
20×12	20	0 −0.052	±0.026	−0.022 −0.074	+0.0520	+0.149 0.065	7.5		4.9		0.40	0.60
22×14	22						9.0		5.4			
25×14	25						9.0		5.4			
28×16	28						10.0		6.4			

2. 普通型平键(GB/T 1096—2003)

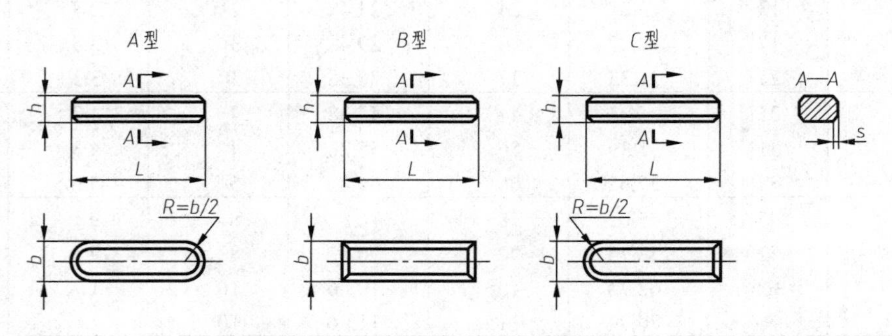

续表

标记示例

宽度 $b=16$mm，高度 $h=10$mm，长度 $L=100$mm，普通 A 型平键的标记为

GB/T 1096　键 16 × 10 × 100

mm

		2	3	4	5	6	8	10	12	14	16	18	20	22
宽度 b	基本尺寸	2	3	4	5	6	8	10	12	14	16	18	20	22
宽度 b	极限偏差 (h8)	0 −0.014		0 −0.018			0 −0.022		0 −0.027				0 −0.033	
高度 h	基本尺寸	2	3	4	5	6	7	8	8	9	10	11	12	14
高度 h	极限偏差 矩形 (h11)	—		—			0 −0.090					0 −0.110		
高度 h	极限偏差 方形 (h8)	0 −0.014		0 −0.018			—					—		
倒角或倒圆 s		0.16～0.25			0.25～0.40			0.40～0.60					0.60～0.80	
长度 L 基本尺寸	极限偏差 (h14)													
6	0 −0.36			—	—	—	—	—	—	—	—	—	—	—
8					—	—	—	—	—	—	—	—	—	—
10						—	—	—	—	—	—	—	—	—
12	0 −0.43					—	—	—	—	—	—	—	—	—
14							—	—	—	—	—	—	—	—
16							—	—	—	—	—	—	—	—
18				标				—	—	—	—	—	—	—
20	0 −0.52							—	—	—	—	—	—	—
22		—			准				—	—	—	—	—	—
25		—							—	—	—	—	—	—
28		—				长				—	—	—	—	—
32	0 −0.62	—								—	—	—	—	—
36		—					度				—	—	—	—
40		—	—								—	—	—	—
45		—	—					范				—	—	—
50		—	—	—									—	—
56		—	—	—					围					—
63	0 −0.74	—	—	—	—									
70		—	—	—	—									
80		—	—	—	—	—								

附表10 销

1．销 圆柱销(GB/T 11.9—2000)—不淬硬钢和奥氏体不锈钢

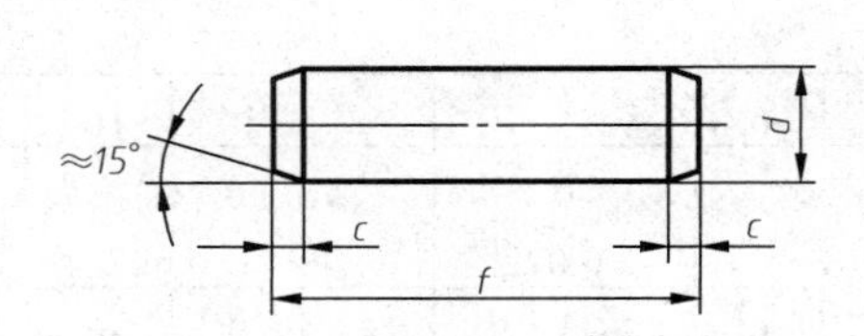

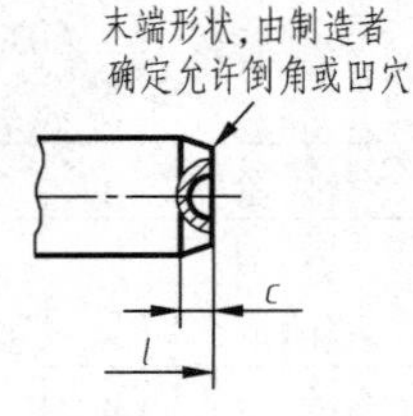

标记示例

公称直径 $d=6$、公差为m6、公称长度 $l=30$、材料为钢、不经淬火、不经表面处理的圆柱销：

销 GB/T 119.1 6m6 × 30

mm

公称直径 d(m6/h8)	0.6	0.8	1	1.2	1.5	2	2.5	3	4	5
$c\approx$	0.12	0.16	0.20	0.25	0.30	0.35	0.40	0.50	0.63	0.80
l(商品规格范围公称长度)	2～6	2～8	4～10	4～12	4～16	6～20	6～24	8～30	8～40	10～50

公称直径 d(m6/h8)	6	8	10	12	16	20	25	30	40	50
$c\approx$	1.2	16	2.0	2.5	3.0	3.5	4.0	5.0	6.3	8.0
l(商品规格范围公称长度)	12～60	14～80	18～95	22～140	26～180	35～200	50～200	60～200	80～200	95～200

l系列	2，3，4，5，6，8，10，12，14，16，18，20，22，24，26，28，30，32，35，40，45，50，55，60，65，70，75，80，85，90，95，100，120，140，160，180，200

注：1．材料用钢时，硬度要求为125～245HV30，用奥氏体不锈钢A1(GB/T 3098.6)时，硬度要求为210～280HV30。

2．公差m6：R_a≤0.8μm；公差h8：R_a≤1.6μm。

2．圆柱销(GB/T 117—2000)

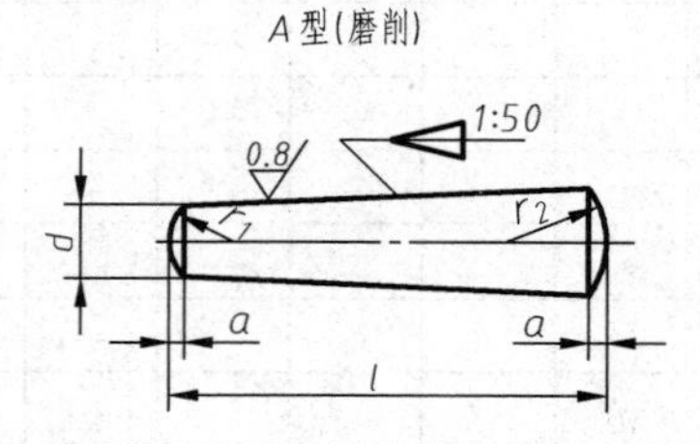

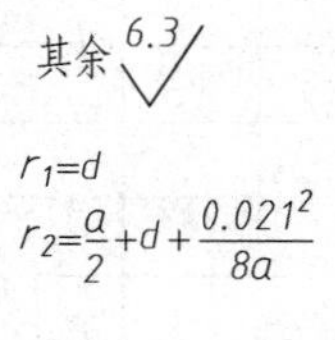

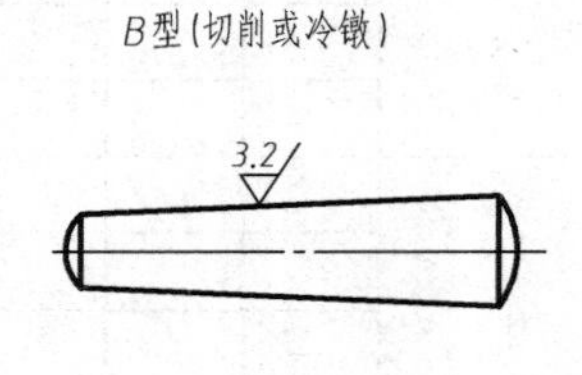

标记示例

公称直径 $d=100$、公称长度 $l=60$、材料为35钢、热处理硬度28～38HRC、表面氧化处理的A型圆锥销：

销 GB/T 117 10×60

mm

d(公称)	0.6	0.8	1	1.2	1.5	2	2.5	3	4	5
$a\approx$	0.08	0.1	0.12	0.16	0.2	0.25	0.3	0.4	0.5	0.63
l(商品规格范围公称长度)	4～8	5～12	6～16	6～20	8～24	10～35	10～35	12～45	14～55	18～60

续表

d(公称)	6	8	10	12	16	20	25	30	40	50
a≈	0.8	1	1.2	1.6	2	2.5	3	4	5	6.3
l(商品规格范围公称长度)	22～90	22～120	26～160	32～180	40～200	45～200	50～200	55～200	60～200	65～200
l 系列	2，3，4，5，6，8，10，12，14，16，18，20，22，24，26，28，30，32，35，40，45，50，55，60，65，70，75，85，85，90，95，100，120，140，160，180，200									

附表11　深沟球轴承(GB/T 276—1994)

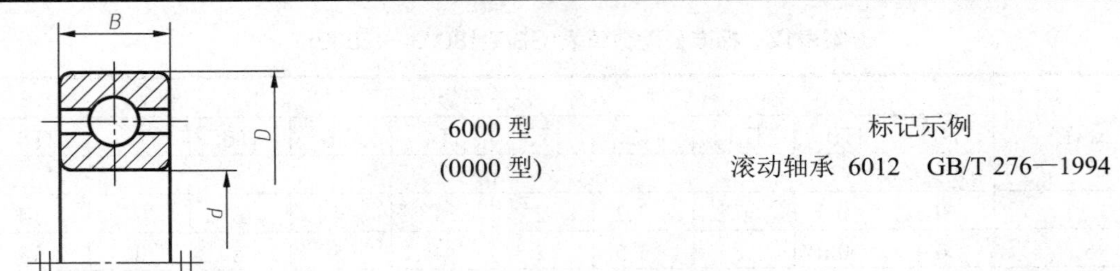

6000 型
(0000 型)

标记示例
滚动轴承 6012　GB/T 276—1994

轴承代号		尺寸/mm			轴承代号		尺寸/mm		
新	旧	d	D	B	新	旧	d	D	B
01 尺寸系列(旧：特轻(1)系列)					03 尺寸系列(旧：中窄(3)系列)				
6000	100	10	26	8	6300	300	10	35	11
6001	101	12	28	8	6301	301	12	37	12
6002	102	15	32	9	6302	302	15	42	13
6003	103	17	35	10	6303	303	17	47	14
6004	104	20	42	12	6304	304	20	52	15
6005	105	25	47	12	6305	305	25	62	17
6006	106	30	55	13	6306	306	30	72	19
6007	107	35	62	14	6307	307	35	80	21
6008	108	40	68	15	6308	308	40	90	23
6009	109	45	75	16	6309	309	45	100	25
6010	110	50	80	16	6310	310	50	110	27
6011	111	55	90	18	6311	311	55	120	29
6012	112	60	95	18	6312	312	60	130	31
6013	113	65	100	18	6313	313	65	140	33
6014	114	70	110	20	6314	314	70	150	35
6015	115	75	115	20					
6016	116	80	125	22					
02 尺寸系列(旧：轻窄(2)系列)					04 尺寸系列(旧：重窄(4)系列)				
6200	200	10	30	9	6403	403	17	62	17
6201	201	12	32	10	6404	404	20	72	19
6202	202	15	35	11	6405	405	25	80	21
6203	203	17	40	12	6406	406	30	90	23
6204	204	20	47	14	6407	407	35	100	25
6205	205	25	52	15	6408	408	40	110	27
6206	206	30	62	16	6409	409	45	120	29
6207	207	35	72	17	6410	410	50	130	31
6208	208	40	80	18	6411	411	55	140	33
6209	209	45	85	19	6412	412	60	150	35
6210	210	50	90	20	6413	413	65	160	37
6211	211	55	100	21	6414	414	70	180	42
6212	212	60	110	22	6415	415	75	190	45
6213	213	65	120	23	6416	416	80	200	48

续表

轴承代号		尺寸/mm			轴承代号		尺寸/mm		
新	旧	*d*	*D*	*B*	新	旧	*d*	*D*	*B*
02 尺寸系列(旧：轻窄(2)系列)					04 尺寸系列(旧：重窄(4)系列)				
6214	214	70	125	24	6417	417	85	210	52
6215	215	75	130	25	6418	418	90	225	54
6216	216	80	140	26	6420	420	100	250	58
6217	217	85	150	28					
6218	218	90	160	30					
6219	219	95	170	32					

3．极限与配合

附表12　标准公差数值表(GB/T 1800.1—2009)

公称尺寸	公差等级									
	IT01	IT0	IT1	IT2	IT3	IT4	IT5	IT6	IT7	IT8
	μm									
≤3	0.3	0.5	0.8	1.2	2	3	4	6	10	14
>3～6	0.4	0.6	1	1.5	2.5	4	5	8	12	18
>6～10	0.4	0.6	1	1.5	2.5	4	6	9	15	22
>10～18	0.5	0.8	1.2	2	3	5	8	11	18	27
>18～30	0.6	1	1.5	2.5	4	6	9	13	21	33
>30～50	0.6	1	1.5	2.5	4	7	11	16	25	39
>50～80	0.8	1.2	2	3	5	8	13	19	30	46
>80～120	1	1.5	2.5	4	6	10	15	22	35	54
>120～180	1.2	2	3.5	5	8	12	18	15	40	63
>180～250	2	3	4.5	7	10	14	20	29	46	72
>250～315	2.5	4	6	8	12	16	23	32	52	81
>315～400	3	5	7	9	13	18	25	26	57	89
>400～500	4	6	8	10	15	20	27	40	63	97

公称尺寸	公差等级									
	IT9	IT10	IT11	IT12	IT13	IT14	IT15	IT16	IT17	IT18
	μm			mm						
≤3	25	40	60	0.1	0.14	0.25	0.4	0.6	1	1.4
>3～6	30	48	75	0.12	0.18	0.3	0.48	0.75	1.2	1.8
>6～10	36	58	90	0.15	0.22	0.36	0.58	0.9	1.5	2.2
>10～18	43	70	110	0.18	0.27	0.43	0.7	1.1	1.8	2.7
>18～30	52	84	130	0.21	0.33	0.52	0.84	1.3	2.1	3.3
>30～50	62	100	160	0.25	0.39	0.62	1	1.6	2.5	3.9
>50～80	74	120	190	0.3	0.46	0.74	1.2	1.9	3	4.6
>80～120	87	140	220	0.35	0.54	0.87	1.4	2.2	3.5	5.4
>120～180	100	160	250	0.4	0.63	1	1.6	2.5	4	6.3
>180～250	115	185	290	0.46	0.72	1.15	1.85	2.9	4.6	7.2
>250～315	130	210	320	0.52	0.81	1.3	2.1	3.2	5.2	8.1
>315～400	140	230	360	0.57	0.89	1.4	2.3	3.6	5.7	8.9
>400～500	155	250	400	0.63	0.97	1.55	2.5	4	6.3	9.7

附表13　常用及优先轴公差带极限偏差(GB/T 1800.2—2009)　　单位：μm

基本尺寸/mm		常用及优先轴公差带												
		a	*b*		*c*			*d*				*e*		
大于	至	11	11	12	9	10	⑪	9	⑨	10	11	7	8	9
−	3	−270 −330	−140 −240	−140 −240	−60 −85	−60 −100	−60 −120	−20 −34	−20 −45	−20 −60	−20 −80	−14 −24	−14 −28	−14 −39
3	6	−270 −345	−140 −215	−140 −260	−70 −100	−70 −118	−70 −145	−30 −48	−30 −60	−30 −78	−30 −105	−20 −32	−20 −38	−20 −50
6	10	−280 −370	−150 −240	−150 −300	−80 −116	−80 −138	−80 −170	−40 −62	−40 −76	−40 −98	−40 −130	−25 −40	−25 −47	−25 −61
10 14	14 18	−290 −400	−150 −260	−150 −330	−95 −138	−95 −165	−95 −205	−50 −77	−50 −93	−50 −120	−50 −160	−32 −50	−32 −59	−32 −75
18 24	24 30	−300 −430	−160 −290	−160 −370	−110 −162	−110 −194	−110 −240	−65 −98	−65 −117	−65 −149	−65 −195	−40 −61	−40 −73	−40 −92
30	40	−310 −470	−170 −330	−170 −420	−120 −182	−120 −220	−120 −280	−80 −119	−80 −142	−80 −180	−80 −240	−50 −75	−50 −89	−50 −112
40	50	−320 −480	−180 −340	−180 −430	−130 −192	−130 −230	−130 −290							
50	65	−340 −530	−190 −380	−190 490	−140 −214	−140 −260	−140 −330	−100 −146	−100 −174	−100 −220	−100 −290	−60 −90	−60 −106	−60 −134
65	80	−360 −550	−200 −390	−200 −500	−150 −224	−150 −270	−150 −340							
80	100	−380 −600	−220 −440	−220 −570	−170 −257	−170 −310	−170 −390	−120 −174	−120 −207	−120 −260	−120 −340	−72 −107	−72 −126	−72 −159
100	120	−410 −630	−240 −460	−240 −590	−180 −267	−180 −320	−180 −400							
120	140	−460 −710	−260 −510	−260 −660	−200 −300	−200 −360	−200 −450	−145 −208	−145 −245	−145 −305	−145 −395	−85 −125	−85 −148	−85 −185
140	160	−520 −770	−280 −530	−280 −680	−210 −310	−210 −370	−210 −460							
160	180	−580 −830	−310 −560	−310 −710	−230 −330	−230 −390	−230 −480							
180	200	−660 −950	−340 −630	−340 −800	−240 −355	−240 −425	−240 −530	−170 −242	−170 −285	−170 −355	−170 −460	−100 −146	−100 −172	−100 −215
200	225	−170 −1030	−380 −670	−380 −840	−260 −375	−260 −445	−260 −550							
225	250	−820 −1110	−420 −710	−420 −880	−280 −395	−280 −465	−280 −570							
250	280	−920 −1240	−480 −800	−480 −1000	−300 −430	−300 −510	−300 −620	−190 −271	−190 −320	−190 −400	−190 −510	−110 −162	−110 −191	−110 −240
280	315	−1050 −1370	−540 −860	−540 −1060	−330 −460	−330 −540	−330 −650							
315	355	−1200 −1560	−600 −960	−600 −1170	−360 −500	−360 −590	−360 −720	−210 −299	−210 −350	−210 −440	−210 −570	−125 −182	−125 −214	−125 −265
355	400	−1350 −1710	−680 −1040	−680 −1250	−400 −540	−400 −630	−400 −760							
440	450	−1500 −1900	−760 −1160	−760 −1390	−440 −595	−440 −690	−440 −840	−230 327	−230 −385	−230 −480	−230 −630	−135 −198	−135 −232	−135 −290
450	500	−1650 −2050	−840 −1240	−840 −1470	−480 −635	−480 −730	−480 −880							

续表

(带圈者为优先公差带)															
f					*g*			*h*							
5	6	⑦	8	9	5	⑥	7	5	⑥	⑦	8	⑨	10	⑩	12
−6	−6	−6	−6	−6	−2	−2	−2	0	0	0	0	0	0	0	0
−10	−12	−16	−20	−31	−6	−8	−12	−4	−6	−10	−14	−25	−40	−60	−100
−10	−10	−10	−10	−10	−4	−4	−4	0	0	0	0	0	0	0	0
−15	−18	−22	−28	−40	−9	−12	−16	−5	−8	−12	−18	−30	−48	−75	−120
−13	−13	−13	−13	−13	−5	−5	−5	0	0	0	0	0	0	0	0
−19	−22	−28	−35	−49	−11	−14	−20	−6	−9	−15	−22	−36	−58	−90	−150
−16	−16	−16	−16	−16	−6	−6	−6	0	0	0	0	0	0	0	0
−24	−27	−34	−43	−59	−14	−17	−24	−8	−11	−18	−27	−43	−70	−110	−180
−20	−20	−20	−20	−20	−7	−7	−7	0	0	0	0	0	0	0	0
−29	−33	−41	−53	−72	−16	−20	−28	−9	−13	−21	−33	−52	−84	−130	−210
−25	−25	−25	−25	−25	−9	−9	−9	0	0	0	0	0	0	0	0
−36	−41	−50	−64	−87	−20	−25	−34	−11	−16	−25	−39	−62	−100	−160	−250
−30	−30	−30	−30	−30	−10	−10	−10	0	0	0	0	0	0	0	0
−43	−49	−60	−76	−104	−23	−29	−40	−13	−19	−30	−46	−74	−120	−190	−300
−36	−36	−36	−36	−36	−12	−12	−12	0	0	0	0	0	0	0	0
−51	−58	−71	−90	−123	−27	−34	−47	−15	−22	−35	−54	−87	−140	−220	−350
−43	−43	−43	−43	−43	−14	−14	−14	0	0	0	0	0	0	0	0
−61	−68	−83	−106	−143	−32	−39	−54	−18	−25	−40	−63	−100	−640	−250	−400
−50	−50	−50	−50	−50	−15	−15	−15	0	0	0	0	0	0	0	0
−70	−79	−96	−122	−165	−35	−44	−61	−20	−29	−46	−72	−115	−185	−290	−460
−56	−56	−56	−56	−56	−17	−17	−17	0	0	0	0	0	0	0	0
−79	−88	−108	−137	−186	−40	−49	−69	−23	−32	−52	−81	−130	−210	−320	−520
−62	−62	−62	−62	−62	−18	−18	−18	0	0	0	0	0	0	0	0
−87	−98	−119	−151	−202	−43	−54	−75	−25	−36	−57	−89	−140	−230	−360	−570
−68	−68	−68	−68	−68	−20	−20	−20	0	0	0	0	0	0	0	0
−95	−108	−131	−165	−223	−47	−60	−83	−27	−40	−63	−97	−155	−250	−400	−630

续表

基本尺寸/mm		常用及优先轴公差带															
		js			*k*			*m*			*n*			*p*			
大于	至	5	6	7	5	⑥	7	5	6	7	5	⑥	7	5	⑥	7
–	3	±2	±3	±5	+4 0	+6 0	+10 0	+6 +2	+8 +2	+12 +2	+8 +4	+10 +4	+14 +4	+10 +6	+12 +6	+16 +6
3	6	±2.5	±4	±6	+6 +1	+9 +1	+13 +1	+9 +4	+12 +4	+16 +4	+13 +8	+16 +8	+20 +8	+17 +12	+20 +12	+24 +12
6	10	±3	±4.5	±7	+7 +1	+10 +1	+16 +1	+12 +6	+15 +6	+21 +6	+16 +10	+19 +10	+25 +10	+21 +15	+24 +15	+30 +15
10 14	14 18	±4	±5.5	±9	+9 +1	+12 +1	+19 +1	+15 +7	+18 +7	+25 +7	+20 +12	+23 +12	+30 +12	+26 +18	+29 +18	+36 +18
18 24	24 30	±4.5	±6.5	±10	+11 +2	+15 +2	+23 +2	+17 +8	+21 +8	+29 +8	+24 +15	+28 +15	+36 +15	+31 +22	+35 +22	+43 +22
30 40	40 50	±5.5	±8	±12	+13 +2	+18 +2	+27 +2	+20 +9	+25 +9	+34 +9	+28 +17	+33 +17	+42 +17	+37 +26	+42 +26	+51 +26
50 60	65 80	±6.5	±9.5	±15	+15 +2	+21 +2	+32 +2	+24 +11	+30 +11	+41 +11	+33 +20	+39 +20	+50 +20	+45 +32	+51 +32	+62 +32
80 100	100 120	±7.5	±11	±17	+18 +3	+25 +3	+38 +3	+28 +13	+35 +13	+48 +13	+38 +23	+45 +23	+58 +23	+52 +37	+59 +37	+72 +37
120 140 160	140 160 180	±9	±12.5	±20	+21 +3	+28 +3	+43 +3	+33 +15	+40 +15	+55 +15	+45 +27	+52 +27	+67 +27	+61 +43	+68 +43	+83 +43
180 200 225	200 225 250	±10	±14.5	±23	+24 +4	+33 +4	+50 +4	+37 +17	+46 +17	+63 +17	+54 +31	+60 +31	+77 +31	+70 +50	+79 +50	+96 +50
250 280	280 315	±11.5	±16	±26	+27 +4	+36 +4	+56 +4	+43 +20	+52 +20	+72 +20	+57 +34	+66 +34	+86 +34	+79 +56	+88 +56	+108 +56
315 355	355 400	±12.5	±18	±28	+29 +4	+40 +4	+61 +4	+46 +21	+57 +21	+78 +21	+62 +37	+73 +37	+94 +37	+87 +62	+98 +62	+119 +62
400 450	450 500	±13.5	±20	±31	+32 +5	+45 +5	+68 +5	+50 +23	+63 +23	+86 +23	+67 +40	+80 +40	+103 +40	+95 +68	+108 +68	+131 +68

续表

(带圈者为优先公差带)														
r			*s*			*t*			*u*		*v*	*x*	*y*	*z*
5	6	7	5	⑥	7	5	6	7	⑥	7	6	6	6	6
+14 +14	+16 +10	+20 +10	+18 +14	+20 +14	+24 +14	—	—	—	+24 +18	+28 +18	—	+26 +20	—	+32 +26
+20 +15	+23 +15	+27 +15	+24 +19	+27 +19	+31 +19	—	—	—	+31 +23	+35 +23	—	+36 +28	—	+43 +35
+25 +19	+28 +19	+34 +19	+29 +23	+32 +23	+38 +23	—	—	—	+37 +28	+43 +28	—	+43 +34	—	+51 +42
+31 +23	+34 +23	+41 +23	+36 +28	+39 +28	+46 +28	—	—	—	+44 +33	+51 +33	—	+51 +40	—	+61 +50
						—	—	—			+50 +39	+56 +45	—	+71 +60
+37 +28	+41 +28	+49 +28	+44 +35	+48 +35	+56 +35	—	—	—	+54 +41	+62 +41	+60 +47	+67 +54	+76 +63	+86 +73
						+50 +41	+54 +41	+62 +41	+61 +48	+69 +48	+68 +55	+77 +64	+88 +75	+101 +88
+45 +34	+50 +34	+59 +34	+54 +43	+59 +43	+68 +43	+59 +48	+64 +48	+73 +48	+76 +60	+85 +60	+84 +68	+96 +80	+110 +94	+128 +112
						+65 +54	+70 +54	+79 +54	+86 +70	+95 +70	+97 +81	+113 +97	+130 +114	+152 +136
+54 +41	+60 +41	+71 +41	+66 +53	+72 +53	+83 +53	+79 +66	+85 +66	+96 +66	+106 +87	+117 +87	+121 +102	+141 +122	+163 +144	+191 +172
+56 +43	+62 +43	+73 +43	+72 +59	+78 +59	+89 +59	+88 +75	+94 +75	+108 +75	+121 +102	+132 +102	+139 +120	+165 +146	+193 +174	+229 +210
+66 +51	+73 +51	+86 +51	+86 +71	+93 +71	+106 +71	+106 +91	+113 +91	+126 +91	+146 +124	+159 +124	+168 +146	+200 +178	+236 +214	+280 +258
+69 +54	+76 +54	+89 +54	+94 +79	+101 +79	+114 +79	+119 +104	+126 +104	+139 +104	+166 +144	+179 +144	+194 +172	+232 +210	+276 +254	+332 +310
+81 +63	+88 +63	+103 +63	+110 +92	+117 +92	+132 +92	+140 +122	+147 +122	+162 +122	+195 +170	+210 +170	+227 +202	+273 +248	+325 +300	+390 +365
+83 +65	+90 +65	+105 +65	+118 +100	+125 +100	+140 +100	+152 +134	+159 +134	+174 +134	+215 +190	+230 +190	+253 +228	+305 +280	+365 +340	+440 +415
+86 +68	+93 +68	+108 +68	+126 +108	+133 +108	+148 +108	+164 +146	+171 +146	+186 +146	+235 +210	+250 +210	+277 +252	+335 +310	+405 +380	+490 +465
+97 +77	+106 +77	+123 +77	+142 +122	+151 +122	+168 +122	+186 +166	+195 +166	+212 +166	+265 +236	+282 +236	+313 +284	+379 +350	+454 +425	+549 +520
+100 +80	+109 +80	+126 +80	+150 +130	+159 +130	+176 +130	+200 +180	+209 +180	+226 +180	+287 +258	+304 +258	+339 +310	+414 +385	+499 +470	+604 +575
+104 +84	+113 +84	+130 +84	+160 +140	+169 +140	+186 +140	+216 +196	+225 +196	+242 +196	+313 +284	+330 +284	+369 +340	+454 +428	+549 +520	+669 +640
+117 +94	+126 +94	+146 +94	+181 +158	+190 +158	+210 +158	+241 +218	+250 +218	+270 +218	+347 +315	+367 +315	+417 +385	+507 +475	+612 +580	+742 +710
+121 +98	+130 +98	+150 +98	+193 +170	+202 +170	+222 +170	+263 +240	+272 +240	+292 +240	+382 +350	+402 350	+457 +425	+557 +525	+682 +650	+822 +790
+133 +108	+144 +108	+165 +108	+215 +190	+226 +190	+247 +190	+293 +268	+304 +268	+325 +268	+426 +390	+447 +390	+511 +475	+626 +590	+766 +730	+936 +900
+139 +114	+150 +114	+171 +114	+233 +208	+244 +208	+265 +208	+319 +294	+330 +294	+351 +294	+471 +435	+492 +435	+566 +530	+696 +660	+856 +820	+1036 +1000
+153 +126	+166 +126	+189 +126	+259 +232	+272 +232	+295 +232	+357 +330	+370 +330	+393 +330	+530 +490	+553 +490	+635 +595	+780 +740	+960 +920	+1140 +1100
+159 +132	+172 +132	+195 +132	+279 +252	+292 +252	+315 +252	+387 +360	+400 +360	+423 +360	+580 +540	+603 +540	+700 +660	+860 +820	+1040 +1000	+1290 +1250

附表14　常用及优先孔公差带极限偏差(GB/T 1800.2—2009)　μm

基本尺寸/mm		常用及优先孔公差带													
		A	B		C	D				E		F			
大于	至	11	11	12	⑪	8	⑨	10	11	8	9	6	7	⑧	9
—	3	+330 +270	+200 +140	+240 +140	+120 +60	+34 +20	+45 +20	+60 +20	+80 +20	+28 +14	+39 +14	+12 +6	+16 +6	+20 +6	+31 +6
3	6	+345 +270	+215 +140	+260 +140	+145 +70	+48 +30	+60 +30	+78 +30	+105 +30	+38 +20	+50 +20	+18 +10	+22 +10	+28 +10	+40 +10
6	10	+370 +280	+240 +150	+300 +150	+170 +80	+62 +40	+76 +40	+98 +40	+130 +40	+47 +25	+61 +25	+22 +13	+28 +13	+35 +13	+49 +13
10	18	+400 +290	+260 +150	+330 +150	+205 +95	+77 +50	+93 +50	+120 +50	+160 +50	+59 +32	+75 +32	+27 +16	+34 +16	+43 +16	+59 +16
18	24	+430 +300	+290 +160	+370 +160	+240 +110	+98 +65	+117 +65	+149 +65	+195 +65	+73 +40	+92 +40	+33 +20	+41 +20	+53 +20	+72 +20
24	30														
30	40	+470 +310	+330 +170	+420 +170	+280 +120	+119 +80	+142 +80	+180 +80	+240 +80	+89 +50	+112 +50	+41 +25	+50 +25	+64 +25	+87 +25
40	50	+480 +320	+340 +180	+430 +180	+290 +130										
50	65	+530 +340	+380 +190	+490 +190	+330 +140	+146 +100	+174 +100	+220 +100	+290 +100	+106 +60	+134 +60	+49 +30	+60 +30	+76 +30	+104 +30
65	80	+550 +360	+390 +200	+500 +200	+340 +150										
80	100	+600 +380	+440 +220	+570 +220	+390 +170	+174 +120	+207 +120	+260 +120	+340 +120	+126 +72	+159 +72	+58 +36	+71 +36	+90 +36	+123 +36
100	120	+630 +410	+460 +240	+590 +240	+400 +180										
120	140	+710 +460	+510 +260	+660 +260	+450 +200	+208 +145	+245 +145	305 +145	+395 +145	+148 +85	+185 +85	+68 +43	+83 +43	+106 +43	+143 +43
140	160	+770 +520	+530 +280	+680 +280	+460 +210										
160	180	+830 +580	+560 +310	+710 +310	+480 +230										
180	200	+950 +660	+630 +340	+800 +340	+530 +240	+242 +170	+285 +170	+355 +170	+460 +170	+172 +100	+215 +100	+79 +50	+96 +50	+122 +50	+165 +50
200	225	+1030 +740	+670 +380	+840 +380	+550 +260										
225	250	+1110 +820	+710 +420	+880 +420	+570 +280										
250	280	+1240 +920	+800 +480	+1000 +480	+620 +300	+271 +190	+320 +190	+400 +190	+510 +190	+191 +110	+240 +110	+88 +56	+108 +50	+137 +56	+186 +56
280	315	+1370 +1050	+860 +540	+1060 +54	+650 +330										
315	355	+1560 +1200	+960 +600	+1170 +600	+720 +360	+229 +210	+350 +210	+440 +210	+570 +210	+214 +125	+265 +125	+98 +62	119 +62	+151 +62	+202 +62
335	400	+1710 +1350	+1040 +680	+1250 +680	+760 +400										
400	450	+1900 +1500	+1160 +760	+1390 +760	+840 +440	+327 +230	+385 +230	+480 +230	+630 +230	+232 +135	+290 +135	+108 +68	+131 +68	+165 +68	+223 +68
450	500	+2050 +1650	+1240 +840	+1470 +840	+880 +480										

续表

(带圈者为优先公差带)

G		H							JS			K			M		
6	⑦	6	⑦	⑧	⑨	10	⑪	12	6	7	8	6	⑦	8	6	7	8
+8 +2	+12 +2	+6 0	+10 0	+14 0	+25 0	+40 0	+60 0	+100 0	±3	±5	±7	0 −6	0 −10	0 −14	−2 −8	−2 −12	−2 −16
+12 +4	+16 +4	+8 0	+12 0	+18 0	+30 0	+48 0	+75 0	+120 0	±4	±6	±9	+2 −6	+3 −9	+5 −13	−1 −9	0 −12	+2 −16
+14 +5	+20 +5	+9 0	+15 0	+22 0	+36 0	+58 0	+90 0	+150 0	±4.5	±7	±11	+2 −7	+5 −10	+6 −16	−3 −12	0 −15	+1 −21
+17 +6	+24 +6	+11 0	+18 0	+27 0	+43 0	+70 0	+110 0	+180 0	±5.5	±9	±13	+2 −9	+6 −12	+8 −19	−4 −15	0 −18	+2 −25
+20 +7	+28 +7	+13 0	+21 0	+33 0	+52 0	+84 0	+130 0	+210 0	±6.5	±10	±16	+2 −11	+6 −15	+10 −23	−4 −17	−0 −21	+4 −29
+25 +9	+34 +9	+16 0	+25 0	+39 0	+62 0	+100 0	+160 0	+250 0	±8	±12	±19	+3 −13	+7 −18	+12 −27	−4 −20	0 −25	+5 −35
+29 +10	+40 +10	+19 0	+30 0	+46 0	+74 0	+120 0	+190 0	+300 0	±9.5	±15	±23	+4 −15	+9 −21	+14 −32	−5 −24	0 −30	+5 −41
+34 +12	+47 +12	+22 0	+35 0	+54 0	+87 0	+140 0	+220 0	+350 0	±11	±17	±27	+4 −18	+10 −25	+16 −38	−6 −28	0 −35	+6 −48
+39 +14	+54 +14	+25 0	+40 0	+63 0	+100 0	+160 0	+250 0	+400 0	±12. 5	±20	±31	+4 −21	+12 28	+20 −43	−8 −33	0 −40	+8 −55
+44 +15	+61 +15	+29 0	+46 0	+72 0	+115 0	+185 0	+290 0	+460 0	±14. 5	±23	±36	+5 −24	+13 −33	+22 −50	−8 −37	0 −46	+9 −63
+49 +17	+69 +17	+32 0	+52 0	+81 0	+130 0	+210 0	+320 0	+520 0	±16	±26	±40	+5 −27	+16 −36	+25 −56	−9 −41	0 −52	+9 −72
+54 +18	+75 +18	+36 0	+57 0	+89 0	+140 0	+230 0	+360 0	+570 0	±18	±28	±44	+7 −29	+17 −40	+28 −61	−10 −46	0 −57	+11 −78
+60 +20	+83 +20	+40 0	+63 0	+97 0	+155 0	+250 0	+400 0	+630 0	±20	±31	±48	+8 −32	+18 −45	+29 −68	−10 −50	0 −63	+11 −86

续表

基本尺寸/mm		常用及优先孔公差带(带圈者为优先公差带)											
		N			P		R		S		T		U
大于	至	6	⑦	8	6	⑦	6	7	6	⑦	6	7	⑦
—	3	−4 −10	−4 −14	−4 −18	−6 −12	−6 −16	−10 −16	−10 −20	−14 −20	−14 −24	—	—	−18 −28
3	6	−5 −13	−4 −16	−2 −20	−9 −17	−8 −20	−12 −20	−11 −23	−16 −24	−15 −27	—	—	−19 −31
6	10	−7 −16	−4 −19	−3 −25	−12 −21	−9 24	−16 −25	−13 −28	−20 −29	−17 −32	—	—	−22 −37
10	18	−9 −20	−5 −23	−3 −30	−15 −26	−11 −29	−20 −31	−16 −34	−25 −36	−21 −39	—	—	−26 −44
18	24	−11 −24	−7 −28	−3 −36	−18 −31	−14 −35	−24 −37	−20 −41	−31 −44	−27 −48	—	—	−33 −54
24	30										−37 −50	−33 −54	−40 −61
30	40	−12 −28	−8 −33	−3 −42	−21 −37	−17 −42	−29 −45	−25 −50	−38 −54	−34 −59	−43 −59	−39 −64	−51 −76
40	50										−49 −65	−45 −70	−61 −86
50	65	−14 −33	−9 −39	−4 −50	−26 −45	−21 −51	−35 −54	−30 −60	−47 −66	−42 −72	−60 −79	−55 −85	−76 −106
65	80						−37 −56	−32 −62	−53 −72	−48 −78	−69 −88	−64 −94	−91 −121
80	100	−16 −38	−10 −45	−4 −58	−30 −52	−24 −59	−44 −66	−38 −73	−64 −86	−58 −93	−84 −106	−78 −113	−111 −146
100	120						−47 −69	−41 −76	−72 −94	−66 −101	−97 −119	−91 −126	−131 −166
120	140	−20 −45	−12 −52	−4 −67	−36 −61	−28 −68	−56 −81	−48 −88	−85 −110	−77 −117	−115 −140	−107 −147	−155 −195
140	160						−58 −83	−50 −90	−93 −118	−85 −125	−127 −152	−119 −159	−175 −215
160	180						−61 −86	−53 −93	−101 −126	−93 −133	−139 −163	−131 −171	−195 −235
180	200	−22 −51	−14 −60	−5 −77	−41 −70	−33 −79	−68 −97	−60 −106	−113 −142	−105 −151	−157 −186	−149 −195	−219 −265
200	225						−71 −100	−63 −109	−121 −150	−113 −149	−171 −200	−163 −209	−241 −287
225	250						−75 −104	−67 −113	−131 −160	−123 −169	−187 −216	−179 −225	−267 −313
250	280	−25 −57	−14 −66	−5 −86	−47 −79	−36 −88	−85 −117	−74 −126	−149 −181	−139 −190	−209 −241	−198 −250	−295 −347
280	315	−25 −57	−14 −66	−5 −86	−47 −79	−36 −88	−89 −121	−78 −130	−161 −193	−150 −202	−231 −263	−220 −272	−330 −382
315	355	−26 −62	−16 −73	−5 −94	−51 −87	−41 −98	−97 −133	−87 −144	−179 −215	−169 −226	−257 −293	−247 −304	−369 −426
355	400						−103 −139	−93 −150	−197 −233	−187 −244	−283 −319	−273 −330	−414 −471
400	450	−27 −67	−17 −80	−6 −103	−55 −95	−45 −108	−113 −153	−103 −166	−219 −259	−209 −272	−317 −357	−307 −370	−467 −530
450	500						−119 −159	−109 −172	−239 −279	−229 −292	−347 −387	−337 −400	−517 −580

参 考 文 献

[1]魏文杲．汽车工程制图[M]．北京：人民邮电出版社，2010.
[2]徐亚娥．机械制图与计算机绘图[M]．西安：西安电子科技大学出版社，2007.
[3]高红英，赵明威．机械制图项目教程[M]．北京：高等教育出版社，2012.
[4]赵恢真．机械制图[M]．武汉：华中师范大学出版社，2007.
[5]王冰．机械制图[M]．北京：高等教育出版社，2009.
[6]李澄，吴天生，闻百桥．机械制图[M]．北京：高等教育出版社，2003.
[7]王雅先．机械制图[M]．北京：机械工业出版社，2012.
[8]胡建生．机械制图[M]．北京：化学工业出版社，2007.
[9]高玉芬，朱风艳．机械制图[M]．大连：大连理工大学出版社，2008.